〔……理思想〕

Thoughts of Chinese Management

袁　闖　主編
馬京蘇等　著

生智文化事業有限公司

序

現代管理學的開端多被認爲自美國人Taylor始，這固然不錯，然而有文字記載的世界歷史長達數千年，而近代工業的興起也已有數百年的歷史，且世界文化的種類又如此繁多，因而，管理又豈能只有一種模式？畢竟管理不僅僅是技術，其文化的內涵、藝術的特質常常是更重要的。

管理的個性傾向很可能比我們迄今所認識到的更爲明顯。中國歷史悠久，文化發達，三皇五帝之事，或因史實上有些爭議而可以暫時擱置，但從孔夫子到孫中山先生，其間兩千多年的管理思想和管理實踐，卻是有目共睹的。在中國漫長的歷史中，雖曾戰亂頻仍，異族入侵，令中華民族飽經磨難，但漢唐宋明清等朝代，畢竟還有著燦爛的文化，且以其人口如此眾多、土地如此廣博的大國，乃至各有數百年的大體穩定的局面，其管理經驗實足令中國人自豪；甚至在戰亂之中，眾多縱橫捭闔之術、運籌帷幄之策，發展每多令人拍案叫絕，因而在中國的傳統文化中，不僅儒學，「老子」之道，「周易」之算，「孫子」之兵法，「管子」之輕重，均有其經營管理理論中的位置，而本書編撰的目的正是要讓更多的人了解中國傳統管理思想的精華。

管理本身包括了穩定與發展兩種要求。社會經濟的迅速發展對社會組織和經濟組織提出的最嚴峻的問題就是，如何既能保持組織的相對穩定，同時亦能透過各種方式的變革使組織適應瞬息萬變的社會環境。企業也是如此。

在錯綜複雜的商戰中把握機會意味著需要隨時作出創新，但企業組織尤其是大企業同時也面臨著保持企業組織的相對穩定問題。在這種情況下，西方式的規範化、最優化、數量化的管理技術固然是必須的，但卻是不夠的，還需要東方式的更深刻的管理智慧和更靈活的戰略戰術。在變動的環境中，深刻的管理思想是成功的關鍵，而靈活的戰略戰術則是成功的保證。所以《周易•繫辭下》說：「易，窮則變，變則通，通則久。」短短十個字，實足令人反覆玩味再三。

了解中國傳統的管理思想和管理經驗，不能侷限於一家之言。任何一種流派的說法，甚至最有影響的儒家學說，也不能代表傳統管理的全部，中國傳統管理思想只是一種資源，需要加以開發、然後才能運用於現時的經營管理實踐。如果只看名言的表面涵義，將會發現許多矛盾之處，以至於無所是從。例如，對人性的認識，有荀子的「人之性惡，其善者僞也」，也有孟子的「人皆有不忍人之心」，更有告子的「人性之無分於善不善也，猶水之無分於東西也」。孤立地相信某一種說法，其實是相當偏執的。西方現代管理理論對於人性也有「X理論」與「Y理論」之別，實證研究也難以完全作出定論。對人性的認識之類問題，更多地是一種對世界的總體觀念，是一種價値認識。另一方面，中國傳統管理思想也會與現代認識產生矛盾。中國傳統管理在「強控制」的背後，也存在著老子「無爲而治」的巨大影響，漢初「文景之治」就是崇尚黃老學說的結果，同時，中國傳統管理在儒家思想的影響下，也非常推崇「德治」，大力提倡倫理綱常，與現代科學管理的嚴格控制、最優化、數量化的做法乃至高度理性的「經濟人」的假設，與中國傳統思想——「道德人」的假設形成了強烈對比。

在人性問題上，中國傳統管理思想的總的認識可以認爲是一種「道德人」假設，無論人性生來如何，人都可能因爲受到道德倫理的影響，而成爲「道德人」，服從於德治，按照君子的道德示範行事。這種假設，比較接近現代管理的「社會人」假設，也可以與Maslow的「需求層次論」相比照。中國古代的管理思想在哲理、文化方面最有建構，論述非常豐富。許多名言均可謂字字珠玉，句句玄機，而這些並不僅只局限爲「哲理」組所選。在國家宏觀管理方面，傳統的理論和經驗也是非常豐富的，但涉及單個企業的經營管理活動的就比較少了。這並不奇怪，中國古代的民營企業不同於現代市場企業，而且有記載的非常少，官營企業大多因襲國家或軍隊的管理模式，因而即使有了成功的管理經驗，也因管理者官卑職小而大多淹沒了。儘管如此，本書在這方面盡力作了許多搜集的工作。同時，在激烈的現代市場競爭——「商戰」中，有與古代列國戰爭非常相若之處，因而中國傳統文化中發達的外交、軍事韜略對之會有非常重要的參考價值。

本書的讀法比較自由。在系統閱讀上，可以對中國傳統管理思想有整體的大致把握，面對難題久思不解，偶然打開，則可能會有豁然開朗之感；另外，隨便翻翻，或許能突發靈感，而對管理實踐有新的認識和建構；此外，對原已了解的名言，也可由本書找到出處。本書共分兩大類十小組。分類及標題或許未必精當，但主要是向讀者提供一個整體的框架以方便閱讀用。

本書從先秦到近代的著名典籍中，選取多爲歷代研究者所關注的管理名言，約計千餘條，分門別類加以陳述，書中除節錄原文外，另以現代文譯出（原文爲現代文者則省略不譯），並加點評，以使大眾對中國古代的管理思想、管理方法有所了解，使其與現代管理的關係有比較清晰而全面的了解。唯限於篇幅和水平，難免掛一漏萬，但也盡力做到搜羅全面，不使重要的思想與流派有所缺憾。爲求通俗並儘量貼近現代習慣，在不違背原文總體意思的前提下，譯文並不拘泥於逐字對應，也不局限於文字的古義，故稱「釋文」，特此說明，以免誤解。「點評」

則以作者對有關文字的看法爲主，亦對有些名言的背景或其已經研究者公認的思想作些介紹。一家之言，難免偏頗，無非是想拋磚引玉。本書初意雖只是爲經營管理者與一般大眾提供中國管理思想的脈絡與框架，但由於本書編寫時所持的科學態度和創新意識，本書對研究者實有某些可供參考之處。諸多陳述唯願讀者品評有據，相信經過各方面的進一步努力，中國傳統的管理思想精華，將會發出更加璀璨奪目的光彩。

編者於上海復旦大學

目錄

宏觀篇

微觀篇

中國的管理智慧

宏觀篇

政要

八政：一曰食，二曰貨，三曰祀，四曰司空，五曰司徒，六曰司寇，七曰賓，八曰師。

——《尚書・洪範》

釋文

有八項國家管理事務：一是糧食，二是財貨，三是祭祀，四是住行，五是教育，六是司法，七是禮賓，八是軍事。

點評

《洪範》八政首先看重「食」和「貨」，前者包括生產和分配，後者則包括貿易。《尚書・洪範》是儒家管理思想的經典，反映出儒家在具體事務中仍以經濟管理爲首。司空、司徒、司寇本是官名，釋文中是就其擔任的職責而言。

凡我有官君子，欽乃攸司，慎乃出令，令出惟行，弗惟反。以公滅私，民其允懷，學古入官，議事以制，政乃不迷。其爾典常作之師。無以利口亂厥官，蓄疑敗謀，怠忽荒政。不學牆面，莅事惟煩。

——《尚書·周官》

釋文

凡是我那些擔任官職的君子，一定要恭謹地對待你們所負責的事務，謹慎地發布命令。命令發布了一定要執行，反覆不得。要出以公心，消滅私情，百姓就會相信並服從你了。學習古代的法典之後再做官，討論政府要務的時候要按照國家法制。這樣，政治就不會走上歧途。你們要把法典和常規當作學習的依據。不要以能言善辯擾亂公務，許多問題猶豫不決，將會破壞國家大計，懶惰和輕率必然會荒廢政務。不學習猶如面對牆壁什麼也得不到，處理政務就會雜亂。

點評

這是治國之道，也是治廠、治公司之道。當然所有的這些「道」都是說起來簡單，聽上去有理，做起來卻難的。

功崇惟志，業廣惟勤。惟克果斷，乃罔後艱。位不期驕，祿不期侈。恭儉惟德，無載爾僞。作德，心逸日休。作僞，心勞日拙。居寵思危，罔不惟畏，弗畏入畏。推賢讓能，庶官乃和，不和政龐。舉能其官，惟爾之能。稱非其人，惟爾不任。

——《尚書‧周官》

釋文

功勞要高在於立志；事業要大在於勤奮。能夠當機立斷，就沒有以後的艱難。地位高了不要驕橫；俸祿多了不要奢侈。謙虛節儉才是美德，在培養品德時不要虛假。培養的是美德，不必煞費苦心，聲譽將日趨美好；作出的是詐僞，即使費盡心機，處境也會越來越難。居於被寵信的地位，能夠感到危懼，就不會陷於可怕的境地。假使不知畏懼，就要陷入可怕的境地。人人謙讓，舉薦賢能，眾官便能和睦相處。眾官不和，政務必定雜亂。舉薦之人能夠稱職，這是你的能力；若其不能稱職，就說明你不能勝任。

點評

就「舉賢」這點來說，的確有些道理。古人云「舉賢不避親」，到如今的確有人「舉親不唯賢」。倘若能施行「舉能其官，惟爾之能。稱非其人，惟爾不任」這一條，那就好了。

五事：一曰貌，二曰言，三曰視，四曰聽，五曰思。貌曰恭，言曰從，視曰明，聽曰聰，思曰睿。恭作肅，從作義，明作哲，聰作謀，睿作聖。

——《尚書‧洪範》

釋文

有這樣五件事：一是容貌；二是語言；三是視察；四是聽取；五是思考。容貌要恭敬，語言要通順，視察要明晰，聽取意見要聰敏，思考問題要通達。容貌恭敬行爲就會嚴肅，語言通順才能說服人、管理人，視察明晰就會充滿智慧，聽取意見聰敏就能有謀略、方法，思考通達就能達到最高層的境界。

點評

《洪範》五事可謂言簡意賅，這五事其實是管理者應具備的基本能力，其內容則是儒家管理思想對管理者的基本要求。現代管理者無論在外表還是在內心，似乎都要求除恭敬外還有一點幽默。

以八柄詔王馭群臣。一曰爵，以馭其貴。二曰祿，以馭其富。三曰予，以馭其幸。四曰置，以馭其行。五曰生，以馭其福。六曰奪，以馭其貧。七曰廢，以馭其罪。八曰誅，以馭其過。

——《周禮・天官冢宰第一》

釋文

用八種權柄佐助周王統御群臣。第一是爵位，以勉勵賢臣，使其尊貴；第二是俸祿，以勉勵賢臣，使其富有；第三是賜予，以勉勵賢臣，使其感到周王寵愛他；第四是安置崗位，以勉勵賢臣，使其修養品行；第五是賜生，以勉勵賢臣，使其感到因爲親長對國家有功而免死得福；第六是沒收家財，以懲罰罪臣，使其貧窮；第七是放逐，以懲罰罪臣，警戒其犯罪；第八是誅罰，以懲罰罪臣，使其遭受災禍。

封建統治者爲了協調統治階級內部的關係，也是恩威並施，以達到他駕馭群臣、讓每個臣下都兢兢業業的目的。這一管理思想並非是封建統治階級的專利，現今人們不也把它運用得很好嗎？

以九兩繫邦國之民。一曰牧，以地得民；二曰長，以貴得民；三曰師，以賢得民；四曰儒，以道得民；五曰宗，以族得民；六曰主，以利得民；七曰吏，以治得民；八曰友，以任得民；九曰藪，以富得民。

——《周禮・天官冢宰第一》

釋文

用九種相對的關係維繫國內的人民。第一是國君，以他們的土地而得到人民的擁護；第二是官長，以他們的爵位而得到人民的尊重；第三是師長，以他們的賢德而得到人民的敬仰；第四是儒士學者，以他們的才能學說而得到人民的信服；第五是宗族之長，以親睦宗族而得到族人的愛戴；第六是主人，因爲他們給人以貨利而得到家人的感激；第七是官吏，因爲他們將政事管理的好而得到人民的響應；第八是朋友，因爲交往誠實而得到信任；第九是管理山林的官吏，因爲使人民富足而得到人民的愛護。

點評

這裡所提及的九種相對的關係，其實是九種不同的角色，而且是能被社會禮教所接受的角色形象。除此之外，這也反映了在社會組織中的各種複雜關係，而社會組織的基礎則在「民」。因此，所有高層的組織成員都要妥善處理與「民」的關係，然後組織才能穩定。

以八則治都鄙。一曰祭祀，以馭其神。二曰法則，以馭其官。三曰廢置，以馭其吏。四曰祿位，以馭其士。五曰賦貢，以馭其用。六曰禮俗，以馭其民。七曰刑賞，以馭其威。八曰田役，以馭其眾。

——《周禮・天官冢宰第一》

釋文

用「八則」來治理城市郊區。第一是祭祀，用以節制所奉祀的神祇；第二是法則，用以統御屬官；第三是廢置，用以督促官吏；第四是祿位，用以導引士人；第五是賦貢，用以調節財用；第六是禮俗，用以教化人民；第七是刑賞，用以樹立威儀；第八是田役，用以適時使用民力。

點評

在微觀控制方面，《周禮》對如何管理一個城市都有詳盡的論述。它不僅敘述了對統治階級內部的管理，也論及了對下層民眾的教化與使役。

以八統詔王馭萬民。一曰親親；二曰敬故；三曰進賢；四曰使能；五曰保庸；六曰尊貴；七曰達吏；八曰禮賓。

——《周禮・天官冢宰第一》

釋文

用八項措施佐助周王統御萬民。第一是親愛親族；第二是尊敬故舊；第三是薦舉賢才；第四是任用能人；第五是獎賞百姓中的有功者；第六是尊重有地位的人；第七是察舉勤勞而在下位的官吏；第八是有禮貌地招待賓客。

點評

這段話可以說是統治者站在平民的角度與民同在。有時候管理者如能表現出體恤民情，爲民作主的姿態，民心就會向著他。

德、刑、詳、義、禮、信，戰之器也。德以施惠，刑以正邪，詳以事神，義以建利，禮以順時，信以守物。民生厚而德正，用利而事節，時順而物成。上下和睦，周旋不逆，求無不具，各知其極。

——《左傳・成公十六年》

釋文

德行、刑罰、和順、道義、禮法、信用，這是戰爭的手段。德行用來施於恩惠，刑罰用來糾正邪惡，和順用來事奉神靈，道義用來建立利益，禮法用來適合時宜，信用用來守護事物。人民生活豐厚，德行就端正；舉動有利，事情就合於節度；時宜合適，萬物就有成就。這樣就能使上下和睦，相處沒有矛盾，所有需求無不具備，每個人都知道行爲的準則。

點評

成公十六年，晉國出兵伐鄭，鄭求救於楚。楚兵出而救鄭，過路申邑，司馬子反求見申叔時，詢問戰爭前景。申叔時論述了戰爭取勝的條件，進而推論楚軍必敗。他所提出的六個條件，基礎建立在「民生厚」上，這是根本的。只有發展生產，國強民富，才能「求無不具」，進而「上下和睦」、「各知其極」。這個見解符合事物發展的規律，與那些泛論戰勝條件的一般言論相比，要深刻得多。

德立刑行，政成事時，典從禮順，若之何敵之？見可而進，知難而退，軍之善政也。兼弱攻昧，武之善經也。

——《左傳・宣公十二年》

釋文

德行樹立，刑罰施行，政事成就，事務合時，典則執行，禮儀順當，怎麼能抵擋他？看到時機合適就前進，知道困難就後退，這是治軍的好方案。兼併衰弱，進攻昏暗，這是用兵的好規則。

點評

宣公十二年，楚伐鄭，晉軍援鄭，晉將荀林父與士會商談軍事，士會說了上面這段話，闡述了他的見解。士會認爲，德行、刑罰、政令、事務、典則、禮儀不違背常道，就是不可抵禦的。這個見解頗有見地，戰爭雖是對外行動，但勝敗卻取決於內

部的政治條件。此外，士會還指出進退有方是戰爭的良策，兼弱攻昧是武功之至道，充分反映了當時士人的戰爭觀。

和戎有五利焉：戎狄荐居，貴貨易土，土可賈焉，一也；邊鄙不聳，民狎其野，穡人成功，二也；戎狄事晉，四鄰振動，諸侯威懷，三也；以德綏戎，師徒不勤，甲兵不頓，四也；鑑於后羿，而用德度，遠至邇安，五也。君其圖之。

——《左傳・襄公四年》

釋文

跟戎人講和有五種利益：戎狄逐水草而居，重財貨而輕土地，他們的土地可以收買，這是一；邊境不再有所警懼，百姓安心在田野裡耕作，收割五穀的人可以完成任務，這是二；戎狄事奉晉國，四邊的鄰國震動，諸侯因為我們的威嚴而懾服，這是三；用德行安撫戎人，將士不辛勞，武器不損壞，這是四；有鑑於后羿的教訓，而利用道德法度，遠國前來而近國安心；這是五。君王還是考慮一下吧！

點評

襄公四年，戎狄諸部派使者前來晉國求和，晉侯猶豫不決。魏絳極力勸說晉侯促成此事，並列舉五點有利之處。春秋時代，諸侯傾軋，外交關係錯綜複雜，變化多端，因此外交決策非常重要。在晉與戎狄講和的問題上，魏絳審時度勢，促成晉侯作此決策，是一個典範。外交決策取決於國家利益，主要依據是政治、經濟、軍事方面有利與否，上述考慮顯然是正確的。

凡諸侯小國，晉楚所以兵威之；畏而後上下慈和，慈和而後能安靖其國家，以事大國，所以存也。無威則驕，驕則亂生，亂生必滅，所以亡也。

——《左傳・襄公二十七年》

釋文

凡是諸侯小國，晉、楚這些大國用武力來威懾他們，使他們害怕然後就上下慈愛和睦，慈愛和睦然後能安定他們的國家，以事奉大國，這是所以生存的原因。沒有威懾就要驕傲，驕傲了禍亂就要發生，禍亂發生必然被消滅，這就是小國滅亡的原因。

點評

這段話出自一個小國的大臣，即宋國的子罕之口，雖寥寥數語，但涵義極其深刻。話的主要意思說明了一個小國存亡取決於大國的武力威脅，雖有不平等、不合理的因素，然而卻在一定程度上反映了當時的事實。其實不但當時如此，如今中外皆無例外，凡天下分爲大大小小的許多國家，天下的大勢總是操縱在爲數不多的幾個大國手裡，這是不以人的意志爲轉移的。當然大國控制小國有各種手段，或軍事的，或經濟的，實質是一樣的，這是取得平衡的一種協調機制。因此，明智的君王善於審時度勢，制定正確的治國戰略，在控制與被控制之間，在相互制約的利害關係之間，尋求生存和發展的機會，使國家由弱變強。反之，則會由強變弱，招致禍患。對於爲政者來說，是值得引以爲戒的。

兵之設久矣，所以威不軌而昭文德也。聖人以興，亂人以廢。廢興存亡昏明之術，皆兵之由也。

——《左傳・襄公二十七年》

釋文

軍隊的設置已經很久了，這是用來威懾越軌行爲而宣揚文德的。聖人因爲武力而興起，作亂的人由於武力而失敗。所以廢興存亡，昏暗英明，都是從武力而來的。

點評

春秋時代，戰爭不斷，所有國家都要興建軍隊，鞏固國防，並透過武力來達到某些目的，這是一個不容否定的客觀事實。因此這裡的關鍵在於使用武力的動機和導致的結果。上面這段話也是宋國子罕說的，他認爲「武功」是爲了宣揚「文德」，動用戰爭這個手段正是爲了消除戰爭。同時還指出，由於使用武力的動機不同，導致的結果也不同，或興或廢，或存或亡，或昏或明，因此首先須端正動機。上述觀點代表了一些仁人君子和開明君主的看法。

國有七患。七患者何？城郭溝池不可守而治宮室，一患也。邊國至境，四鄰莫救，二患也。先盡民力無用之功，賞賜無能之人；民力盡於無用，財寶虛於待客，三患也。仕者持祿，游者愛佼，君修法討臣，臣懾而不敢拂，四患也。君自以爲聖智而不問事，自以爲安強而無守備，四鄰謀之而不知戒，五患也。所信者不忠，所忠者不信，六患也。畜種菽粟不足以食，大臣不足以事之，賞賜不能喜，誅罰不能威，七患也。以七患居國，必無社稷；以七患守城，敵至國傾。七患之所當，國必有殃。

——《墨子．七患》

釋文

國家有七種禍患。是哪七種呢？內外城池、壕溝無法防守，卻只顧修建豪華宮殿，這是第一患。敵人打到了邊境，鄰國卻不來救援，這是第二患。把民力先耗費在無用的事情上，獎賞無能的人；在無用的事情上耗盡民力，在招待賓客上用盡財寶，這是第三患。官員只知保住薪水，游談未仕的人只顧個人結交去圖謀私利，國君任意制定法律來懲治大臣，大臣因爲害怕而不敢違逆旨意，這是第四患。國君自以爲聖德明智而不過問國家大事，自以爲國家安全強盛而不作防守準備，鄰國都在圖謀進攻而不知戒備，這是第五患。國君信任的人並不忠誠，而忠誠的人又不受信任，這是第六患。生產和儲備的各種糧食不夠吃，大臣不足以擔當重任，獎賞不能鼓勵人，刑罰不能使人畏懼，這是第七患。按這七患治理國家，國家一定危亡；按這七患守城，敵人一到國家就會傾覆；只要存在這七患，國家必定有災殃。

點評 這段話包含了墨子重要的國家管理思想，其中除了備戰、節用等較淺顯直觀的思想外，對用人、賞罰以至管理系統的內部關係等，都提出了有價值的意見。諸如如何合理使用人力、物力、財力，如何使賞罰有效，如何處理管理者與被管理者之間的關係，如何安排和使用人力資源等等，文中雖大都未正面表述，卻值得管理者深思。避免「七患」，是提昇管理系統的必要步驟。

道千乘之國，敬事而信，節用而愛人，使民以時。

——《論語・學而》

釋文 領導一個有兵車千輛的大國，應當有敬業精神，認真工作，說話應守信，以取信於民，節約用度，熱愛人民，使用民力要把握好時機。

點評 這裡講的是領導者的品質要求與領導藝術問題。當時所稱的「國」與現代的國家概念有所區別，是指封地或諸侯國的意思，因此，國是一級行政單位。國有兵車千乘、百乘之分，「千乘之國」當然是個大行政單位了。這一段話提出對領導者的要求是敬業誠信，節儉愛民。關於領導藝術問題，是指用人要把握好時機。古代聖王授民以時，教人民按農時耕作，以取得好收成。在當今企業的經營活動中，把握市場機會，適時地投入人力、物力、財力，以擴大生產，必然會有好的經營業績，這樣下屬就會聽從指揮，這就是領導的「時機」藝術。

丘也聞有國有家者，不患寡而患不均，不患貧而患不安。蓋均無貧，和無寡，安無傾。夫如是，故遠人不服，則修文德以來之。既來之，則安之。

——《論語・季氏》

釋文

據我孔丘所知一個國家、一戶人家，不怕東西少而怕不平均，不怕窮而怕不安定。因為平均分配就不會有窮人，上下和諧就不存在東西分多分少的問題，內部安定就不會有大危險。如果是這樣做的話，其他國家的人不服從，就應該完善自己的文化、道德修養來吸引他們。這些人來了，也要同樣地使他們安定。

點評

這是孔子政治思想的基本原則，為歷來許多學者和政治家所奉行。

為政以德，譬如北辰，居其所而眾星共之。

——《論語・為政》

釋文

以道德原則來治理國家大事，就如北極星在夜空中，群星會圍繞著它。

點評

人一般的目標和期望中包含著經濟利益、政治利益、情愛或玩樂的追求，然而支配著人最深刻有力的動機也許正是道德的律令。道德為社會所公認。反對既定的道德是與千萬人宣戰，而順應它卻如同得天之助。把人們聚集在一起有許多偶然因素，而使聚在一起的人們不再離去，道德是不可缺少的。

子路問政。子曰：先之，勞之。請益。曰：無倦。

——《論語・子路》

釋文 子路請教爲政之道。孔子說：「引導民眾，須領導者帶頭，然後使他們跟著做。」子路請求再講一點，孔子說：「做了就不要鬆懈。」

點評 好的管理以良好的組織結構爲基礎。而良好的組織中，被領導的人對於領導者的言行有積極的反應。做過司寇的孔子深知這一點，故有對爲政者如是的忠告。「主管帶頭」也是現在的爲政者時常發出的要求。不但要帶頭，而且應堅持。上行下效，管理者應記住這幾千年來的經驗！

子貢問政。子曰：足食、足兵、民信之矣。子貢曰：必不得已而去，於斯三者何先？曰：去兵。子貢曰：必不得已而去，於斯二者何先？曰：去食。自古皆有死，民無信不立。

——《論語・顏淵》

釋文 子貢問爲政的道理。孔子說：「使人民豐衣足食，使國家防備穩固，讓人民信賴領導者。」子貢說：「萬一沒法全做到，可以先去掉哪一項？」孔子說：「去掉國防。」子貢又問：「萬一仍沒法全做到，兩項中可以先去掉哪一項？」孔子說：「去掉物質生活條件。從古到今人都有一死，人民不信任領導者，國家就無法立足。」

點評

這段話講述了在管理關係中確立信義的重要性，可說是孔子的管理哲學。子貢是孔子的學生，是一個大商人。

建常立有，以靖為宗，以時為寶，以政為儀，和則能久。

——《管子・白心》

釋文

確立規章制度，應當考慮三個方面的問題：一看是否符合安定的原則，二看是否合乎時宜，三看是否沒有偏差。只有符合這三個條件，才能保證規章制度的長期執行。

點評

這裡討論的是如何確立長期有效的規章制度的問題。要有安定的原則，要合乎時宜，要準確無誤是三個必備條件。這三個要求也是管理過程中其他各項工作的要求，只有做到這三點，才能保證不虛浮，不脫離實際，不混亂，從而解決實際問題，取得實際成效。

不尚賢，使民不爭；不貴難得之貨，使民不為盜；不見可欲，使民心不亂。是以聖人之治，虛其心，實其腹，弱其志，強其骨；常使民無知無欲，使夫智者不敢為也。為無為，則無不治。

——《老子・三章》

釋文

不崇尚賢明的人，就可使民眾不發生爭執；不看重難得的貨物，就可使民眾不去偷盜；不顯露會引起欲望的東西，就可使民眾思想不混亂。所以，高明的統治者治國的方法是：使民眾思想空洞，肚子充實，意志薄弱，骨骼強健；經常使民眾沒有知識沒有欲望，使所謂的聰明人不敢有所作為。執行「無為」的原則，就沒有治理不好的道理了。

點評

這是老子「無為」思想在治國原則問題上的具體化。雖然這是難以實現的幻想，並且從人類發展進化的觀點來看是反動的，卻是中國傳統管理思想中頗有影響的一派觀點。除此之外，老子也要求統治者對自身有所約束，並以自身行為來號召民眾。這在現代管理中有一定的參考價值。

故聖人明君者，非能盡其萬物也，知萬物之要也。故其治國也，察要而已矣。

——商鞅《商君書・農戰》

釋文

聖人和賢明的君王並不是什麼都懂，而是懂得萬事萬物的要領。治理國家也只是考察事物的要領而已。

點評

這段話著重指出領導者必須把握住繁複事物的共同的規律，即根本的問題。只有這樣，才能居高臨下，高瞻遠矚，真正做到統領全局。相反的，如果一味抓著紛繁的事物本身，而把握不住它們的要領，就不可能有成功的管理。

以良民治，必亂至削，以奸民治，必治至強。

——商鞅《商君書・說民》

釋文

用治善民的辦法治國，國家就必定混亂以至滅亡；用治奸民的辦法治國，國家就必定得到治理以至強大。

點評

這段話是商鞅的法治思想的集中表現。這裡強調的是把民眾當作一個被動的被管理者團體，必須用各種各樣懲戒性的手段來管理。這從根本上與現代的民主管理思想背道而馳，但其中卻仍有值得借鑑之處，例如，其中所暗含的管理要嚴密，不可疏漏的觀點。

王如施仁政於民：省刑罰，薄稅斂，深耕易耨；壯者以假日，修其孝悌忠信，入以事其父兄，出以事其長上；可使制梃以撻秦楚之堅甲利兵矣。

——《孟子・梁惠王上》

釋文

君王如果要對民眾施仁政，就應該削減刑罰，降低稅賦，教民深耕平耨；壯年人給予假日，讓他有時間修養孝悌忠信的品格，在家侍奉他的父兄，出門侍奉貴族君王。這樣就可以使他拿著木杖去進攻秦、楚等國裝備精良的軍隊。

點評

這段話講的是仁政的內容。孟子的「仁政」頗爲歷代儒者所讚許。「仁」是要考慮到人。管理既是關於人的管理，就應該多考慮人的需要。孟子的「仁政」甚至還考慮到了人的精神和道德的需要。「仁政」是孟子關於國家管理的理想。現代管理者可以從中得到啓發，採取一些顧及人的思想感情的管理方式。

尊賢使能，俊傑在位，則天下之士皆悅，而願立於其朝矣。市，廛而不徵，法而不廛，則天下之商皆悅，而願藏於其市矣。關，譏而不徵，則天下之旅皆悅，而願出於其路矣。耕者，助而不稅，則天下之農皆悅，而願耕於其野矣。廛，無夫里之布，則天下之民皆悅，而願爲之氓矣。

——《孟子・公孫丑上》

釋文

敬重德行高尚的人，任用有才能的人，使傑出的人得到官職，那麼天下的知識分子都會高興，而願意到這個國家來聽候任用了。在市場設立貨棧而不徵稅，並依法收購滯銷貨物，那麼天下的商人都會高興，而願意到這裡的市場上來拓展貿易了。關卡只盤查而不徵稅，那麼天下的旅客都會高興，而願意進出這裡的道路了。對農民，只要求幫助耕種公田而不必納稅，那麼天下的農民都會高興，而願意在這裡的田野裡耕種了。對居民，取消房屋稅、地價稅等雜稅，那麼天下的百姓都會高興，而願意到這裡來定居了。

點評

這是孟子所提倡的「仁政」對社會上各類人的具體管理措施。對知識分子，除尊重和合理任命外，主要是以官職相吸引。對其餘各類人，則以減免稅和幫助開展經營活動相吸引。孟子的基本思想是以此來吸引各類人，使國家富強起來。這段話中有關於人才管理、市場管理等的想法確實有某些可行性。

諸侯之寶三：土地，人民，政事。寶珠玉者，殃必及身。

——《孟子・盡心下》

釋文

諸侯有三樣寶貝：土地，人民，政事。過分珍愛珠寶的，必然有災殃降臨身上。

點評

孟子所說的，實際上是管理國家的三要素。土地和人民是構成國家的自然材料。政事則是將這些材料以一定的結構類型構建起來的關鍵。如果忽視這三要素，國家就很難管得好。

和解調通，好假道人，而無所凝止也，則奸言并至，嘗試之說鋒起，若是，則聽大事煩，是又傷之也。

——《荀子・王制》

釋文

待人隨和而容易接近，又喜好寬容待人而沒有一定的限度，那麼各種奸邪的言論就會出現，各種試探性的學說也會蜂擁而起，如果這樣，那麼所處理的事就太多而又繁雜，這也會傷害政事。

點評

〈王制〉篇闡述了荀子思想中的理想君主制度。荀子認爲處理政事的關鍵在於：對懷著好意來的人以禮相待，對不懷好意來的人用刑罰處治。對這兩種人用不同的態度來對待，那麼品行端正的人和品行不端的人就不會混雜在一起，是與非就不會混亂不清。確立一定的等級差別和穩定的秩序，明確是非標準在當今的管理工作中一樣很重要。管理的一個重要職能就是控制，控制的標準可以是明確的，也可以是含糊的；控制的程度可以是嚴格的，也可以是寬鬆的。成功的管理者善於在這樣的矛盾中尋求一個較好的結合點，偏頗任何一方都會帶來新的問題。

君國長民者，欲趨時遂功，則和調累解，速乎急疾；忠信均辨，說乎賞慶矣；必先修正其在我者，然後徐責其在人者，威乎刑罰。

——《荀子．富國》

釋文

國家的各級管理者，想要順應時代潮流完成事業，必須使民眾寬鬆、舒暢，這比用急於求成的辦法還要快；用忠信、公平的方法，比用賞賜的辦法更使人高興；首先要修正自己，然後再對別人提出要求，這比刑罰還要威嚴。

點評

管理國家者必須講究調和、忠信、公平、克己，才能獲取民心；使民眾在能夠確保自身利益可實現的條件下，主動自覺地服從管理，努力工作，方能建功立業。

利而不利也、愛而不用也者，取天下者也。利而後利之、愛而後用之者，保社稷也。不利而利之、不愛而用之者，危國家也。

——《荀子・富國》

釋文

給民眾以利益，而不從他們身上獲取利益；愛護民眾，並且不役使他們的人，能夠得天下。給民眾以利益，然後從他們身上獲取利益；愛護民眾，然後役使他們的人，能夠保住國家。不給民眾以利益，而從他們身上獲取利益；不愛護民眾，並且役使他們的人，將危害國家。

點評

這裡表現了荀況以民爲本的思想。任何想得天下、保住國家並且管理好國家的人都應以造福於民眾爲根本。

強則能攻人者也，治則不可攻也。治強不可責於外，內政之有也。今不行法術於內，而事智於外，則不至於治強矣。

——《韓非子・五蠹》

釋文

國家強盛就能打敗別國，國家管理完善就不會受別國侵犯。一個國家的安定和強盛不能求助於外交活動，而應該靠好的內部管理來取得。現在有的國家管理者不在國內實行法制管理，而把智力用在外交上，這是不可能把國家管理好的。

點評

外交應該是做好內政基礎上的外交，如果輕重倒置，勢必帶來惡果。內政不失，就能立於不敗之地；捨內求外，外強中乾，難免歸於內外交困。

權不欲見，素無爲也。事在四方，要在中央；聖人執要，四方來效；虛而待之，彼自以之。

——《韓非子・揚權》

釋文

權勢不要顯現於外，要保持本色而虛靜無爲。政事在於四方百姓，控制決策的大權卻在中央政府；聖明的國家管理者控制著決策大權，四方百姓都會來獻力；用虛靜的態度對待他們，他們自然會發揮自己的才智。

點評

韓非的無爲思想源於老子又異於老子，老子主張國家管理採用不干涉政策，提倡民自化，民自正。而韓非則把它發展爲以法管理國家和民眾的基本原則，他的無爲，不放任，是在法制內的無爲。

明君之道，賤德義貴，下必坐上，決誠以參，聽無門户，故智者不得詐欺。計功而行賞，程能而授事，察端而觀失，有過者罪，有能者得，故愚者不任事，智者不敢欺，愚者不得斷，則事無失矣。

——《韓非子・八說》

釋文

英明的國家管理者管理國家的原則是：地位低的人可以議論地位高的人，下級不告發上級的過失也要負連帶責任，用檢驗的方法來判明事情的真相，不偏聽偏信，這樣做即使聰明的人也無法欺騙上級。按功行賞，量才授職，分析事情的起因來考察下屬的過失，有過錯的人給予處罰，有才能的人給予賞賜，所以愚笨的人就不能擔任政事，聰明的人不敢蒙蔽上級，愚蠢的人不能決斷大事，這樣的管理就不會發生差錯了。

點評

貴賤平等，廣開言路，量功授官，是韓非子人才管理思想的原則之一。只有這樣，才能廢除特權，使權奸不能爲所欲爲；管理者才能全面地瞭解下屬，以免胡亂授職；才能把真正有才有德的人選拔到領導崗位上來。

是而不用，非而不息，亂亡之道也。

——《韓非子・顯學》

釋文

正確的不實行，錯誤的不禁止，這是國家走向混亂的道路。

點評

我們的社會中有不少「老好人」。他們如果是某個部門的管理者的話，表面上能有一時的穩定和平。因為他既不指出某些人錯在哪裡，並糾正錯誤；也不明確地表示支持某些人的主張，儘管這些建議很有道理。他怕被人說有偏心，更深一層來說，他怕失去另一部分人的支持。但是這樣的兩面不得罪並不能給他帶來最終的好處。

天地不能常侈常費，而況於人乎？故萬物必有盛衰，萬事必有弛張，國家必有文武，官治必有賞罰。

——《韓非子・解老》

釋文

自然界不能經常地過分消耗和浪費，更何況於人呢？所以，萬物必然會有興旺和衰敗，萬事也必然要有緊張和鬆弛，國家必然有文有武，管理者處理政事必然要有賞賜和處罰。

點評

自然規律和管理規律，雖然所應用的對象不同，但道理卻有相通之處。人類社會和自然界雖然形式不同，但它們的規律相似，所以我們所採用的管理方法應該符合和遵循自然規律。

明主之所以立功成名者四：一曰天時，二曰人心，三曰技能，四曰勢位。

——《韓非子・功名》

釋文

英明的國家管理者用來建立功業、成就盛名的條件有四個：一是得天時，二是順人心，三是發揮人的技能和才能，四是有權勢和地位。

點評

天時，地利，人和，得民心者得天下，這是顛撲不破的真理。一個真正合格的國家管理者，必須以順應自然規律而建立反映社會現實要求的常規法紀去管理國家和民眾，懂得如何用人，懂得如何保持和應用自己的權勢和地位，去立功成名。

人主者，天下一力以共載之，故安；眾同心以共立之，故尊；人臣守所長，盡所能，故忠。以尊主主御忠臣，則長樂生而功名成。

——《韓非子．功名》

釋文

國家管理者靠人民大眾共同擁護他，所以能安穩；眾人同心推舉他，所以就尊貴；下屬各以所長、各盡所能地配合他的管理措施，所以就忠。在受人尊敬的國家管理者指揮下，必有忠誠的管理隊伍，則萬民安樂，並且功成名就。

點評

國家管理的根本和基礎在人民大眾，管理者只有事事為民眾著想，才能得到民眾的擁護和支持。

今人主之於言也，說其辯而不求其當焉；其用於行也，美其聲而不責其功焉。是以天下之資，其談言者務為辯，而不周於用。故舉先王言仁義者盈廷，而政不免於亂。行身者竟於為高，而不合於功。故智士退處岩穴，歸祿不受。而兵不免於弱，政不免於亂，此其故何也？民之所譽，上之所禮，亂國之術也。

——《韓非子・五蠹》

釋文

現在國家的管理者對於言論，只喜歡它的動聽而不管它是否正確；對於用人辦事，只欣賞他的名聲而不考察他的工作成效。所以天下很多人只追求巧言善辯而根本不切實用，結果弄得稱頌先祖美德、高談闊論的人充斥在政府機構，而國家管理仍一片混亂。那些講究修身的人競相自命清高而不切合於實際，所以真正有才能的人隱居深山，不要俸祿和地位。這樣，國家的兵力受到削弱，國家管理陷於混亂，這是什麼原因呢？是因為人們所稱譽的，國家管理者所尊重的，都是使國家管理混亂的做法。

點評

如果人們的觀念與國家管理的原則相違背，社會導向錯誤，怎麼可能把一個國家管理好呢？

明君者，非遍見萬物也，明於人主之所執也。有術之主者，非一自行之也，知百官之要也。知百官之要，故事省而國治也。

——《呂氏春秋・知度》

釋文

高明的國家管理者，不是普遍地觀察萬般事物，而是明白自己應掌握的東西。善於管理國家者，不是一切都親自去做，而是了解各部門的職責。只有了解各部門的職責，才能輕而易舉地管理好國家。

點評

天下之大，萬物之多，不是一人所能管理好的，必須分工分職。管理國家的方法是順應自然，依靠下屬。國家管理者不必事事躬親，只需掌握、控制下屬，使下屬盡力盡智即可。

凡爲君，非爲君而因榮也，非爲君而因安也，以爲行理也。行理生於當染。故古之善爲君者，勞於論人，而佚於官事，得其經也。

——《呂氏春秋·當染》

釋文

身爲國家管理者，不是以在其位而獲得顯榮，也不是爲在其位而獲得安逸，是爲了實施管理國家的策略。正確的管理策略產生於正確的感化（指得賢臣之助）。所以古代善於管理國家者，把精力花費在選賢任能上，而不忙於處理日常的行政事務，這是掌握了做好國家管理者的要領。

點評

這一觀點，無疑是管理學上的關鍵問題，真可謂知綱知要之論。

凡爲天下，治國家，必務本而後末。所謂本者，非耕耘種植之謂，務其人也。務其人，非貧而富之寡而眾之，務其本也。

——《呂氏春秋．孝行》

釋文

大凡管理國家，一定要先致力於根本而後取末梢。所謂根本，不是指農業生產，而是指致力於選拔人才。尋求人才，並非是讓貧困的人富有，東西少的人使他增多，而是求得管理國家之根本。

點評

國家有本有枝，人才就是國家的根本；管理措施有章有節，人才就是章節之源。人才濟，事業興旺；人才匱乏，則百事俱廢。

凡治國令其民爭行義也；亂國令其民爭爲不義也。強國令其民爭樂用也；弱國令其民爭競不用也。夫爭行義樂用，與爭爲不義競不用，此爲其禍福也。

——《呂氏春秋．為欲》

釋文

凡是管理良好的國家都使人民爭著去做合於管理原則的事；管理混亂的國家總是使人民爭著去做違反管理原則的事。強大的國家都是使人民爭著樂於爲國效力；弱小國家的人民則不爲國效力。這兩者是導致福和禍兩種不同結果的原因。

點評

這裡說明一個國家的管理策略在於如何引導人民遵守管理原則，並且爲國效力。這時制定管理策略的人提出了值得思慮的問題。

地大而不為，命曰土滿；人眾而不理，命曰人滿；兵威而不止，命曰武滿。三滿而不止，國非其國也。

——《管子・霸言》

釋文

土地寬廣而不加以利用，叫做土地太多；人民眾多而不加以治理，叫做人口太多；軍隊強大而不加以整頓，叫做軍隊太多；三多而不治理整頓，國家就不像國家。

點評

在古代社會的國家管理中，土地、人口、軍隊是管理活動的三大主要內容。管仲十分重視土地問題，認為土地可以決定政治局面。他也很重視人口問題，強調勞動力在農業生產中的重要性。在封建君主專制時代，「軍隊」毫無疑問是穩定社會秩序、保衛國家安全、強化封建統治的重要支柱。因此，管仲從國家控制的角度，強調如果不對土地、人口、軍隊加以治理，國家也就失去了應有的體制。

御民之轡，在上之所貴；道民之門，在上之所先；召民之路，在上之所好惡。故君求之則臣得之，君嗜之則臣食之，君好之則臣服之，君惡之則臣匿之。

——《管子・牧民》

釋文

駕馭群眾往什麼方向，就看領導者重視什麼；引導群眾進什麼門，就看領導者提倡什麼；號召群眾走什麼途徑，就看領導者的好惡是什麼。領導者追求的東西，群眾就想得到它；領導者愛吃的東西，群眾就想吃它；領導者喜歡的事情，群眾就想實行它；領導者厭惡的事情，群眾就想躲避它。

點評

領導者的好惡對群眾的行爲有很大的影響，群眾往往會根據領導者的意見調整自己的行爲。因此領導者應對自己的言行有明確的認識，確保不對群眾產生不良影響。這裡所探討的是領導者在實際管理行爲以外對群眾的潛在的影響。

君之所愼者四：一曰，大德不至仁不可以授國柄；二曰，見賢不能讓不可與尊位；三曰，罰避親貴不可使主兵；四曰，不好本身、不務地利而輕賦斂，不可與都邑。此四務者，安危之本也。

——《管子．立政》

釋文

君主需要愼重處理的問題有四方面：一是對尊崇道德而不踐行仁政的人，不可以授予國家大權；二是對遇到賢能不讓位的人，不可以授予尊貴地位；三是對親信或權勢者不施懲罰的人，不可以任其統率軍隊；四是對不重視農業，不勤於土地收益而隨意徵斂賦稅的人，不能任命爲地方官吏。這四方面是決定國家安危的根本問題。

點評

這也是管仲所論宏觀經濟中國家控制系統的三大功能之一。管仲把國家看成是社會經濟的控制器，視國君爲這個控制器的操縱者。他強調決定國家安危的重要因素不在於固守城防，而在於君王對人事管理的有效控制。他認爲如果一個國家的執政者得不到群眾的擁戴，大臣之間不協同合作，掌握兵權的主帥沒有威望，地方官吏不引導老百姓發展生產，這樣的社會必然不會穩定，政權也潛在著被顛覆的危機。因此，國君必須從這四個根本問題上加強對國家的管理和對官吏的控制。這就叫做安國有四固。

是必立，非必廢，有功必賞，有罪必誅，……形勢器械具，四者備，治矣。

——《管子・七法》

釋文

正確的一定採納，錯誤的一定廢止，有功之人一定獎賞，有罪之人一定責罰，……有了軍事力量和軍事器械以後，再具備上述四項，國家就可以治理好了。

點評

這是管仲所論實現國家宏觀決策目標的手段和方法。政權鞏固，社會穩定，即所謂「安治」，就是決策目標，而實現這一目標，就必須有正確的手段和方法。管子從上述幾個方面強調了政治穩定、法制嚴明、軍備充足以及有利的發展條件是保證

「安治」目標實現的必要手段，這在古代社會是較具代表性的。

治民有器，爲兵有數，勝敵國有理，正天下有分。

——《管子・七法》

釋文

治民要有軍備，用兵要有計謀，戰勝敵國要有義理，平治天下要有綱領。

點評

決策過程是較爲複雜的邏輯思維過程。管仲認爲決策過程是有法則可遵循的。決策者要作出正確的判斷，並使決策具有可行性和現實性，就必須遵循決策法則。上述四個方面，就是管仲概括的決策法則四大要素。管仲還認爲，要使「器」、「數」、「理」、「分」四要素付諸實施，行之有效，還必須掌握七項具體方法：「則」——要懂得事物發展的規律；「象」——要了解事物的具體狀況；「法」——要懂得行爲的規範；「化」——要知道教化的作用；「決塞」——要懂得控制的方法；「心術」——要掌握統治百姓的手段；「計數」——要懂得成就大業的謀略。這決策七法，對於制訂制度，量才用人，治理百姓，移風易俗，驅眾移民，行令於人，舉大事等決策行動，具有重要意義。

臣聞之，君明則樂官，不明則樂音。今君審於聲，臣恐聾於官也。

——田子方，見《戰國策·魏策一》

釋文 臣下聽說，做國君的明理就喜歡治官之道，不明理就偏愛音樂。現在您對音樂辨別得很清楚，臣下恐怕您在治官方面有些聾了。

點評 魏文侯與他的老師田子方一起飲酒談論音樂，魏文侯發覺音有不協調，就說了出來。田子方一聽笑了，魏文侯問他爲什麼笑，於是田子方說了上面這段話告誡魏文侯。話雖不多，寓意卻明顯，從中可以看到要勵精圖治，不受聲色誘惑，對君主來說，不是很容易做到的，在許多細節上都能反映出來。

且君親從臣而勝降城，城非不高也，人民非不眾也，然而可得幷者，政惡故也。從是觀之，地形險阻奚足以霸王矣！

——吳起，見《戰國策·魏策一》

釋文 況且君王親自叫臣子跟著去戰勝敵兵，全城投降了。敵人的城牆並非不高，百姓並非不多，然而卻被兼併了，是爲政不良的緣故。從這些來看，地形的險要阻塞怎麼能夠用來成就霸王之業呢！

點評 魏武侯與大夫們在西河泛舟，他誇耀河山險要，侍坐的王錯迎合武侯，聲稱憑此險阻可成霸業。大將吳起當場予以駁斥，列舉三苗族、夏桀、商紂為例，說明王錯言論的錯誤，而後說了上面這番話。吳起認為地形險阻不是成霸業的主要依據，兩者更沒有必然的聯繫。能否成霸業關鍵但看政治清明與否。政通人和，國富兵強，才是成就霸王之業的基礎。

晉用六卿而國分，簡公用田成、監止而簡公弒，魏兩用犀首、張儀而西河之外亡。今王兩用之，其多力者內樹其黨，其寡力者藉外權。群臣或內樹其黨以擅其主，或外為交以裂其地，則王之國必危矣。

——摎留，見《戰國策・韓策一》

釋文

晉國並用六卿而招致國家分裂，齊簡公並用田成、監止而齊簡公自己卻被殺，魏國並用公孫衍、張儀卻失去了西河之外的土地。現在大王想用兩個人同時執政，那個勢力強的一定在國內樹立自己的黨羽，那個勢力弱的也一定會憑藉國外權勢來損害國家。群臣中如有在國內樹立自己黨羽，對他的君王專橫擅權的，有在國外結交，分裂國家土地的，那麼大王的國家一定危險了。

點評

韓宣王想同時重用公仲、公叔執掌朝政，徵詢大臣摎留的意見，摎留認為不妥，說了上面這番話。他以晉用六卿而國家分裂，齊簡公並用田成、監止而自己被殺，魏

國並用公孫衍、張儀而失西河之外地爲例，陳說了兩人同時執政的危害。這個問題和組織體制有關，歷代都有人指出此類弊病，主張一個人執掌行政大權。如東漢仲長統說：「任一人則政專，任數人則相倚。政專則和諧，相倚則違戾。」撂留指出若政出兩人，「其多力者內樹其黨，其寡力者藉外權」，是很有道理的。

臣聞善厚家者，取之於國；善厚國者，取之於諸侯。天下有明主，則諸侯不得擅厚矣。是何故也？爲其凋榮也。

——范雎，見《戰國策・秦策三》

釋文

我聽說，善於使自家封地富足的大夫，必定要向國家巧取財富；善於使國家富強的君王，必定要從各分封的諸侯國奪取財富。天下有英明的君王，那麼各諸侯國就無法擅自富足了。這是什麼道理呢？因爲它們像把盛開的花弄得凋謝了。

點評

謀士范雎被引進秦國後，上書給秦昭王陳說政見並請求召見，上面這段話即摘自這封書信。這段話涉及一個重大課題：自古以來君王有天下，諸侯有封國，大夫有食邑（即「家」），這裡各爲己利，就有一個天下利益的分配問題。政治不明，諸侯作亂，紛紛巧取豪奪國家財產，以占爲己有，最終導致王室衰微，天下紛爭而不可收拾，此類現象舉不勝舉。所以范雎強調「天下有明主」，各諸侯國就無法獨自富足以成氣候。這實在是值得統治者認真對待並引以爲戒的。

王天下者，輕縣國而重士，故國重而身安；賤財而貴有知，故功得而財生；賤身而貴有道，故身貴而令行。

——《黃老帛書・經法・大分》

釋文

管理國家的人，應該尊重知識分子而不十分看重一州一縣的得失，這才能夠使國家穩定，個人安寧；應該尊重知識而看輕錢財，這才能創建事業，獲得財富；應該尊重理想道德而看輕自身，這才能獲得高貴的地位，並使人服從自己。

點評

無論管理一個國家還是管理一個企業，知識和知識分子都是最寶貴的財富。尊重知識分子，尊重人才，讓他們充分發揮自己的才能，這是管理國家和管理企業的法寶。管理國家和企業也需要理想和原則。對於企業而言，理想和原則也是企業文化的一個組成部分。

百官正而無私，上下調而無尤，法令明而不暗，輔佐公而不阿：田者不侵畔，漁者不爭隈；道不拾遺，市不豫賈；城郭不關，邑無盜賊；鄙旅之人，相讓以財。

——《淮南子・覽冥訓》

釋文

國家法令嚴明，當官者的奉公守法，不徇私情，爲人正直不阿諛奉承；上下團結一致，卻不是官官相護。因此，打獵的人不侵犯別人的邊界，漁民不爭水灣，道不拾遺，市場不干預商販，城門不閉，邑無盜賊，連邊遠地區和出外旅行的人也以財相讓。

點評

法令嚴明與否，關鍵在於當官者。奉公守法，大公無私，嚴於律己的官員自然能讓其手下令行禁止。

人主執政持平，如從繩準高下，則群臣以邪來者，猶以卵投石，以火投水。

——《淮南子・主術訓》

釋文

君主主持公道，好像用墨線量高低，那麼群臣中有胡作非爲的，就像拿蛋去擊石頭，把火投進水裡，只是自取毀滅罷了。

點評

君主手下應該有一批得力人才，但倘若他們之中有誰違法犯紀了，君主理應秉公執法，不徇私情，否則上層內部都執法不嚴，施法不公，那麼這樣的法律又有什麼效用呢？用它去規範百姓的行爲，豈非「以卵擊石，以火投水」乎？

量粟而舂，數米而炊，可以治家，而不可以治國。

——《淮南子・詮言訓》

量了穀物春穀，算著米去煮飯，這種作風可以治家，但不能治國。

點評

老子曾說過「治大國若烹小鮮」，但淮南子並不如是想。在他看來，治國與治家雖都屬於管理專業範疇，但還是有很多不同的。治國更需要宏觀的考慮，而治家則只需勤儉、細緻、耐心和信心就行了。其實，治國與治家大同小異。前者更注重宏觀上的統籌安排，而後者則偏重於具體事件的實施過程。

天下非一人之天下，乃天下之天下也。同天下之利者則得天下；擅天下之利者則失天下。

——《六韜・文韜・文師》

釋文

天下不是一個人的天下，而是天下人的天下。與天下人一起分享天下各種利益的人，才能得到天下人的擁護；獨享天下各種利益的人，就會失去天下的人心。

點評

這是姜太公告誡周文王的一段話。作爲天下的君主，仍須與天下人共利。管理者也不例外。任何一個企業的管理者，若想獨享企業的各種利益，那就必然要失敗。只有合理地分配企業成員的利益，管理者自身的利益也才能長期得到保障。

四支強而躬體固，華葉茂而本根據。故飭四境，所以安中國也；發戍漕，所以審勞佚也。主憂者臣勞，上危者下死。

——桑弘羊，見《鹽鐵論・徭役》

釋文

人的四肢強健，身體就結實有力，植物花葉茂盛，根莖就牢固。所以，加強四周的邊境，是為了使國家安全；讓百姓去守衛邊疆和在水路運輸軍需品，是為了求得安逸。國家管理者有憂慮，下屬就要盡力操勞；上面有危難，下面就應拼死拯救。

點評

國家管理者必須從長遠的、發展的、全面的觀點看問題，國家內、外事務的管理措施應以保證國泰民安為準繩。

古者為國，必察土地山陵阻險天時地利，然後可以王霸。故制地城郭，飭溝壘以禦寇固國。《春秋》曰：「冬浚洙」，修地利也。三軍順天時，以實擊虛，然固於阻險，敵於金城，楚莊之圍宋，秦師敗崤嶔崟是也。故曰天時地利。

——桑弘羊，見《鹽鐵論・險固》

釋文

古代管理國家者，必須首先考察地形和氣候條件，然後才能管理好國家。所以要因地制宜地修築城郭，挖護城河、修築城堡以抵抗敵人，鞏固國防。《春秋》說：「魯國在冬天疏浚洙水」，意思是要加強有利的地形。軍隊利用了有利的氣候條件，以強去擊弱，理應所向無敵了吧！然而也會受地形條件的阻擋，被堅固的城防所困阻。這就是楚莊王圍攻宋國無法攻克，秦軍在崤山被晉軍打敗的原因。所以說天時地利很重要。

點評

《鹽鐵論・險固》篇是以《孟子・公孫丑下》所說「固國不以山川之險」為辯論的中心問題，孟子認為，國家的安寧在於德而不在於固；桑弘羊則認為，不固其外，無法定內，要國泰民安，必須有備無患。

語曰：「見機不遂者隕功。」一日違敵，累世為患。休勞用供，因弊乘時，帝王之道，聖賢之所不能失也。功業有緒，惡勞而不卒，猶耕者倦休而困止也。夫事輟者無功，耕怠者無獲也。

——桑弘羊，見《鹽鐵論・擊之》

釋文

俗話說：「見到機會不利用，就會有損於事情的成功。」一旦放走敵人，就會世代為患。合理安排前後方，趁敵危殲滅之，這是得天下者的辦法，高明的國家管理者是不會放棄的。建立功業要不間斷，害怕勞累而不肯做到底就像種地的人，疲倦了就休息，困乏了就不做一樣。辦事情中途停止的人不會成功，種地偷懶的人不會有收成。

點評

一個國家要想鞏固已經建立起來的政權，必須作出長期的、艱苦不懈的努力，只有徹底消除隱患，才能永遠立於不敗之地。

人君之道，清淨無爲，務在博愛，趨在任賢；廣開耳目，以察萬方；不混溺於流俗，不拘繫於左右，廓然遠見，踔然獨立；屢省考績，以臨臣下，此人君之操也。

——師曠，見劉向《說苑・君道》

釋文

擔任君王的原則是，清淨而不特別做什麼，主要事情是博愛大眾，其途徑是任用賢者；廣泛設立情報人員，以便考察各個地方；不混同於流言俗語，不受左右親近人士的局限；具有遠見，獨立思考；反覆檢查考察官員的業績，以確立領導地位，這就是君王的操行。

點評

「無爲」並不是什麼也不做。事實上，這段話提出了「無爲」後應做的事，而且顯然是有效的管理行爲。「無爲」就是指不做非常具體的事，包括君王個人的各種奢侈享受。文中提出的控制方法，包括任賢、蒐集訊息、獨立思考和進行考核，都是高明的管理者該做的事。具體工作則可交給各級管理人員去做。而這也就是「無爲」。

人君之事，無爲而能容下。夫事寡易從，法省易因，故民不以政獲罪也。大道容眾，大德容下，聖人寡爲而天下治矣。

——尹文，見劉向《說苑・君道》

釋文 君王的要事在於少行動而能容忍被統治者的行爲。君王的事情少，民眾就容易服從去實行；法規簡省，民眾就容易遵守。因此，民眾不會因觸犯政令而犯罪。君王的高尚道德能容忍下面的普通民眾，因此行動雖少而天下卻能得到治理。

點評 管理者可以由此得到啓發：管理者實際上不宜管得太多、太繁。容忍下級人員的創造性，包括某些錯誤，可能是管理意圖得到良好貫徹的前提。

政有三而已：一曰因民；二曰擇人；三曰從時。

——士文伯，見劉向《説苑．政理》

釋文 政治之事不過三條罷了：第一是根據人民群眾的實際情況；第二是選擇合適的管理人員；第三是順從時令，選擇時機。

點評 這段話是晉侯向士文伯問政時後者的回答。這裡闡述的是管理的一般原則：管理實際、管理人員和掌握時機。原文中的「從時」還有農業生產中注意時令節氣的意思。「因民」、「擇人」、「從時」，這三者言簡意賅，實可作爲管理者的格言使用。

夫有文無武，無以威下；有武無文，民畏不親；文武俱行，威德乃成；既成威德，民親以服。清白上通，巧佞下塞，諫者得進，忠信乃畜。

——姬誦，見劉向《説苑・君道》

釋文

有文才沒有武力難以威懾下級；有武力沒有文才，老百姓會感到畏懼但不會和你友好相處；文武兼備，威懾力和德行就都有了，這樣一來，老百姓既友好又佩服。高層統治清明合理，下面就不能進讒言，好的建議能得以提出，忠誠和信義就這樣培養起來了。

點評

這段話從統治者或管理者的角度探討了如何才能形成一個健康有力的集體。作爲管理人員，既要能以德服人，又要能夠以強力手段在必要時維護自身的威信和整個集體的利益，忠誠和信義就源於文武兼備的領導所轄的集體。

政有三品：王者之政，化之；霸者之政，威之；強者之政，脅之。夫此三者，各有所施，而化之爲貴矣。

——劉向《説苑・政理》

釋文

統治國家有三個級別：行王道的統治方法是凡事以教化爲主旨；行霸道的方法是以威懾爲主旨；以強力統治的是以脅迫爲主旨。以上三種統治方法各有各的可行之處，然而以教化爲主旨是最可取的。

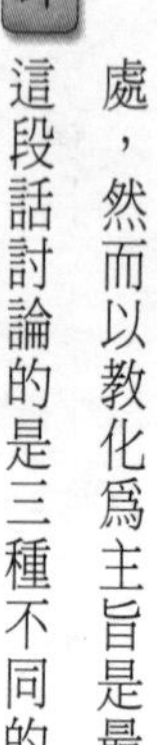

點評

這段話討論的是三種不同的統治方法及其優劣。管理企業和統治國家的實質是類似的，以教化爲主旨，事事都能透過說服教育，以最適宜的方法對其加以控制或使其發展，這樣才能妥善處理好事情。

> 明版籍以相數閱，審什伍以相連持，限夫田以斷并兼，定五刑以救死亡，益君長以興政理，急農桑以豐委積，去末作以一本業，敦教學以移情性，表德行以勵風俗，核才藝以敘官宜，簡精悍以習師田，修武器以存戰守，嚴禁令以防僭差，信賞罰以驗懲勸，糾游戰以杜奸邪，察苛刻以絶煩暴。審此十六者以爲政務，操之有常，課之有限，安寧勿懈墮，有事不迫遽，聖人復起，不能易也。
>
> ——仲長統《昌言・損益篇》

釋文

清楚戶口的登記用來互相檢查；仔細檢查居民的基層組織以相互連接；限定男丁占田數量來斷絶兼併；規定五種刑罰來拯救那些被判死罪的人；增加各級官吏來把政務處理好；首先發展農業來增加糧食的積蓄；廢除商賈等職業使農桑成爲唯一的本業；督促教化來改變百姓的性情；表彰有德行的人來改變社會風氣；考核士人的才藝並給以相稱的官職；選拔精兵強將演習軍事和狩獵；整治武器來準備軍事行動；嚴格制定禁令來防備越軌行爲；賞罰講究信用使獎懲得到證明；糾正不正當的活動

來杜絕奸邪事情的發生；督察各級官吏是否執法苛刻來防止他們的煩法暴政。仔細研究以上十六條作爲政治的要務，運用起來有穩定的制度，督察起來有條文的範圍，局勢安寧時不要鬆懈、怠慢，發生變故時不必窘迫、惶懼。即使聖人再度復出，也不會改變這些措施。

點評

在〈損益篇〉中，仲長統綜論當時各種制度的弊端之後，提出了十六條「爲政要務」作爲治國之策，具有較強的針對性。概括起來主要涉及六個方面：一是建立戶籍管理制度；二是恢復「井田」抑制土地兼併；三是恢復「五刑」完善法制；四是考核官吏強化行政；五是加強德化改變世態民風；六是軍隊建設。這些治國之策不僅僅只是體制改革的內容，也是一般行政的要點，可以說是對古代治理國家政策的總結。仲長統在提出這些措施的同時，更強調——「操之有常，課之有限」。也就是說，政策固然重要，但是，更重要的是執行政策的穩定性和規範性，這是值得引起重視的。

近恕篤行，所以接人；任材使能，所以濟務；癉惡斥讒，所以止亂；推古驗今，所以不惑；先揆後度，所以應卒；設變致權，所以解結。

——黃石公《素書・求人之志》

釋文

寬厚誠意，用此來接待人才。按才能任命、使用，用此能做好事情；憎恨惡人，斥退讒言，用此能制止內部混亂；根據古人經驗來檢測當前的事，用此能不迷惑；估計預測，用此能對付突發事件；隨機應變，用此能解開難題。

點評

黃石公是傳說中向張良傳書的人。張良作爲劉邦的謀士，爲漢朝統一中國作出了很大貢獻。這裡所講的幾條，也可看作是管理中的一般方法。

治世所貴乎位者三：一曰達道於天下，二曰達惠於民，三曰達德於身。衰世所貴乎位者三：一曰以貴高人，二曰以富奉身，三曰以報肆心。治世之位，眞位也。衰世之位，則生災矣。

——荀悦《申鑑・政體》

釋文

治平之世，在位的人之所以可貴有三個方面：一是把「道」貫徹於天下百姓；二是對天下百姓施行恩惠；三是自身要有美德。衰亡之世，在位的人之所以可貴也有三個方面：一是把職位的尊貴作爲高人一等的資本；二是用豐饒的財富來供養自身；三是利用職權來放縱自己的心願。治平之世，在位的人才有真正的職位。衰亡之世，擁有職位就會生災禍。

點評

治國之道到處皆是，人人皆知。無非是仁、禮、道、德之類罷了。在當今社會要想成為一個成功的管理者，聽聽古人的教誨，絕無壞處。

先哲王之政：一曰承天，二曰正身，三曰任賢，四曰恤民，五曰明制，六曰立業。承天惟允，正身惟常，任賢惟固，恤民惟勤，明制惟典，立業惟敦。是謂政體也。

——荀悦《申鑑·政體》

釋文

先古的聖賢君王治理國家，其恪守的原則：第一是承接上天的意願，第二是修正自身的言行，第三是任用賢能之士，第四是關心體恤百姓，第五是完善各種制度，第六是創立偉大的事業。承接上天意願在於上天公平，修正自身言行在於經常不懈，任用賢能之人在於始終保持信任，關心體恤百姓在於時刻不忘，完善各種制度在於制定明確的法律，創立事業在於孜孜以求。做到這些，可以說建立了治理國家的良好體制。

點評

〈政體〉一文提出了建立良好政體的六項原則。古人治理國家的原則同樣可以用來治理、管理企業，用以指導管理者的工作。具有強烈的使命感、良好的個人修養，選拔優秀的人才，關心愛護自己企業的員工，健全各項內部管理制度，努力追求卓越的成績，這些正是一個成功管理者所必備條件，也是一個成功企業的縮影。

興農桑以養其生，審好惡以正其俗，宣文教以彰其化，立武備以秉其威，明賞罰以統其法，是謂五政。

——荀悅《申鑑・政體》

釋文 興辦農業以使百姓不愁吃穿，考察人們的好惡之心來使民間具有良好的習俗，宣揚文教來提高人們的道德水準，建立國家武裝力量用以鞏固自己的威信，賞罰分明使法律得到執行，這可以說是治理天下的五項賢明之舉。

點評 治理天下不能只有原則，還要有行之有效的舉措。採取〈政體〉一文中這五項具體的措施，則天下可治。

夫使爲政者，不當於與婚姻；婚姻者，不當使之爲政也。

——仲長統《昌言・法誡篇》

釋文 當政的大臣不應與皇帝結爲婚姻關係，和皇帝有婚姻關係的人則不應當由他主持國家大政。

點評 漢代政治生活中一個突出的弊端就是外戚干政，宦官弄權。東漢以後此風更甚，那些外戚、宦官「親其黨類，用其私人，內充京師，外布列郡」，導致天下大亂，民不聊生。仲長統對此深惡痛絕，故提出上述主張：杜絕「裙帶風」，任人唯賢，理順關係，以正綱紀。他的這些主張不但極有創見和膽識，對保證政治清明、革除流弊也有極大的歷史意義。

功業效於民，美譽傳於世，然後，君乃得稱明，臣乃得稱忠。此所謂明據下作，忠依上成。二人同心，其利斷金也。

——王符《潛夫論・明忠》

釋文

君臣治理國家，使人民幸福，社會上到處爭相傳頌他們的美名。只有這樣，國君才能稱爲明君，臣子才能稱爲忠臣。也就是說聖明的君主要依賴忠臣的合作，忠臣只有遇到明主才能施展抱負，君臣同心同德，其力量就足可斬釘截鐵。

點評

治國需要明君、忠臣。他們是相互依存的關係。若無忠臣，則君王所訂的治國大計無人實施，上情不能下達，老百姓的苦難、怨言也傳不到國君耳中，國君就成了孤家寡人，何明之有？同樣，沒有賢明的國君，忠臣就不會被重用，而且無法立足於朝廷之上，自身難保，哪裡有時間治理國家，何忠之有？因此，只有君臣一心，才能治好國家。

是故聖人求之於己，不以責下。凡爲人上，法術明而賞罰必者，雖無言語而勢自治，治勢一成，君不能亂也，況臣下乎？

——王符《潛夫論・明忠》

釋文

聖明之人在自己身上尋求治國的道理，而且不因爲治不好天下就責備下屬。大凡做國君的，法令嚴明，賞罰制度完善，就會形成政治清明的大趨勢。這樣，國君即使不說話，天下也會大治。這種趨勢連國君都不能違抗，更何況是臣子呢？

點評

作者提出以「勢」治國的思想。只要「治勢一成」就會萬事通達，國家太平，再也不懼奸佞之臣徇私舞弊。好像一個社會形成了一種良好的風氣，就不會再發生醜惡現象。但這種「治勢」必須以法律作後盾，否則是不會自動形成的。作者把形成「治勢」的希望寄於國君一人，這有很大的局限性，如果國君並不是一個賢明之君，則「治勢」難成，國家難治。

爲君之道，必須先存百姓，若損百姓以奉其身，猶割股以啖腹，腹飽而身斃。若安天下，必須先正其身，未有身正而影曲，上治而下亂者。

——李世民，見吳兢《貞觀政要・君道》

釋文

國家管理者的原則，必須先想到百姓，如果損害百姓的利益而使自己享受，就像割身上的肉來餵飽肚子，肚子飽了，人卻死了。如果要治理天下，必須先要自己站得正，沒有身體站直而影子彎曲的情況，也不可能有上層嚴正而下面卻管理混亂的情

況。

點評

「貞觀之治」是中國傳統政治管理的楷模，唐太宗李世民也許是歷代最高統治者中最傑出的一位。李世民的管理原則是老百姓第一，嚴於律己。居權位之最高點的唐太宗能否一生如此，這自然該由歷史家來研究、評判，但這兩條基本原則，的確有其傑出之處。吳兢將這段話寫在《貞觀政要》的首卷，既是遵循歷史，卻又別具深意。

爲政之要，惟在得人，用非其才，必難致治。今所任用，必須以德行、學識爲本。

——李世民，見吳兢《貞觀政要・崇儒學》

釋文

治國的要務，主要在於得人才。所用的如果是德才不適合的人，必然難以治理好。我們現在所任用的人，必須以德行、學識作爲根本標準。

點評

唐太宗很明確地認識到，獲取有才幹的人，根據其德行和才能任用，是治理國家的要務。他用人的實際標準，除才能外，德行仍放在第一位。這點對管理者仍有極高的參考價值。

國家大事，惟賞與罰。賞當其勞，無功者自退。罰當其罪，爲惡者咸懼。則知賞罰不可輕行也。

——李世民，見吳兢《貞觀政要・封建》

釋文

國家大事，最主要的就是獎勵與懲罰。獎勵得當，沒有功勞的人就會自動退下不爭。懲罰與所犯罪行相當，作惡的人都會害怕。由此可知，賞罰是不可以隨便施行的。

點評

賞罰都要得當，這是許多人都認識到的。這段話從唐太宗李世民的口中說出，則包括了他治理國家的經驗，尤其值得重視。

人無常俗，但政有治亂耳。是以爲國之道，必須撫之以仁義，示之以威信，因人之心，去其苛刻，不作異端，自然安靜。

——李世民，見吳兢《貞觀政要・仁義》

釋文

人民沒有永恆不變的行爲方式、風俗習慣，而不同的政治措施則可導致安定與混亂的不同結果。因此管理國家的原則是，必須以仁義來安撫老百姓，同時向他們顯示權威和信譽，依據老百姓的思想感情，排除其中的苛刻和不安定因素，這樣就能自然而然地使國家平靜安寧。

點評

有道是「風俗有古今，人心無古今」。作爲帝王的李世民，有這番見識，確已在認識水準上遠遠地超出了一般爲政者和爲學者。唐朝在太宗手中實現了由亂而治的一次大轉變，作爲領導國家實施各種措施並最終見到效果的一代領袖，可以說是以親身的實踐得出了結論。恩威並施，「胡蘿蔔加大棒」，已不是什麼秘籍中言。然而總是未見到清明政治常存的實例，這是知易行難嗎？或者是管理者忘記了修身齊家乃治國之本嗎？「人心正，而風俗美」。管理者須知，「以身作則」乃樹立風尙、規範人心的正途。

常許仁義之道，守之而不失；儉約之志，終始而不渝。一言興邦，斯之謂也。

——魏徵，見吳兢《貞觀政要・愼終》

釋文

時常讚許仁愛、正義的治理方法，堅持下去而不放棄；稱許儉樸、節約的志向，自始至終不改變。一句話可以使國家興盛起來，說的就是這個道理。

點評

這是貞觀十三年，魏徵擔心唐太宗不能保持儉約而上的奏章中的一段話。這段話強調了領導者須堅持優良傳統的重要性，同時也說明了領導者提倡這些優良傳統可以使「一言興邦」發揮重大的作用。

夫兵甲者，國家凶器也。土地雖廣，好戰則民凋；邦國雖安，忘戰則民殆。凋非保全之術，殆非擬寇之方，不可以全除，不可以常用。

——李世民，見吳兢《貞觀政要・征伐》

釋文

武器鎧甲是國家的凶器。土地雖然廣闊，喜好發動戰爭百姓就困苦；國家雖然安寧，忘記了戰備百姓就會懈怠。百姓困苦不是保全國家的方法。百姓懈怠不是揣度敵情以對付敵人的辦法。兵器既不能全部丟掉，也不能經常使用。

點評

這是唐太宗在他所著的《帝範》中的一段話。這段話對戰爭、國防作了辯證的分析，認爲戰爭頻繁會破壞生產，但也不能忘記戰爭，以致國防鬆懈，人民懈怠。這是一種務實而積極的國防戰略思想。

前王所以致理者，勤而行之；今時所以敗德者，思而改之。與物更新，易人視聽，則寶祚無疆，普天幸甚，何禍敗之有乎？然則社稷安危，國家理亂，在於一人而已。

——魏徵《十漸不克終疏》，見吳兢《貞觀政要》

釋文

前代皇帝之所以能夠治理得好，就在勤於政事。當今之所以引起敗壞道德的，就要反思而改過。要與萬物一起改過自新，改變人們的精神面貌，那麼國運長久，天下

幸甚，哪裡還會有什麼禍敗之事？這樣說來，社稷的安危，國家的治亂，實際上在於皇帝一人而已。

點評

振綱理廢乃治國者之大要，而要做到這一點，必須汲取歷史的教訓，繼承前人寶貴的經驗。這裡皇帝的言行舉動是關鍵，所謂「綱舉目張，上行下效」。朝綱振與否，直接關係天下之興亡治亂，可不慎乎？

夫屯兵守土，以備寇戎，至而無糧，守必不固矣。

——陸贄《陸宣公翰苑集・請減京東水運收腳價於沿邊州鎮儲蓄軍糧事宜狀》

釋文

屯兵守衛邊境，以防備敵寇侵犯，到了斷糧的地步，就一定防守不住了。

點評

陸贄講的是糧食儲備在守邊衛疆中所起的決定性作用，由於軍糧供給不繼、儲備缺乏造成士兵基本生存條件的匱乏以及軍事上的受挫。可見，物資儲備不僅是壯大實力、滿足一個組織經營的基本條件和必備條件，更是在競爭中致勝的法寶。

夫先王酌教本，提政要，莫先乎任土辨物，簡能易從，然後立為大中，垂之不朽也。

——白居易《白氏長慶集・禮部試策第一道》

釋文
先王考慮教化的根本，抓住治國綱要，先要求因地制宜，使耕種變得簡單易作，然後建立中正之道，千古流傳。

點評
根據地利、物性等特點來選擇要素的流向，是尊重客觀規律的表現。如此才可發揮物的最大功用性，創造效率。「任土辨物」的說法見於《周禮．地官．司徒》，指土地與作物二要素的協調，即在物的管理上，強調透過生產要素恰當的組合，發揮物的潛能。

夷狄不可以中國之治治也。求其大治，必至於大亂，先王知其然，是故以不治治之。治之以不治者，乃所以深治也

——蘇軾《東坡全集．王者不治夷狄論》

釋文
對少數民族不要用治理中國內部的辦法來治理。如果希望對他們徹底治理，必定會引起大亂。先王明白這個道理，因此用表面上不治理的辦法加以治理。這種治理實際上是一種深層次的治理。

點評
這段話實際表現了老子「無爲而治」的思想，亦即用表面無爲的手段達到有爲的目的。作者提出以不治代深治，顯然就是受了這種思想的影響，其目的是想透過這種辦法對付契丹、党、羌族等少數民族，對其軍隊「來者不拒，去者不追」。這種思

想在表面上看來是消極的，但如運用合理、適當，有時可能會收到良好的效果。其中包含的另一個思想是，對於不同的群體，應以不同的方法管理、控制，然後才能收效。

四境如我牆垣，土田如我園圃，道路橋樑如我户庭，廬舍如我屋宇，蓄積如我倉廩，男女如我婦子。如斯而已。

——唐甄《潛書・知言》

釋文

國家的邊境就當作我家的圍牆，國家的田地就當作我家的園圃，道路橋樑就當作是在我家庭院之中，房屋建築就當作我自家的宅第，國家積蓄就當作是我自家的財物，男男女女當作我自己的家人。治理國家就是這樣而已。

點評

把國家的一切都看作是自己家的東西來管理，來愛護，這可以說是古代的一種主人翁思想吧！以這種積極的態度處世，國家當然會興旺發達。

人臣執法之正，人主聽言之明，可以弁見。

——顧炎武《日知錄・封駁》

釋文

下級執行各項法令政策公平而恰當，上級善於聽取各方意見作出明確判斷，這兩者是相互關連的。

點評 企業內部各級領導體制要趨於合理，需將上級與下級的權限劃分清楚。上級要有包容力，處理原則性問題，宏觀上把握全局，明瞭各層級在整個體制中的運作；下級則要務實，執行局部問題的實施並使其盡善盡美；雙方互相配合，各司其政，方可協調整個體制。

聖賢之為政也，莫大於興民之利，去民之害，視風俗之所極弊而先救之。

——任啓運《清芬樓遺稿・與胡邑侯書》

釋文 古代的聖賢主持國家政事，把興辦對人民有利的事、排除對人民有害的事當作最大的事情來做，並對風俗中最大的弊病首先加以治理。

點評 這段話是清代著名學者任啓運針對當時有的地方盛行賭博、奸盜、溺女嬰等惡習而寫的，其目的是要求政府能首先對這些地方加以治理，使人們棄惡從善，以樹立良好的社會風氣。這將有利於社會的安定和人民的安居樂業。

毋鼠守倉，使倉不供；毋虎牧牢，使牢不繁。爾乃造於而福，無毒於而世也。

——包世臣，見湯鵬《浮邱子・訓廉》

釋文

不要讓老鼠來守衛倉庫，使倉庫不能供給；不要讓老虎來牧放牲畜，使牲畜不能興旺。這樣才是造福於民，無害於世。

點評

這是包世臣在強調倡廉時講的一段話。他指出官吏不廉，就像讓鼠守倉、以虎牧牢一樣，有百害而無一利。要求在官吏的選擇上，要注意其道德品質，清正廉潔。務必不使貪得無厭的人處在重要的職位上，監守自盜，造成對國家和社會的危害。

竊以爲方今治國之要，其應行者多端，而莫切於急圖內治，以立富強之基。

——郭嵩燾《養知書屋遺集・倫敦致李伯相》

釋文

我認爲如今治理國家需要做的事情很多，而最緊迫的莫過於國家內部的治理，這是國家強盛的根本大計。

點評

從上下文看，作者所謂「內治」有三方面的內容：一是指國內利源的開發；二是指國內政通人和；三是指民風習俗的開化。這一闡述抓住了洋務運動失敗的關鍵，正如大補對人有益，但並非即補即益，須先調理身體，使之機能對大補有接受能力，方可順理成章，功效畢顯。這裡強調的是內因的決定作用，尤其是民族傳統、經濟特點的重要性，立足於治本。這對我們今天引進西方先進科學技術有一定啓迪。

安民

爲政之道，必先田市，死刑次之，盜賊次之。……農安於田，賈安於市，財用足，禮義興，不輕犯法，是去賊去盜之本也。

——唐甄《潛書・善施》

釋文

治理國家的道理，一定要先重視農業和商業，其次是用死刑來威懾百姓，再次才來懲罰盜賊。……只要農民安心種田，商人安心做生意，財物富足，注重禮義，人民就不會輕易犯法，這才是消滅暴徒盜賊的根本。

點評

唐甄的政治思想中很重要的一點就是重「養民」，讓人民安居樂業，這才是社會安定、經濟繁榮的關鍵。

民之有君，以治義也，義以生利，利以豐民，若之何其民之與處而棄之也？

——《國語・晉語・獻公將黜太子申生而立奚齊》

釋文 民之所以需要君主，是要他來治理上下之義，義可以生利，生利才可富民，爲何不與民相親共處，而要拋棄他們呢？

點評 這段話提出，領導者存在之必要，是百姓讓他來疏通上下關係，以更好地獲利生息。

夫義者，利之足也；貪者，怨之本也。廢義則利不立，厚貪則怨生。

——《國語・晉語・里克殺奚齊而秦立惠公》

釋文 有義，利才靠得住；而貪則是怨恨的本源。拋棄義，利就沒有了；貪得無厭，怨恨就會隨之產生。

點評 「貪」，就是只顧個人私欲。這段話告訴我們，管理者只有行仁義，才能使企業獲利，即管理者只有考慮到全體員工的利益，而不是滿足個人私欲，企業才會興旺發達。

夫義所以生利也，祥所以事神也，仁所以保民也。不義則利不阜，不祥則福不降，不仁則民不至。

——《國語・周語・富辰諫襄王以狄代鄭及以狄女為后》

釋文

有義才能生利，祥和才可侍奉神祇，仁愛才能保養人民，行不義則利不豐厚；不祥和那麼福就不降臨；不行仁愛，人民不會來歸附。

點評

管理者行仁義，仁義生利，仁義治國，這是中國管理思想的重要組成部分，如果與西方以法爲中心的管理思想「珠聯璧合」，結果將極爲可觀。

侈則不恤匱，匱而不恤，憂必及之，若是則必廣其身。且夫人臣而侈，國家弗堪，亡之道也

——《國語・周語・劉康公論魯大夫儉與侈》

釋文

追求奢侈豪華的高消費生活就不會去憐惜、救濟貧困的人民，對貧困的人民不憐惜、不救濟，國家的憂患必然產生，若是這樣，他們必然只顧自身的利益了。作爲國家政務官員若追求奢侈生活，國家就負擔不了，這就是國家敗亡的道理。

點評

〈劉康公論魯大夫儉與侈〉記載了劉康公以「儉」來發展經濟、治理國家的管理思想。這段話認爲國家官員的奢侈浪費將會導致國家的敗亡，當然就根本談不上經濟發展了。

若斂民利以成其私欲，使民蒿焉忘其安樂，而有遠心，其為惡也甚矣，安用目觀？

——《國語・楚語・伍舉論台美而楚殆》

釋文

如果聚斂民財來滿足私欲，而使老百姓財產耗盡，不能安居樂業，而生離去之心，這害處實在太大了。那麼台榭的賞心悅目又有什麼用處呢？

點評

伍舉也是一個「崇儉」論者。這段話認為作為領導者，聚斂民財以追求奢侈生活將導致民心背離、國家敗亡，那麼所追求的一切又有何用呢？

若夫匱財用，罷民力，以逞淫心，聽之不和，比之不度，無益於教，而離民怒神。

——《國語・周語・單穆公諫景王鑄大鐘》

釋文

至於勞民傷財以滿足自己過度的嗜欲，這聽起來就沒有一點音樂的和諧感，相比較也不符合律度；這不僅無益於教化民眾，反而使民心分離，天神動怒。

點評

〈單穆公諫景王鑄大鐘〉是論述鐘律與教化人民的。這段話認為，領導者在管理上，即使出於教化、娛樂人民或諸如此類的好心，也不能興師動眾、勞民傷財，做一些所謂的福利、公共事業。這樣不僅達不到教化、娛樂人民的目的，反而會因「勞民傷財」而使民不得安，民心大失，造成嚴重的後果。

作重幣以絕民資，又鑄大鐘以鮮其繼，若積聚既喪，以鮮其繼，生何以殖？

——《國語・周語・單穆公諫景王鑄大鐘》

釋文

鑄造大錢已使人民資財喪失殆盡，現在又鑄造大鐘，資財就更難以爲繼。如果積蓄的資財已消耗完，而資財又難以爲繼，那麼又怎樣去維持人民的生活呢？

點評

這段話指出了一個積累與消費的問題。若已將所有積蓄消費殆盡還不滿足，還要將正在投資生產的資金挪用、消費掉，那就沒有再生產的資本了，其後果也就可想而知了。

夫古者聚貨不妨民衣食之利，聚馬不害民之財用。國馬足以行軍，公馬足以稱賦，不是過也；公貨足以賓獻，家貨足以共用，不是過也。

——《國語・楚語・子常問蓄貨聚馬斗且論其必亡》

釋文

古時聚積財物而不妨害老百姓衣食的利益，匯集馬匹而不妨害老百姓的財用。國馬足夠行軍作戰之用，公馬與賦稅所需相稱，不要超過這個限度；公共財物足夠宴贈賓客之用，家裡的財產足夠供給家庭所需，不要超過這個限度。

點評

〈子常問蓄貨聚馬斗且論其必亡〉這篇文章講述領導者不要過度壓榨老百姓。這段話表明，作爲領導者應該掌握一下聚民財的「度」，可惜很多領導者並未明白這點。

夫從政者，以庇民也。民多曠者，而我取富焉，是勤民以自封也，死無日矣。

——《國語・楚語・子常問蓄貨聚馬斗且論其必亡》

釋文

作爲國家政務官員，其職責是保護老百姓。現在老百姓大多貧困而我卻去追求富裕，這是剝削老百姓來濟私欲，這樣，國家滅亡的日子不遠了。

點評

國家官員不去保護老百姓，反而去搜刮民財，這是自取滅亡。清廉，是傳統管理思想中對一個管理者的要求。

鑄名器，藏寶財，固民之殄病是待。

——《國語・魯語・臧文仲如齊告糴》

釋文

鑄造貴重的器物，貯藏財寶，是爲了在老百姓困厄與饑饉的時候用來救急。

點評

作爲一個領導者，應該高瞻遠矚，未雨綢繆，平時就應該注意聚財積糧，以備不時的天災人禍。這段話表達的就是這種思想。

凡五穀者，民之所仰也，君之所以爲養也。故民無仰，則君無養；民無食，則不可事。

故食不可不務也，地不可不力也，用不可不節也。

——《墨子・七患》

釋文

五穀是人民所賴以生存的物資，也是國君用以管理百姓的物資。如果人民失去生存依賴，那麼國君也就無法管理百姓；人民沒有糧食，就不可以供役使。所以糧食不可不努力生產，土地不可不努力耕耘，用度不可不儘量節省。

點評

管理活動的順利進行，必須要有堅定的物質基礎。墨子很重視生產，特別重視糧食的生產，他指出糧食收成的多少直接影響人們的思想，而且也是國家能否得到治理的物質基礎。他從人們的生活需要來認識糧食的重要作用，強調國家必須有足夠的糧食儲備，主張國家要重視發展農業生產，並力求節約財政開支。

聖王為政，其發令、興事、使民、用財也，無不加用而為者。是故用財不費，民德不勞，其興利多矣！

——《墨子・節用上》

釋文

聖王施政，他發布命令，興辦事業，使用民力和財物，沒有不是有益於實用才去做的。所以使用財物不浪費，民眾能不勞苦，所獲得的利益相對的就多了。

點評

這是墨子對節用原則的理論闡述，節用的核心是「加用而為」，以實用為準則，以夠用為限度。這不僅是治政原則，也是經濟法則。所以墨子在前文說一國財利的加倍增長，不需要向外擴張，只要內部省去無用之費，財利就足以加倍。由此可見當時統治者「無用之費」極大。

今萬乘之國，虛數於千，不勝而入；廣衍數於萬，不勝而辟。然則土地者，所有餘也；王「士」民者，所不足也。今盡王「士」民之死，嚴上下之患，以爭虛城，則是棄所不足而重所有餘也。爲政若此，非國之務者也！

——《墨子・非攻中》

釋文

現在擁有萬輛戰車的大國，虛邑（小城）數以千計，卻不能完全納入統治；廣闊平衍之地數以萬計，卻不能完全開闢。既然如此，那麼土地是他所有餘的，而兵士和百姓是他所不足的。現在盡讓那些兵士和百姓去送死，加重全國上下的禍患，去爭奪一座虛城，則是擯棄他所不足的，而增加他所有餘的。施政如此，不是治國的要務呀！

點評

非攻是墨子針對當時諸侯間無休止的兼併戰爭而提出的反戰理論。墨子一直主張凡事要權衡利害得失，承認取利的合理性。這段話裡，墨子從權衡利害得失的角度，指出了大國攻取小國，既不義，又無利，並批評說：「爲政若此，非國之務者也！」

足國之道，節用裕民，而善藏其餘。節用以禮，裕民以政。彼裕民故多餘，裕民則民富，民富則田肥以易，田肥以易，則出實百倍。

——《荀子・富國》

釋文

使國家富足的途徑是：節約用度，使人民富裕，而且善於儲藏盈餘。按照規定節約用度，以恰當的管理措施使民眾富裕。實行了使民眾富裕的管理方法，人民就會富裕，物資就有盈餘，民眾富了，土地就肥沃，而且能耕種好，地肥又種好，糧食產量自然就加倍成長。

點評

國家的富足和民眾的富裕，一在於節用，二在於管理措施得當。人民有了積蓄，經濟上富裕了，才有力量擴大再生產。

人主有能以民爲務者，則天下歸之矣。王也者，非必堅甲利兵、選卒練士也，非必隳人之城郭、殺人之士民也。上世之王者眾矣，而事皆不同，其當世之急、憂民之利、除民之害同。

——《呂氏春秋・愛類》

釋文

國家管理者如能爲民謀利，那麼民眾都會服從他的管理。統一天下，並非靠堅利的武器和精兵猛將，也並非要毀壞別國城郭、殺害別國人民。過去統一天下者眾多，雖然情況不同，但是他們的當務之急是爲民興利除害，這個基本的管理策略則是相同的。

點評

一個國家管理者若能時時處處為民眾的利益著想，就可以使天下之民都歸服於他。

仁於他物，不仁於人，不得為仁；不仁於他物，獨仁於人，猶若為仁。仁也者，仁乎其類者也。故仁人之於民也，可以便之，無不行也。

——《呂氏春秋・愛類》

釋文

對其他物類仁愛，對人卻不仁愛，不能稱為仁；對其他物類不仁愛而只對人仁愛，仍為具備仁德。所謂仁，就是對人類仁愛。因而有仁德的管理者對於百姓，只要便於他們獲利，就沒有什麼事不去做的。

點評

社會問題乃是人的問題。管理者以人為中心，以人為根本來衡量是非，這無疑是最重要的著眼點。

齊王使使者問趙威后。書未發，威后問使者曰：「歲亦無恙耶？民亦無恙耶？王亦無恙耶？」使者不說，曰：「臣奉使使威后，今不問王，而先問歲與民，豈先賤而後尊貴者乎？」威后曰：「不然。苟無歲，何以有民？苟無民，何以有君？故有問舍本而問末者耶？」

——《戰國策・齊策四》

釋文

齊襄王派使者去問候趙威后。齊王寫給趙威后的書信還沒有啓封，趙威后問使者說：「年成沒有遭災吧？百姓平安無事吧？大王也康健吧？」使者很不高興，說：「臣下奉命出使到威后這裡來，現在您不問齊王，卻先問年成和百姓，難道把卑賤的擺在前面卻把尊貴的放在後面嗎？」威后說：「不是這樣。如果沒有好年成，靠什麼養育百姓？如果沒有百姓，哪裡能有國君？所以問話哪有捨去根本而打聽細枝末節的呢？」

點評

趙孝成王年幼繼位，由其母趙威后執政。齊襄王派使者送信問候趙威后，由此有了上面這段對話。這裡趙威后的論說反映出「以民爲本，以君爲末」，先民後君的重民思想，與孟子的「民貴君輕」、荀子的「民水君舟」的思想是相通的，反映出戰國後期民本思想已有一定的地位。《戰國策》的思想觀念在總體上屬於縱橫家，重功利，講權術，很少有儒家思想的痕跡，上面這段引文在這方面頗有價值。

故王者之於天下，猶一室之中也，有一人不得其所，則謂之不樂。故民流沉溺而弗救，非惠君也。國家有難而不憂，非忠臣也。夫守節死難者，人臣之職也；衣食飢寒者，慈父之道也。

——桑弘羊，見《鹽鐵論・憂邊》

釋文

所以國家管理者治理國家，就像一家之長一樣，有一人得不到安置，就感到不安。民眾遇難不去解救，不是好的管理者。國家遇難不憂，不是好的管理者。爲國效力殉難，這是管理者的職責；給受飢挨凍的人衣食，這是做慈父的人應該做的。

點評

國家領導者的基本職責就是安民。無論君、臣，都要努力保證人民群眾的基本生活。只是臣的具體做法稍有不同而已。

聞之於政也，民無不爲本也，國以爲本，君以爲本，吏以爲本。故國以民爲安危，君以民爲威侮，吏以民爲貴賤，此之謂民無不爲本也。

——賈誼《新書・大政上》

釋文

關於爲政之道，可以說是民爲政本，它是國家、君王、官吏三者的基礎。國家的安危繫於民，君王的權威繫於民，君王的榮辱繫於民，官吏的貴賤繫於民，這就稱爲以民爲本。

點評

這段話從長治久安的標準出發，提出「民無不爲本」，肯定了民眾在一國政治中起的決定作用。管理者要時刻注意傾聽群眾的呼聲，在制訂各項政策的時候，能反映他們的願望，保護他們的利益。

富足生於寬暇，貧窮起於無日，聖人深知力者，乃民之本也而國之基。故務省役而為民愛日。

——王符《潛夫論・愛日》

釋文

富足來源於有充分的時間從事農業，貧窮是因爲老百姓徭役繁重，沒有時間務農。聖人深知勞動力是老百姓的根本，是國家的基礎，因此千方百計地減輕徭役，爲百姓愛惜時間和勞力。

點評

一個國家，它的主體是百姓，百姓強則國強，百姓疲弱則國弱，作者提出「爲民愛日」對於國家長期保持強盛是極爲必要的。尤其在封建社會，百姓日出而作，日落而息，在自己的土地上就消耗了大量的時間和精力，如果再加上沉重的勞役，就會壓得他們喘不過氣來，並且能導致他們的不滿情緒，直接影響農業生產。所以，領導者千萬不可爲滿足自己一時之私欲，而使老百姓怨聲載道。相反的，如何減輕老百姓的負擔，如何高效率地利用老百姓的時日和勞力，實爲領導者所須正視的緊迫問題。

凡為治之大體，莫善於抑末而務本，莫不善於離本而飾末。夫為國者，以富民為本，以正學為基。民富乃可教，學正乃得義，民貧則背善，學淫則詐偽。入學則不亂，得義則忠孝。故明君之法，務此二者。

——王符《潛夫論・務本》

釋文　治理國家的策略，沒有比鼓勵根本的事業（指農業），壓制不重要的事業（指商業）更好的了，沒有比捨棄農業而從事商業更壞的了。治理國家的人，應以使人民富足為根本，以端正學風為先導。人民富足則易於教化；學風純正則正義得以伸張。人民貧窮，就會變壞；學風不正，弄虛作假之風就會盛行。只有提倡正學，國家才不會動亂，而忠孝之風日長。因此，開明的君王一定要堅持這兩條原則。

點評　作者深切時弊，出此良方。人民生活幸福，才能使國家安穩，但如果不重視為富之本的農業，則國庫空虛，生靈塗炭；正學是宏揚正氣，教育人民的，如果追求華而不實的學風，則正義得不到伸張。因此，國君必須重農以富民，正學以教民，國家才會欣欣向榮。

食者民之本，民者國之本，國者君之本。是故人君上因天時，下盡地利，中用人力，是以群生遂長，五穀蕃殖。

——賈思勰《齊民要術・種穀第三》

釋文　糧食是百姓之本，百姓是國家之本，國家是皇帝之本。所以，作皇帝的有上循天時，下掘土地的潛力，充分利用人力，這樣才能百姓繁衍，五穀豐登。

點評　善理天下者當充分利用天時、地利、人和三種有利因素辦好農業生產，此謂之抓本。本深而葉茂，花繁而實成，此爲管理國家之大要。

水有猵獺而池魚勞，國有強御而齊民消。故茂林之下無豐草，大塊之間無美苗。夫理國之道，除穢鋤豪，然後百姓均平，各安其宇。

——桑弘羊，見《鹽鐵論．輕重》

釋文

池塘裡有猵獺，魚就拼命躲避；國家有了豪強，百姓就會消滅。所以密林裡沒有茂盛的草，大土塊裡長不出好禾苗。治理國家的方法，首先要清除奸邪、鋤鏟豪強，這樣，百姓才能貧富均衡、安居樂業。

點評

抑制豪強是防止兩極分化的關鍵。凡懂得使民安居樂業者，必須鏟除足以危害國家政局之豪強，上可以安邦，下可以順民心。

利而勿害，成而勿敗，生而勿殺，予而勿奪，樂而勿苦，喜而勿怒。

——《六韜．文韜．國務》

釋文

使民眾得利而不要害他們，讓他們有成就而不要使他們失敗，使他們能正常生活而不遭殺害，儘可能給予而不要奪走，令他們歡樂而沒有悲苦，使他們喜悅而沒有憤怒。

點評

管理是對人的管理，要控制人的行爲就要順其本性。這段話看上去處處爲民著想，實際上是說只有這樣才能更好地控制民眾。文字簡練而內蘊豐富，只是要有上述效果，還須研究一些實行的方法。

至若詩書所述虞夏以來，耳目欲極聲色之好，口欲窮芻豢之味，身安逸樂，而心夸矜勢能之榮，使俗之漸民久矣，雖户説以眇論，終不能化。故善者因之，其次利道之，其次教誨之，其次整齊之，最下者與之爭。

——《史記・貨殖列傳》

釋文

至於像《詩經》、《書經》中所說的虞舜、夏禹以來，不論何人，總是願聽最好的聲音，看最美的女子，嚐最美味的東西，享受安逸，並且在精神上追求最大的權勢和最高的榮譽，這種風氣在民眾中由來已久，即使想挨家逐戶去勸說放棄它們也無濟於事。所以，國家管理者管理經濟最好的辦法是順其自然，其次在某些方面因勢利導，再以教誨的方式給予一定的指導，再其次是國家進行調節、限制和規範，最壞的辦法是與民爭利。

點評

國家管理經濟的最好方法是按經濟發展規律辦事，因勢利導，放手讓民眾去追求經濟效益，只有對那些違法亂紀的行爲，才加以管理和制裁，最要不得的是與民爭利。

民之所望於主者三：飢者能食之，勞者能息之，有功者能德之。

——《淮南子・兵略訓》

釋文

老百姓對國君有三點要求：一是能給他們吃飽飯，二是讓他們有適當的休息，三是有功勞時能予以賞賜。

點評

無論哪個朝代，哪個時期，老百姓對領導者的要求都不會太高，無非是衣、食、住、行各方面都能得到適當的滿足。一旦當官者能滿足他們的基本要求，他們就會心甘情願地服從領導，聽從指揮。一般情況下，老百姓不會爲難領導者，只會期望在領導者的英明決策下能生活得更好一點。

官無隱事，國無遺利，所以衣寒食飢，養老弱而息勞倦也。

——《淮南子・修務訓》

釋文

國君使各級臣子奉公守法，無一隱私，興辦利民之事，無一遺漏。以此使人民不愁吃穿，勞逸結合，而且使老弱病殘者皆有所養。

點評

國君，以及一切古往今來的政府官員都應是百姓的公僕。百姓之所以接受他們的領導，就是盼望在他們的帶領下，能過更加美好的生活。不關心百姓的官員若做不到這一點，百姓自然也就不會再愛戴這樣的領導者。一旦民心背之，他們的政治生命也就宣告結束了。

背道德之本，而爭於錐刀之末。斬艾百姓，殫盡太半，而忻忻然常以為治，是猶抱薪而救火。

——《淮南子・覽冥訓》

釋文

國君違背施行仁政的治國之本，去爭奪微利以塡欲壑。把老百姓當作草木來砍伐，使全國人民勞累致疾，而以爲這樣就把國家治理好了，得意洋洋。殊不知這就猶如抱薪救火，自取滅亡。

點評

有一種非常不正常的現象，「有權就有錢」、「有權就有利」似乎成了眞理，而「當官不與民作主，不如回家賣紅薯」倒成了不合時宜的話。爲官者若利用權勢欺詐百姓，必如抱薪救火，自取滅亡。

善爲人上者，不忘其下。誠能愛而利之，天下可從也。

——《淮南子・繆稱訓》

釋文

一個善於做國君的人，不會忘記自己的屬民。國君如果真能愛護自己的屬民並為他們辦好事，老百姓就一定會順從。

點評

「民心」是一個很有意思的因素。乍看之下，每份「民心」都來自一位微不足道的普通平民，因此也就顯得不是那麼重要，但幾份、幾十份，乃至幾千、幾萬份「民心」匯總起來，那簡直就是能扭轉乾坤的力量了。因此，「善為人上者，不忘其下」。

振困勞，補不足，則民生；興利除害，伐亂禁暴，則功成。

——《淮南子・本經訓》

釋文

賑濟窮困，彌補不足者，這樣，百姓才會生存繁衍。興利除害，討伐動亂，禁止暴力，這樣，便能實現天下大治。

點評

這段話提出了安民是治國之本的思想。作者認為，體恤百姓，使人民不受窮困之擾，如同興利除害、伐暴安良一樣，兩者是治理國家不容忽視的重要問題。反之，若民眾不安生計，盜賊橫起，這樣的社會是很難談得上是天下大治的。

富者犬馬餘菽粟，驕而爲邪；貧者不厭糟糠，窮而爲奸。俱陷於辜，刑用不錯。

——王莽，見《漢書‧王莽傳》

釋文

富人養的犬馬都有多餘的口糧，驕奢驅使他們去做壞事；窮人連酒渣和糠皮等粗劣食物都吃不飽，貧窮也能使他們去做壞事。富人和窮人都會陷入犯罪的境地，所以各種刑罰不能廢除。

點評

王莽說的這段話具有深刻的哲理，他在強調法制的同時，也告誡政府要做好引導工作，限制富人的恣意妄爲，努力使貧窮者擺脫困境。

聖王在上而民不凍飢者，非能耕而食之，織而衣之也，爲開其資財之道也。

——班固《漢書‧食貨志》

釋文

聖賢的君王在位時，人民之所以不受寒冷和飢餓之苦，這不是因爲君王能爲百姓耕種並提供食物，也不是因爲君王能爲百姓紡織並提供衣物，是因爲給人民開闢了生財的好途徑。

點評

這段話是說，領導者要想使百姓過好日子，必須制定出有利於人民從事生產和貯存財物的好政策。在政治權力鞏固的國家內，領導者如何制定相關的經濟政策，直接關係人民生活的幸福安定。所以，執政者必須以百姓的溫飽作爲制定政策的基本出發點。

夫寒之於衣，不待輕暖；飢之於食，不待甘旨；飢寒至身，不顧廉恥。

——班固《漢書．食貨志》

釋文

寒冷時人們對於衣服的需求，並不是非要輕柔暖和的華貴衣料不可，只要可以禦寒就行；飢餓時人們對於食物的需求，並不是非要甜美的食品不可，只要能充飢就行。當飢寒交迫時，人們會不顧廉恥去獲取衣食。

點評

班固說的這段話道出了一個最基本問題，人們最需要的是衣食等物質資源，而這些又都是依靠農業生產出來的。所以，農業生產是百業之首，是人們賴以生存的基礎產業，也是人類文明發展的基礎。善於治國者要懂得這個道理，要實行貴五穀、賤金玉的農本政策，同時也要防止揮霍浪費。

圖遠必驗之近，興事必度之民，知稼穡之艱難，重用其民如保赤子，則民必安矣。

——傅玄《傅子．安民》

釋文

圖謀長遠的利益必須對近期的效果加以檢驗，興辦事業必須考慮民力，要懂得農事的艱難，使用民力必須像保護嬰兒一樣慎重，這樣百姓必可安定。

點評

千里之行始於足下，制訂宏偉遠大的管理目標也必須考慮實際情況。傅玄強調，在目標實現的過程中要加強檢測、控制，興辦大型工程必須考慮人民實際的承受能力；只有關心人民，愛護民力，使人民生活安定，領導者才能強化自身的權力，穩固自身的統治基礎。作爲封建統治階級的政治家，傅玄的上述認識確實很有見地。

爲治之本務在安民，安民之本在於足用，足用之本在於勿奪時，勿奪時之本在於省事，省事之本在於節欲，節欲之本在於返性，未有能搖其本而靖其末，濁其源而清其流者也。

——賈思勰《齊民要術・種穀第三》

釋文

治國的根本務必要安民，安民之根本在於國家有充足的財政收入，財政充足之根本在於不要貽誤農時，不貽誤農時之根本在於要減少不必要的繁文縟節，減少不必要的禮節排場在於節制貪欲，節制貪欲之根本在於返璞歸真。世上沒有樹根動搖而能枝葉不動的，也沒有源頭污濁而能使下游清澄的。

點評

治國需要正本清源，發展生產，節約開支，這些是環環相扣的，即今天所謂精神文明需與物質文明一起，雙管齊下，效果才好。奢靡嗜欲爲國家之大害，任何時代都必須加以反對。

自君至人，等級若是，所求既眾，所費滋多，則君取一，而臣已取百矣。所謂上開一源，下生百端者也。

——白居易《白香山集・策林二》

釋文

從君王到普通百姓，其中官員的等級分得很細，索取的範圍很廣，徵收的賦稅肯定很多，如果君王取了一份，則地方官肯定取了百份。這就是所謂「上開一源，下生百端」。

點評

稅收是人民應該承擔的義務，也是國家機器得以運轉的物質保證，但在封建時代，由於管理不善，往往成爲官僚體系中不良分子中飽私囊、魚肉百姓的手段。由於不堪忍受稅賦而引起的民變在歷史上舉不勝舉，這不是稅收本身的問題，而是管理上的問題。因而必須完善管理，從制度、法規上杜絕漏洞，才不至於危害人民。

善爲政者，莫大於理人；理人者，莫大於既富之，又教之。

——李翺《李文公集・平賦書序》

釋文

那些善於管理國家的人，都非常注重對人的管理；而要管理好人，就要使他們富裕起來，同時再教育好他們。

點評

李翺在〈平賦書〉中提出了自己均平賦稅的辦法。這段話認爲，管理的重點在於對人的管理，對人的管理，一方面要關心人的物質生活，同時又要注重思想教育。

然則聖人不能遷災，能禦災也；不能違時，能輔時也。將在乎廩積有常，仁惠有素。

——白居易《白氏長慶集・辯水旱之災，明存救之術》

釋文

如此，聖人不能消除災害，但能有效限制其惡果；不能違背四季變化規律，但能夠運用四季的變化。這就在於倉庫裡常有儲積，並經常施恩惠給老百姓。

點評

這裡說在災害風險無法避免時，管理者要有足夠的知識與技術來估計和衡量可能遭到的風險，並主動處理風險。積極的方式如儲存物資，分析危險因素等，都是風險管理的內容，可使得在損失前作有利安排或在損失後減少其不利影響，得到必要的補償。這樣的預防與控制，是減少損失、穩定局面的必要機制。

國家所賴爲根本者，莫如農民。農民者，衣食之源，國家不可不先存恤也。欲加存恤，莫如察其乏食之初，早加賑贍，使各安土不至流移，官費既省，民不失業。

——司馬光《司馬溫公文集・三省咨目》

釋文

國家所依靠的根本是農民。農民，是衣食的來源，國家不可不先加撫慰安頓。要安撫百姓，不如隨時注意他們什麼時候開始缺糧，提早加以賑濟，使他們安心本土不至於流落他鄉。這樣國家省錢，百姓也不失業。

點評

民以食為天，安民是國家第一要事，安民必須早加防範，否則等到百姓流離失所之時，要賑救也難。

夫天下所以聽命於上而上所以能制其命者，以利之所在，非利則無以得焉耳。是故其途可通而不可塞，塞則沮天下之望；可廣而不可狹，狹則來天下之爭。望失爭生而上之權益微……是故使之以事而效其食，或汲或負，或築或鋤，則其力之弗任者，雖飢且死，不敢食矣。

——葉適《水心別集・官法下》

釋文

天下之所以能聽命於皇帝，而皇帝之所以能控制天下之人，是因為利益所繫，不是利則無法達到這個目的。所以生財之道應該疏通而不可以阻塞，阻塞了則使天下的人失望；這種生財之道應該廣闊而不宜狹窄，狹窄了會引起天下人爭鬥。失去希望，引起爭鬥，那麼皇上的權力就會受到威脅而日益縮小……所以使老百姓做事才有飯吃，有的汲水，有的砍柴，有的築路，有的鋤田；那些無力勝任某一樣工作的，雖飢餓得將死，也不敢吃白食了。

點評

葉適這一段話就如今天中國大陸人們常說的：「發展是硬道理。」只有發展經濟，百姓個個有事可做，才能談得上安居樂業，只有人人能靠勞動致富，社會才談得上穩定。但有利可圖的前提是要「人盡其力」，不勞動者不得食。

致令地有遺利，民無餘財，或爭畝畔以亡軀，或因饑饉以棄業，而欲天下太平，百姓豐足，安可得哉！

——顧炎武《日知錄・后魏田制》

釋文

如果土地生產有收成而人民生活無積蓄，導致百姓為爭小利而賠上性命，或因飢餓而放棄生產，如此而想求得天下太平無事、百姓豐衣足食，怎麼辦得到呢？

點評

滿足群眾物質生活的需要，和發展生產是互相促進的兩個因素。管理過程中雖以達到富足為目的，以發展生產為途徑，但若不給予勞動者以合理的待遇與福利，則會影響其生產積極性，導致其內部之間因貧困而互相爭奪，影響生產關係的和諧。反之，沒有生產則無法產生財富，改善生存環境就成為不可能。

爲人上者，可徒求利而不以斯民爲意歟？

——顧炎武《日知錄．言利之臣》

釋文 那些作爲上層官員者，怎麼能只追求經濟效益，而不顧億萬百姓的利益呢？

點評 管理者不應只注重經濟效益，而應看到整體的社會利益。群眾的需求多種多樣，他們的利益亦不僅僅是以經濟指標來衡量。企業管理者、銷售組織者，要從社會利益著想，改善生產的組織環境，要有全局觀念，注重整體效益。

從政者之惠民，利而已矣。而天有時勿奪之，地有產勿曠之，人有力勿困之，民自利也。

——王夫之《四書訓義》卷二四

釋文 領導者對老百姓的恩惠是使之有利罷了：天有四時不要錯過季節，地產萬物不要荒廢掉，人有力量不要使之困頓而無從使用。讓老百姓自己獲取利益。

點評 高明的領導者須懂調動百姓積極性，使之各司其職，勿違天時是最佳的管理方法，此猶今之所謂要讓老百姓獲得必要自主權，不做國家壟斷。

披枝者，其根必傷；源遠者，其流必長，與其悉索敝賦，加之以弗勝，無寧節力養民，取之而不匱。

——慕天顏見《皇朝經世文編．浮糧坍荒二弊議》

釋文

樹枝裂開，樹根必定受傷；江河源遠才能流長，與其對百姓徵收繁重賦稅，加重其不堪承受的負擔，不如節約開支，休養百姓，這樣既可以從百姓中獲取財賦，而財源又不至於匱盡。

點評

這是清初江蘇巡撫慕天顏對政府提出的一個建議，它包含有辯證的治國思想。國家要能長治久安，必須要與民休養，取之有度，充分發揮生產者的積極性，繁榮經濟，這樣國家就有充足的財政收入，同時百姓也能過舒適的生活。如果對百姓橫徵暴斂，那麼國家的財源就會枯竭。

藏富於民，以培氣脈，以尊體統；否則，浮收勒折，日增一日，竭民力以積眾怨，東南大患，終必在此矣。

——包世臣《庚辰雜著三》

釋文

財富收藏在民間，可以培養國家的元氣血脈，增強國家的實力和威嚴。否則，敲詐勒索，日甚一日，把人民財力榨乾用盡，加深人民的怨恨，最終會造成東南地區的大亂。

點評

這段話的中心思想是說要以富民爲強國之本。民眾有，國家才有。對人民拼命勒索，是殺雞取卵的愚蠢行爲。所以有識之士要注意協調民眾的個人利益和國家利益之間的關係，保證人民的基本利益。

雖然，古者樂蕃遮，而近世以人滿爲慮，常懼疆宇狹小，其物產不足以龔衣食。

——章太炎《章太炎政論選集（上冊）·論民數驟增》

釋文

雖如此，古代人患地廣人稀，鼓勵人口增長，近人則以人口增長爲憂患，擔心疆域有限，有限的土地上生產的物品滿足不了眾多人口的基本需求。

點評

近代意識到人口問題的有識之士不多，章太炎可算其中之一。人口分布與人口數量要與資源相適應，並受資源有限性的限制，當人口數量突破了這一限制，就成爲負擔與發展的障礙，甚至威脅到人類生存的基本要件。近代中國人已開始考慮如何有計畫協調人口與資源的關係了。

古聖人之養民也，非人人而衣之，人人而食之也。道在制民之產，使民仰足以事，俯足以畜而已。

——任啓運《清芬樓遺稿·經筵講義》

釋文

古時聖人養育百姓，並不是僅僅讓他們每個人都有衣穿，每個人都有糧食吃，其方法只不過是引導他們治理一些產業，讓他們既可以供養父母，又能夠養育兒女而已。

點評

這段話的意思是說，國家不僅要讓人民豐衣足食，更重要的是讓他們學會如何生產和生活，實際也可說是致富門路。它提供了一種生活源泉，使人們取之不盡，用之不竭。作者寫這段話的目的在於提醒人們不要只顧眼前利益，要立足於未來，放眼長遠。

一國歲殖，只有此數，惟其養徒食者數寡，而後贍能生者數多。贍能生者數多，而後國之所殖乃歲進。

——梁啓超《飲冰室合集・專集・新民說》

釋文

一國的年生產總值，如果保持在某一穩定的數字上，只有在不事生產的人數減少，而創造產值的勞動力數目增加的情況下，生產總值才會逐年遞增。

點評

梁啓超注意到了勞動力的價值，以及在總人口中勞動力比例的重要性。在人員管理和配備上，儘可能減少不必要的人員負擔，降低勞力成本，創造最經濟的編制。在產值方面，則有增無減，將內耗降至最低點。

我們要完全解決民生問題，不但是要解決生產的問題，就是分配的問題也是要同時注重的。

——孫中山《孫中山全集・民生主義》

點評

孫中山先生認爲要解決人民生活的問題，生產是第一重要的，然後便是分配，如果生產的東西不能合理有效地分配，也就不能解決民生問題，爲此他主張公平分配。孫中山先生的公平分配在當時是脫離現實的、不可能實行的。當今，在解決生產問題的同時，無論國家還是企業，都要注重分配問題，合理的分配是效率與生產的催化劑，反之將會抑制社會的發展。

法制

善爲國者，賞不僭而刑不濫。賞僭則懼及淫人，刑濫則懼及善人。若不幸而過，寧僭無濫。與其失善，寧其利淫。無善人則國從之。

——《左傳・襄公二十六年》

釋文

善於治國的人，賞賜不過分而刑罰不濫用。賞賜過分，就怕及於壞人；刑罰濫用，就怕及於好人。如果不幸而有了不當，寧可賞賜過分，不可刑罰濫用。與其失去好人，寧可利於壞人。沒有好人，國家就跟著受害。

點評

治國必有賞罰，賞罰是一種激勵手段，關鍵在於得當，所謂「賞不僭而刑不濫」。

上面這段話的價值在於，賞罰得當只是一種理想的追求，事實上總會有偏差失誤，在這種情況下，「寧僭無濫」。因爲利及壞人與誤傷好人相比，後者危害較大。這個見解，思路清晰，利弊得失分明，對爲政者極有啓發。

夫晉國將守唐叔之所受法度以經緯其民，卿大夫以序守之。民是以能尊其貴，貴是以能守其業。貴賤不愆，所謂度也。……今棄是度也，而爲刑鼎。民在鼎矣，何以尊貴？貴何業之守？貴賤無序，何以爲國？

——《左傳・昭公二十九年》

釋文

晉國應該遵守始祖唐叔所傳下來的制度去管理人民，各級官員應依次各守本職。這樣，人民群眾就會尊敬貴族，貴族才能守持他們的家業。貴賤的秩序不亂，這就是界限。……現在放棄這種界限而去把刑法公布在鼎上。人民群眾關注鼎上的刑法條文而瞭解了自己的地位，哪裡還會去尊敬貴族。貴族又還有什麼家業可守？貴賤秩序被打破了，還成什麼國家？

點評

晉國把刑法條文鑄在鼎上，公之於眾，孔子就說了上面這些話，並且預言晉國將亡。刑法條文的公開意味著社會民主的擴大，而這對孔子的等級制社會管理體系或政治體系是一個衝擊。這段話對瞭解民主管理的發展是有作用的。唐叔是周成王的弟弟叔虞，是晉國的始祖。鼎是古代用來煮東西的器具，有三隻腳。古代帝王也常把需要記載或公布的文件鑄在大型的鼎上。

治法明，則官無邪；國務一，則民應用。

——《商君書・一言》

釋文

制定法令明確，官吏就不敢爲非作歹；國家政務統一，老百姓就會聽從任用。

點評

明確的法令制度，統一的規章是治國的根本要求之一。這裡所強調的是一個規矩問題，有了規矩就不會出現混亂局面。萬一出現局部混亂也可以依規矩整治，使它恢復良好的秩序。在管理中，秩序指的就是各級領導者合乎規定的言行和群眾的配合。

不法法則事毋常，法不法則令不行。令而不行則令不法也，法而不行則修令者不審也，審而不行則賞罰輕也，重而不行則賞罰不信也，信而不行則不以身先之也。故曰：禁勝於身則令行於民矣。

——《管子・法法》

釋文

不按法律辦事，事情就沒有常規；沒有強制手段，命令也不能執行。命令之所以不能執行就是因爲它沒有成爲強制性的法律。法律不能實行是因爲擬定時沒有仔細審查，經審查仍不能實行是因爲賞罰太輕，賞罰重而仍不能實行是因爲獎懲不明確，獎懲明確時仍不能實行是因爲領導者沒有以身作則。因此，領導者將自己納入法令管束的範圍，法令就能在群眾中推行。

點評

這段話強調規章制度在管理中的作用。關於規章制度本身，本章指出了強制性（即權威性）、明確性、實際性的要求。此外還對掌握規章制度的領導者提出了以身作則的要求。這段話著重強調的是整個管理過程中領導者這一環。

法者，將用民之死命者也。用民之死命者，則刑罰不可不審。刑罰不審，則有辟就；有辟就，則殺不辜而赦有罪；殺不辜而赦有罪，則國不免於賊臣矣。

——《管子．權修》

釋文

法是用來決定人民生死的。既然是決定人民生死的，那麼刑罰的確定就必須謹慎。如果草草應付，就會使好人蒙冤而壞人逃脫。如果真的發生這種情況，國家就會被賊臣篡奪了。

點評

這段話指出領導者作爲掌握規範和賞罰的人應該謹慎、負責以儘量作出正確的賞罰判斷。公正的賞罰能促進群眾的積極性，而不公正的賞罰則會破壞群眾的積極性，最嚴重的後果可能還會導致大局傾覆，難以挽回。因此，這段話強調的是執掌賞罰的領導者必須謹慎言行。

法所以制事，事所以名功也。法立而有難，權其難而事成，則立之；事成而有害，權其害而功多，則爲之。無難之法，無害之功，天下無有也。

——《韓非子・八說》

釋文

法律是用來制約事情的，事情是用來表明功效的。法律在建立中遇到困難，權衡一下雖有困難但事能成功，就建立它，事成而有害處，權衡它的害處但功大於害，就完成它。不遇到困難的法制，沒有害處的功利，天下是沒有的。

點評

制定法律難免會有利有弊，利大於弊，才可以立，這是立法時的一個最基本的原則。

聖人之治也，審於法禁，法禁明著則官法；必於賞罰，賞罰不阿則民用。官官治，則國富，國富則兵強，而霸王之業成矣。

——《韓非子・六反》

釋文

聖人治理國家，一要周密制訂法律和禁令，法律禁令明確，各級官員就能遵照執行；二要堅定地執行賞罰，賞罰公正，民眾才會效力。管理層盡職了，國家就會富強，國家富強，軍隊就強大，王霸大業也就成功了。

點評

國家管理事務千頭萬緒，如果能提綱挈領，就能把握事務的關鍵所在。綱領在哪裡呢？就是用法律來管理國家，用賞罰來管理民眾。

夫嚴刑者，民之所畏也；重罰者，民之所惡也。故聖人陳其所畏，以禁其邪，設其所惡，以防其奸，是以國安而暴亂不起。

——《韓非子・奸劫弒臣》

釋文

嚴刑，是民眾所畏懼的；重罰，是民眾所厭惡的。所以聖人就設置民眾所畏懼的嚴刑來禁止他們的邪念，採用民眾所厭惡的重罰來防備他們的奸行，這樣國家就會安定，暴亂的事也不會發生。

點評

韓非一貫強調嚴刑重罰的實施才能使法律真正起到賞善罰惡的作用。他主張嚴刑重罰的目的不在於懲罰人，而是為了加強法的威懾力，使人們能夠嚴格守法，從而達到社會安定、國家強大之目的。

法不阿貴，繩不撓曲。法之所加，智者弗能辭，勇者弗敢爭。刑過不避大臣，賞善不遺匹夫。故矯上之失，詰下之邪，治亂決繆，絀羨齊非，一民之軌，莫如法。

——《韓非子・有度》

釋文

法律不偏袒權貴，墨繩不遷就曲木。法令該制裁的，智者不能逃避，勇者不敢抗爭。懲罰罪惡不迴避大臣，獎賞善良不遺漏平民。所以矯正上面的過失，追究下面的奸邪，治理混亂，判斷謬誤，削減多餘，糾正錯誤，規範百姓和行為，沒有比法律更有效了。

點評 執法上下一視同仁，以維護法制的嚴肅性。這種法律面前人人平等的主張，是人類文明進步的表現。

當今之時，能去私曲，就公法者，則民安而國治；能去私行，行公法者，則兵強而敵弱。

——《韓非子・有度》

釋文 在當今時代，如果能夠杜絕謀私利的歪門邪道，嚴正地按照國家的法律進行管理，人民就會安居樂業，國家就能管理好；如果能去掉私利之心而克己奉公，國家就會強盛而所向無敵。

點評 這裡強調了以法律來管理國家的重要性和作用：對外關係到國家的地位，對內關係到政權的鞏固。公、私相對，法、治相因，這是韓非立論的根據；大公無私，法治致強，這是韓非主張的實質。

法令者治之具，而非制治清濁之源也。昔天下之網嘗密矣，然奸僞萌起，其極也，上下相遁，至於不振。當是之時，吏治若救火揚沸，非武健嚴酷，惡能勝其任而愉快乎！言道德者，溺其職矣。

——《史記・酷吏列傳》

釋文

法令是管理國家的工具，但不是解決社會問題的根本辦法。過去秦朝的法網可以說是很嚴密的，然而奸巧詐僞的事仍層出不窮，以至達到從上到下互相欺騙、不可救藥的地步。那時一般的管理方法就像救火、揚湯止沸一樣，不採取強硬嚴酷的管理手段是不能解決問題的。即使是那些主張以道德管理國家的人們，在當時的情況下也毫無辦法。

點評

管理國家的措施必須與當時的情況適應，而不應拘泥於形式。戰亂頻繁的時代，巧詐虛僞的人與事層出不窮，只有實行嚴法，才利於管理，但在和平的年代，嚴法就不是管理國家唯一的辦法了。

令者，所以教民也；法者，所以督奸也。令嚴則民慎，法設而奸禁。罔疏則獸失，法疏則罪漏。罪漏則民放佚而輕犯禁，故禁不必，法夫僥倖，誅誠，跖蹻不犯。是以古者作五刑，刻肌膚而民不逾矩。

——桑弘羊，見《鹽鐵論・刑德》

釋文

政令是用來教育民眾的，法律是用來監督壞人的。政令嚴格，百姓就會小心謹慎，制定了法律，就能限制壞人爲非作歹。捕獸的網孔太大，就會使野獸跑掉，法律不嚴，就會使犯罪的人漏網。犯罪的人得不到懲罰，百姓就會放縱自己去做壞事。所以不堅決執行法律，人們會抱著僥倖的心理去犯罪，並且希望免受懲罰，執行法律認真，就是盜跖、庄蹻那樣的人也不敢犯罪。因此古人制定了五刑，犯了罪就要受刺字等刑罰，百姓就不敢觸犯法律。

點評

立法要嚴肅，執法要嚴格，有法必依，有法必行，惟其如此，國家才能安定，人民的行為才有基本的準則。這雖是一派觀點，但卻很有借鑑意義。在制定各類規章制度時，如果隨意性太大，勢必受到各種人為因素的干擾，最終導致規章制度的失效。

聖人審於是非，察於治亂，故設明法，陳嚴刑，防非矯邪，若隱栝輔檠之正弧刺也。故水者火之備，法者止奸之禁也。無法勢，雖賢人不能以為治；無甲兵，雖孫吳不能以制敵。

——桑弘羊，見《鹽鐵論・申韓》

釋文

聖人明辨是非，詳察治亂，制定嚴明的法律，設置嚴厲的刑法，是為了防止為非作歹而糾正邪惡，正如用隱栝和輔檠等工具去矯正不直的弓弩一樣。水是用來防火的，法是用來制止奸邪的。沒有法律和權勢，即使是賢明的人也不能把國家管理好；沒有盔甲兵器，就是孫武、吳起也不能戰勝敵人。

點評 嚴法度、明賞罰、辨善惡、禁奸邪，乃國家管理之本。

矩不正，不可以為方；規不正，不可以為圓。

——《淮南子．詮言訓》

釋文 畫方形的工具不正確，就不能夠畫出正確的方形；畫圓形的工具不準確，就不能夠畫圓形。

點評 「沒有規矩，不成方圓」的道理雖然人人知曉，但很多情況下卻難以做到。每個人都是有欲望的，而欲望又是容易膨脹的，倘若沒有一定的規矩去限制和約束欲望，那小至個人，大至整個社會都會處於混亂狀態。人類社會就是在一個有「度」的欲望滿足過程中發展的。知曉了這個原理，也就知道了規範的重要性。

大作綱，小作紀。如綱不綱，紀不紀，雖有羅網，惡得一日而正諸？

——揚雄《揚子法言．先知》

釋文 主要的原則為綱，稍次要的規則為紀。如果綱不像綱，紀不像紀，即使制度像羅網一樣嚴密，又怎麼會有一天的管理得法呢？

點評

綱和紀都是指法度，但在其中的地位和作用不同。只有確立了主要的原則，同時又有一整套紀律來維護，管理才能正常進行。如果兩者都不能確立，無論有怎樣的制度都不會產生好的作用。

今奸宄雖眾，然其原少。君事雖繁，然其守約。知其原少，奸易塞，見其守約，政易持。

——王符《潛夫論・斷訟》

釋文

現在內外作亂之人雖然很多，但大部分都得到了懲罰。國君的日常事務雖然繁重，但處理事情都按照既定的法律和制度。不輕易饒恕作奸犯科之人，則違法之事易除，君王做事遵從既定的章程，那麼政權容易保住。

點評

一個國家要長治久安，首先要有一套政體制度和法律準則。用它們作爲老百姓乃至當權者的行爲準繩。這樣，國家才會井井有條，不至於陷入混亂。作者特別強調的是，一旦法律和制度建立起來了，行動就不允許有絲毫的偏差，不允許憑個人喜好，替犯人開脫罪責，甚至連君王也不能違背所定的法律制度。

夫立法之大要，必令善人勸其德而樂其政，邪人痛其禍而悔其行。

——王符《潛夫論・斷訟》

釋文　制定法律的大旨在於：一定要讓善人行仁德而受到鼓舞，行善政策而感到歡悅；一定要讓邪惡之人對自己惹下的災禍感到痛苦，對自己的行爲感到悔恨。

點評　揚善抑惡原本就是一個社會公共道德倫理所要起的作用。揚善抑惡是建立在公道和是非分明的基礎上的，若這個前提不存在，後面的一切就都談不上了。

爲國而數更法令者，不法法，以其所善爲法者也。故令出而亂，亂則更爲法，是以其法令數更也。

——呂尚，見劉向《説苑・政理》

釋文　治理國家時屢次更換法令的是不依法行事，只根據自己的愛好制定法令。這樣，法令一頒布就會引起混亂，一混亂就會再次變更法令，這樣一來，就不得不反覆變更法令。

點評　這裡闡述的是任意變更法令的害處。管理中必須根據客觀情況制定規章制度，執行中力求保持其穩定，以確保其公正和真正發揮作用，否則必將造成混亂的局面，並導致惡性循環。

蓋夫天下至大器也，非大明法度，不足以維持，非眾建賢才，不足以保守。苟無志誠

惻怛憂天下之心，則不能詢考賢才，講求法度。賢才不用，法度不修，偷假歲月，則幸或可以無他，曠日持久，則未嘗不終於大亂。

——王安石《王文公文集・上時政書》

釋文

天下是國家大器，不使法度極其嚴明，就不能夠維持天下安定的局面；不培養一批治國的賢才，就不能夠保守國家政權。如果沒有赤誠大志和小心謹慎憂慮天下之心，那麼就不能選拔賢才，講求法度。賢才不用，法度不完備，苟且偷安度歲月，那麼僥倖短期可以沒有什麼，但曠日持久，到最後沒有不釀成天下大亂的。

點評

治理國家欲求穩定，必須有兩個首要條件：建立法制，選拔人才。非此不能得天下太平。同理，管理企業和其他事業，如果不能建立合理的規章制度和選拔合用的人才，企業事業也得不到發展。

法貴必行，不在深刻。裕其制以便俗，嚴其令以懲違。

——陸贄《陸宣公集・論兼併之家私斂重於公稅》

釋文

法律制度貴在必須遵守，而不在於嚴苛。放寬規定以便適於民俗，嚴肅法紀以懲治違抗。

點評

這段話是陸贄在論述如何利用法律手段來治理土地兼併和賦稅問題時所提出的。他認爲法律制度不在於多麼嚴苛，而是在於應做到有法必依。不管是多麼嚴苛的法律，如果不認真執行，那麼這些法律只能是無用的條文。

人勝法，則法爲虛器；法勝人，則人爲備位；人與法並行而不相勝，則天下安。

——蘇軾《東坡全集·應制舉上兩制書》

釋文

人的權力超出了法律的規定，法律就會成爲一紙空文；法律的規定超出了人所承受的限度，人就會降到不重要的位置；人的權力與法律的規定大體相當，彼此互不超出，天下才能安定下來。

點評

這段話主要說的是人和法律的關係問題，即法不能勝人，人也不能勝法。法律條文要根據人們的具體情況而定，既不能過於苛刻，也不能太軟弱。一旦法律制定以後，每個人都要嚴格遵守，不得自由恣肆。只有如此，才能使人們既受法律約束，又不至於失去自由。

寬而疾惡，嚴而原情，政之善者也。

——司馬光《司馬溫公文集·寬猛》

釋文

政令寬但對惡的東西不容情，政令嚴但仍要符合情理，這便是良好的管理。

點評

治國須法令嚴明，懲惡不手軟，但法令嚴明須寬疏結合，以免不合情理，此謂之寬猛兼濟。治國如此，治企業、治廠、治校、治一切事業莫不如此。

承貪亂之餘，不以刑辟整絶之，未有能齊壹天步，柔輯煢獨者也。

——王夫之《船山遺書・黃書・大正》

釋文

沿襲貪污混亂的風氣，不用嚴厲的法律來根除它，不可能使國家步入正軌，不可能安撫那些無依無靠的老百姓。

點評

自古貧富不均、兩極分化即是國家動亂之根源。故要論治世、論安定、論管理必須嚴法禁、懲污吏，捨此無他途。而要做到這一點，必先明法律，執政者又須自身清廉，這樣才能收到綱舉目張、上行下效之效果。

求之己者，其道恒簡；求之人者，其道恒煩。煩者，政之所由紊，刑之所由密，而後世儒者恒挾此以爲治術，不亦傷乎？

——王夫之《宋論・太祖》

釋文

從自身求治國者，治國之道常常很簡單；從別人身上求治國的，治國之道常常很繁複。治國條例繁複了，政治就開始紊亂，刑法也開始稠密了，而後代那些所謂讀書人常仰仗這些條例以爲掌握了治理國家之本領了，豈不是令人很痛心的嗎？

點評

治國需要法律條文清楚可行，繁簡皆由需要而定。法治則簡，人治則繁。凡「人治」社會，則法律條文無不紊亂，蓋政爲人設，政出多門，朝令夕改，暮四朝三，此一時彼一時，下民無所適從，權貴正可趁機售其奸矣！故法治務求政令清簡，切實可行，庶幾乎可令行禁止。

法制者，道德之顯爾；道德者，制法之隱爾。……有道德結於民心，而無法制者，爲無用。無用者亡。有法制繫於民身，而無道德者，爲無體。無體者滅。是故法立制定，苟非其人，亦不可行也。

——胡宏《胡子知言・修身》

釋文

法制是道德的外部表現，道德是法制的內在根據。……民眾心中已有道德，但卻沒有法制，那就無法產生實際效用。不能實際應用的會導致滅亡。民眾受法制管制，但卻沒有道德，那就是沒有了根本。沒有根本的會導致滅亡。因此，法制確定之後，如果沒有合適的人執法，也無法施行。

點評

這裡論述了法制與道德的關係，兩者缺一不可。治國時兩者不可偏廢。除此之外，法制也靠人來執行，因此執法的好壞又牽涉到用人問題。

立法之初，貴乎參酌事情。必輕重得宜，可行而無弊者，則播告之。既立之後，謹守勿失，信如四時，堅如金石，則民知所畏而不敢犯矣。

——薛瑄《薛子道論中篇》

釋文

在開始確立法規時，重要的是要根據實際情況，反覆斟酌。處罰必須輕重合理，法規要能實行而沒有弊病，這樣的法規就要傳揚宣布。法規確定之後，必須嚴格遵守而不失誤，像四季到來那樣守信，像金石一樣堅牢。這樣，民眾就會有所畏懼而不敢觸犯了。

點評

制定法律法規和各種規章制度時，都要根據實際情況，使其具有可行性，同時儘可能去除弊端。處罰規則要輕重得宜，同時執行必須堅決。所有這些，都值得管理者在制定內部規章時參考。

爲學者治生最爲先務。……生理不足，則於爲學之道有所妨。

——許衡《許文正公遺書・國學事㉔》

釋文

讀書人得首先解決生計問題，如果衣食無保證，一定會影響讀書求學。

點評

中國古代的讀書人由於受孔子思想的影響，都有安貧樂道的精神。孔子講過君子謀道不謀食，讚賞過他的弟子以苦爲樂，也的確說過：士有志於道，而恥惡衣惡食，未足於議。但孔子的出發點是希望讀書人境界要高，要有以天下爲己任的崇高信念，而不能過分地貪圖物質享受。這成了以後讀書人不關心生產勞動，不關心物質利益的藉口。其實讀書人應該參加生產勞動，應該解決自己的生存問題，吃不飽、穿不暖，怎麼讀書、做學問？

善爲政者，刑先於貴，後於賤；重於貴，輕於賤；密於貴，疏於賤；決於貴，假於賤，則刑約而能威。反是，則貴必市賤，賤必附貴。

——唐甄《潛書．權實》

釋文

善於管理國家的人，刑罰先針對權貴，後針對平民；對權貴的處罰重，對平民的處罰輕；對權貴處罰得嚴，對平民處罰得寬；對權貴的處罰說一不二，對平民則可有所商榷。這樣刑法就會既簡約又有威懾力。反之，那些權貴一定會欺凌平民，而平民則會依附權貴。

點評

如果制定的法律律人不律己，這樣的法律就難以讓人心服，而嚴以律己、寬以待人則更難做到。

強人之所不能，法必不立；禁人之所必犯，法必不行。雖然，立能行之法，禁能革之事，而求治太速，疾惡太嚴，革弊太盡，亦有激而反之者矣；用人太驟，聽言太輕，處己太峻，亦有能發而不能收之者矣。兼黃、老、申、韓之所長而去其所短，斯治國之庖丁乎。

——魏源《魏源集・默觚下・治篇三》

釋文

強迫人們做其做不到的事，這樣的法律一定站不住腳，禁止人們做他們必做的事，這樣的法律一定行不通。即使這樣，制定行得通的法律，禁止能禁絕的事，但是心太急，對醜惡的東西痛之太切，對於禁絕之事追殺得太徹底，也有激起反抗的可能。用人太急，聽進諫太輕率，把自己貶得太低，也可能使下面的人妄自尊大而不可降伏。兼有道家和法家的長處而摒棄他們的不足之處，這樣治理國家就像庖丁解牛一樣了。

點評

這段話闡術了兩個問題。一個是制定法律不能憑意氣行事，消除惡勢力其實需要一個過程。另一個問題是在聽取建議的時候也要注意維護自己的地位，不能讓進諫者倒變成了發號施令的人。總之，對待具體的情況要有不同的對策，不能一概而論、「一刀切」。

蓋用人不當，適足以壞法，設法不當，適足以害人，可不慎哉！然於斯二者，並行不悖，必於立法之中，得乎權濟。

——《太平天國印書》，見《資政新篇》

釋文

如果使用人不恰當的話，就足以破壞法律，如果制定法律不恰當的話，就足以使無辜的人受害，因此必須慎之又慎。然而以上這兩方面，是相輔相成並不矛盾的，在制定法律的時候，必須認真權衡，以達到互相補充的目的。

點評

立法和用人，是管理中的兩件大事。要想使管理規範化、制度化，就要依靠法制，而不能依靠人治。這裡所說的「法」，大到一個國家的法律、政策，小到一個公司的規章制度，其重要性是一樣的。如果立法不當，就會使管理混亂，甚至於黑白顛倒，正常的管理將無法進行。法是由人制定的，也是由人來保證實施的，如果用人不當，再完善的法律也不能發揮其作用，只能如同虛設。如果執法者濫用手中的權力，那後者將更加嚴重。

蓋律法者，無定而有定，有定而無定。如水之軟，如鐵之硬，實如人心之有定而無定，世事之無定而有定。蓋法之質，在乎大綱，一定不易，法之文，在乎小紀，每多變遷。

——《太平天國印書》，見《資政新篇》

釋文

法律在一段時間內是確定的，但從長久看是不確定的。像水的柔軟，鐵的堅硬，其實像人心既穩定又有變化，像世間之事既不確定但又有確定的因素。法律的本質，在於它的大綱，一經確定就不輕易改變，法律的外表，在於它的條款，是經常變化的。

點評

這段話點明了立法的基本原則。法律的指導思想，法律的大方向一經確定，就不能輕易改變。如果立法的指導思想多變，就會給社會帶來極大的混亂，讓人們不知如何是好，也會使政府失信於民。但世事是處在不斷變化之中的，如果環境條件已經改變了，而相應的法律條文還保持不變，顯然是不行的，而應「事易時移，變法易矣」。

待之以公恕，不以強者而吐之，不以柔者而茹之。

——陶煦《租核・辨上下》

釋文

依照法令法規來處理各種事務，不因爲其有勢力就躲避退讓，不因爲其勢單力薄就任意欺侮。

點評

所謂「有法必依，執法必嚴」，正是這一段話的最好註解。陶煦認爲，要達到法治、消除人治的關鍵在於法律之前人人平等，不論一個國家還是一個企業，任何法規的制定都應有其權威性、穩定性，都應對其中的每個人產生約束力。只有這樣的管理，才是文明的管理、現代的管理。

天下事有常度，則可以貞久而不易；有定程則不至游移而鮮據。

——陶煦《租核・示程度》

釋文 天下的事如果有可以長期衡量的標準，就能夠做到穩定長久。如果有固定的章程可循，就可以避免眾說紛紜，缺少依據。

點評 在作者看來，出現社會混亂，民怨載道的原因之一就是無法可依，這樣在人們心中就失去了衡量善惡美醜的標準。更有甚者，法度規章被隨意更改，任意變換，法律成了恃強凌弱的代名詞，這比無法可依的後果更惡劣。

且夫法者，所以一民也；犯之而不行，則法固弛矣。法弛，故利浚於下，而財匱於上。

——包世臣《說儲上篇・前序》

釋文 所謂法，就是使人民的行爲有統一標準。有人犯法而不追究，法必然會廢弛。法律廢弛，就無法保證人民利益不受侵奪，造成國家財富缺乏。

點評 包世臣在這裡強調了法對社會經濟的保障作用。他指出，必須嚴格依法行事，不能有例外。法律失去權威性，社會就會混亂，人民和國家的利益就都得不到保障。由此推而廣之，不論是法律，還是各種規章制度、管理條例，一旦制定，就要人人遵

守。否則，就會出現管理混亂，使工作無法進行。

賞不行，則賢者不可得而進也；罰不行，則不肖者不可得而退也。賢者不可得而進也，不肖者不可得而退也，則能不能不可得而官也。若是，則萬物失宜，事變失應，上失天時，下失地利，中失人和。

——《荀子・富國》

釋文

賞賜行不通，賢人就不可能得到進用；刑罰行不通，壞人就不可能被罷退。賢人得不到進用，壞人不被罷退，那麼有才能的人和沒有才能的人就不可能得到適宜的安置。如果是這樣，萬物就無所適從，事態也無法順應，在上方，失掉了天時，在下方，失去了地利，在中間，得不到人和。

點評

在荀況看來，只有實行了適宜的賞罰原則，就可上得天時，下得地利，中得人和，就可以達到進賢退惡的目的。荀況所說的賞與罰，與韓非講的「二柄」同義。

明君之行賞也，暖乎如時雨，百姓利其澤；其行罰也，畏乎如雷霆，神聖不能解也。

——《韓非子・主道》

釋文

英明的君主給予賞賜，溫潤如及時雨，百姓都受到它的滋潤；實施處罰，威嚴如震耳之雷，神聖也不能解脫。

點評　獎賞和懲罰都是一種藝術。獎賞的關鍵是要及時，使被獎賞的人立即感受到關注與讚許，倍添立新功的信心。而懲罰的關鍵是嚴格，使受罰之人感受到威嚴，不敢再有越軌之舉。

明君無偷賞，無赦罰。賞偷，則功臣墮其業；赦罰，則奸臣易為非。

——《韓非子．主道》

釋文　英明的君主不隨便賞賜，不赦免處罰。賞賜隨便，功臣會懈怠他們的事業；赦免處罰，奸臣就容易為非作歹。

點評　賞賜的目的是鼓勵下屬把工作做得更好。但是如果一個人的每一項不錯的舉動都無一例外地得到獎賞的話，他就會覺得獎賞來得很容易而不珍視它。久而久之，他的進取心就消退了。懲罰一個人如果心慈手軟的話，他會覺得做壞事並不會有可怕的後果而繼續為非作歹。

誠有功，則雖疏賤必賞；誠有過，則雖近愛必誅。則疏賤者不怠，而近愛者不驕也。

——《韓非子．主道》

釋文

確有功勞，即使是疏遠低賤的人也一定賞賜；確有過錯，即使是親近寵愛的人也堅決責罰。這樣疏遠低賤之人不敢懈怠，而親近寵愛之人也就不敢驕縱了。

點評

獎勵和懲罰的另一個宗旨是公平。如果嚴厲的刑罰只施加於老百姓頭上，而豐厚的獎賞只限於執法者親近的人之內，這樣的獎懲制度一定不得人心，而且是將來動盪的禍根。

聖人之治民，度於本，不從其欲，期於利民而已。故其與之刑，非所以惡民，愛之本也。刑勝而民靜，賞繁而奸生。故治民者，刑勝，治之首也；賞繁，亂之本也。

——《韓非子·心度》

釋文

聖人管理民眾，是從根本上考慮問題，絕不放縱他們的欲望，期待能對民眾有利。所以施行刑罰，並非憎恨民眾，而是從本質上愛護他們。有了嚴峻的刑罰，民眾就會安寧；相反的，賞賜過濫，邪惡就會滋生。所以對管理民眾者而言，嚴法是安定的首要條件；濫用賞賜是混亂的禍根。

點評

少賞重罰，一者可節約國家錢財，二者可抑制民眾的貪欲，於國於民都有利。

民無道知天，民以四時寒暑日月星辰之行知天。四時寒暑日月星辰之行當，則諸生有血氣之類皆爲得其處而安其產。人臣亦無道知主，人臣以賞罰爵祿之所加知主。主之賞罰爵祿之所加者宜，則親疏遠近賢不肖皆盡其力而以爲用矣。

——《呂氏春秋．當賞》

釋文

民眾沒有別的途徑瞭解自然，只能依據四季寒暑、日月星辰的運行來瞭解自然。四季寒暑、日月星辰的運行正常，那麼各種有生命的物類就能各得其所、各安其生了。下級也沒有別的途徑瞭解上級，只能根據賞罰報酬的多少來瞭解上級。上級的賞罰報酬給得恰當，那麼無論誰都會竭盡其力來工作。

點評

現代管理要求以多種方式溝通上下級之間的關係，但賞罰仍是被管理者瞭解管理者態度的重要途徑。管理者對此必須極其謹慎。

凡賞非以愛之也，罰非以惡之也，用觀歸也。所歸善，雖惡之，賞；所歸不善，雖愛之，罰。此先王之所以治亂安危也。

——《呂氏春秋．當賞》

釋文

凡是賞賜一個人，並非因爲喜愛他，處罰一個人，並非因爲憎惡他，賞罰是要看這個人的行爲導致的結果而定。結果好，即使厭惡的也要獎賞；結果不好，即使寵愛也要處罰。這就是古代國家管理者能治國安邦的原因所在。

點評

賞罰以每個人的所作所爲產生的實際效果來決定，這是公而無私的做法。處在管理地位上的人，克制個人喜怒恩怨，而從有利於事業的角度處理問題，是十分必要的。

臣聞明主㊷正，有功者不得不賞，有能者不得不官，勞大者其祿厚，功多者其爵尊，能治眾者其官大。故不能者不敢當其職焉，能者亦不得蔽隱。

——范雎，見《戰國策・秦策三》

釋文

我聽說英明的君主執政的原則是：有功勞的人不能不給獎賞，有才能的人不能不給官職；功勞大的人俸祿多，功勞多的人爵位高，能管理眾人的人官職大。所以沒有才能的人不敢擔任官職，有才能的人也不會被埋沒。

點評

謀士范雎被引進秦國後，上書給秦昭王陳說政見並請求召見，上面這段話即摘自這封書信。這段話強調君主對臣下必須賞罰分明，獎懲有方，只有這樣才能激勵臣下爲國效力。而且范雎認爲只有這樣才能使無能者退，有能者進，不埋沒真正的人才。下文范雎還告誡秦召王：「人主賞所愛，而罰所惡」，全憑個人好惡；「明主則不然，賞必加於有功，刑不必斷於有罪」，依據臣下功過。

凡用賞者貴信，用罰者貴必。賞信罰必於耳目之所見聞，則所不見聞者，莫不陰化矣。

——《六韜・文韜・賞罰》

釋文 以獎賞作手段時要重信用，以懲罰作手段時要堅決。對於知道的事情作這樣的賞罰處理，那麼，不知道的事情也就全都在無形中解決了。

點評 「賞信罰必」是極重要的控制手段。既然管理者無法知道所有發生的事，那就必須藉助賞罰來提倡和禁止。

賞罰，政之柄也。……賞以勸善，罰以懲惡。人主不妄賞，非徒愛其財也，賞妄行則善不勸矣。不妄罰，非徒慎其刑也，罰妄行則惡不懲矣。

——荀悅《申鑒・政體・賞罰》

釋文 賞罰是管理國家的兩個主要手段。……獎賞是爲了鼓勵人們的善行，刑罰是爲了懲戒不良行爲。皇帝不隨意行賞並不是由於吝嗇他的財富，而是因爲一旦濫賞就不會再有勸人爲善的作用。不隨意施罰並不是由於不捨得用其刑罰，而是因爲一旦濫罰就再不能達到懲戒惡行的目的。

點評 這是荀悅關於如何運用好獎賞和刑罰這兩個手段的議論。他指出，在治理國家時不能濫賞濫罰。濫賞必將使不該賞的人獲賞，濫罰又會使不該罰的人受罰。結果就會使賞罰失去其應有的作用，而且還會放縱惡行，抑制善行。因此必須準確適當地運用這兩個手段，使勸善而不縱惡。這是我們在進行任何管理中採取賞罰措施時必須遵循的原則。

聖王責小以厲大，賞鄙以昭賢。然後良士集於朝，下情達於君也。故上無遺失之策，官無亂法之臣。

——王符《潛夫論・明暗》

釋文

聖明的君主責備小過失而嚴厲警告大錯誤，賞賜卑微的人而使賢人表現自己。這樣做之後，優秀的知識分子就能群集於朝廷，下層的情況訊息就能通達於君王。因此，君王不會有遺漏錯失的法令措施，官員也不會有違反法令法規的。

點評

對小錯處罰嚴厲，會起到震懾的作用。獎勵地位較低的工作人員，能促使人們去努力建功立業。這是管理中比較淺顯的知識。可惜在實際上，管理者由於受到種種牽制而很難如此去做。

施其所樂者，自下而上。民有一介之善，不終朝而賞隨之，是以下之爲善者足以知其無有不賞也。施其所畏者，自上而下。公卿大臣有毫髮之罪，不終朝而罰隨之。是以上之爲不善者，亦足以知其無有不罰也。

——蘇軾《東坡全集．策別一》

釋文

施予人們所樂意接受的賞賜，應該自下而上。即使百姓有很小的善行，也應該很快賞賜他們，因此下層中行善事的人就會明白他們不會不被賞賜的。施加人們所畏懼的懲罰，應該自上而下。公卿大臣即便僅僅犯了很小的罪過，也應該很快懲罰他們。因此，上層中做了錯事的人也就清楚地知道他們不會不受處罰的。

點評

這段話主要說了三層意思：一是賞罰要及時，不要拖延；二是賞罰應從點滴做起，不要以事情大小爲準；三是賞要自下而上，罰要自上而下。只有做到了這三點，才能既充分調動人的積極性，又使官吏做到以身作則，從而達到從善遠罪的目的。

感與儆，併是以振刷風俗，輔教化所不及，所系甚具。

——陶煦《租核．讞情罪》

釋文

既能使人感動，又能使人畏懼，做到這兩點，就可以逐漸移風易俗，改除陋習，發揮教育所起不到的作用，但其中的工作很細緻。

點評

應該說這是一條相當高明且有關人們行爲管理的原則，文中的意思也一覽無遺。透過文字，我們聯想現代管理思想中的權威式領導就可以發現，辯證地、合理地綜合管理思想，因地制宜地施用管理原則，是管理實踐的前提和關鍵。正如片面施恩與片面警告、處罰不能算上乘的管理方法，機械地奉行一種管理體制，同樣會事倍功半。

夫人主所以駕馭天下者，爵賞刑罰也。賞罰不行，則無以作士氣；賞罰顛倒，則必至離民心。

——康有為《康有為政論集・上清帝第二書》

釋文

皇帝就是藉由賞罰來駕馭天下的；如果不賞不罰，就無法振作士氣，賞罰顛倒的話，就肯定會離散天下民心。

點評

這段話說明了只有賞罰分明，才能夠調動員工的積極性，才能在此基礎上建立一套人事管理的制度。

富國

相地而衰徵，則民不移；政不旅舊，則民不偷；山澤各致其時，則民不苟；陸、阜、陵、墐、井、田、疇均，則民不憾；無奪民時，則百姓富；犧牲不略，則牛馬遂。

——《國語・齊語・管仲佐桓公為政》

釋文

根據土地的質量來分級徵稅，百姓就不會隨意遷移；政令不輕棄舊法，百姓就不會苟且從事；山林河澤能依時開放或封禁，百姓就不會僥倖出入；陸、阜、陵、墐、井、田、疇合理負擔，百姓就不會怨恨；不妨礙農事農時，百姓就能富足；祭用牲畜不被掠奪，牛馬就能繁育。

點評 這段話充分表現了管仲的領導藝術與管理才能。凡事老百姓所希望的，領導者就要設法給與，凡是老百姓所反對的，領導者應因勢去除。領導應以百姓爲中心。

夫利，百姓之所生也，天地之所載也，而或專之，其害多矣。天地百物皆將取焉，胡可專也？

——《國語・周語・芮良夫論榮夷公專利》

釋文 資源，由天地間萬物所生成，若由國家實行專管，其害必將無窮。天地萬物所生成的資源怎能由國家專管呢？

點評 這段話認爲，天地萬物所生資源不能由國家實行專買專賣，而應由市場流通來決定其發展變化。這裡有關資源配置的思想與市場經濟的要求比較相似。

生財有大道：生之者眾，食之者寡，爲之者疾，用之者舒，則財恒足矣。

——《禮記・大學》

釋文 生產財富有大原則：生產的人多，耗用的人少，生產得快，使用得慢，這樣財產就會經常豐足了。

點評 這段話說出了經濟管理的一個原則，即從生產和消費這兩個角度考慮財富的均衡。

不違農時，穀不可勝食也；數罟不入洿池，魚鱉不可勝食也；斧斤以時入山林，材木不可勝用也。穀與魚鱉不可勝食，材木不可勝用，是使民養生喪死無憾也。養生喪死無憾，王道之始也。

——《孟子・梁惠王上》

釋文

不耽誤農作物耕作時節，糧食就會多得吃不完；不用密網到池沼捕撈幼魚，魚鱉之類就會多得吃不完；根據樹木生長季節適當地進山伐木，木材就會多得用不完。糧食、魚鱉吃不完，木材用不完，就能使老百姓對養生送死感到滿意。百姓對養生送死都滿意了，這就是初步實行了「王道」。

點評

「王道」是儒家的一種管理理想，孟子在這裡講到了它的最低標準，即讓百姓有基本的生活保障。這段話中另一個值得注意的思想是古人對資源再生的注重，如不捕撈幼魚，不砍伐小樹之類。這種可稱爲「綠色管理」的資源管理思想是被後人忘記多時的，直到現代生態學的產生才重新受到重視。

輕田野之稅，平關市之徵，省商賈之數，罕興力役，無奪農時。如是則國富矣，夫是之謂以政裕民。

——《荀子・富國》

釋文

減輕農業的賦稅，免除關市的徵收，減少商販的人數，很少發派勞役，不占用農民耕種的季節。這樣做才能使國家富足，這就叫做用行政管理的手段達到富民之目的。

點評

在以上的行政管理措施實行後，農民的負擔減輕了，就可以把財力、人力、物力投入到擴大再生產中去。同時減少了從商人數，使這些人也轉入農業生產，這樣農產品就增多了，國家的稅收也提高了，既富民又富國。

田野縣鄙者，財之本也；垣窖倉廪者，財之末也；百姓時和、事業得敘者，貨之源也；等賦府庫者，貨之流也。故明主必謹養其和，節其流，開其源，而時斟酌焉。

——《荀子・富國》

釋文

農業是財富的根本，貨倉糧庫是財富的末端；百姓按季節耕作，有秩序地從事農業生產，這是財富的源泉；而按等差納稅、入庫收藏，這是財富的流動過程。所以高明的國家管理者必然力求人民能順利協作，節約開支，並廣泛開闢財源，時時加以斟酌調整。

點評

荀況認爲農業的狀況對國民經濟的發展和社會財富的增長有決定性的作用，開闢財源關鍵在於大力發展農業生產。

上好功則國貧，上好利則國貧，士大夫眾則國貧，工商眾則國貧，無制數度量則國貧。下貧則上貧，下富則上富。

——《荀子・富國》

釋文

國家管理者好大喜功，國家就貧窮；國家管理者貪好財利，國家就貧窮；管理人員太多，國家就貧窮；經商者太多，國家就貧窮；使用財物沒有制度和數量的限制，國家就貧窮。下面的人窮了，上面的人也就窮；下面的人富了，上面的人也就富了。

點評

荀況在富國和富民的關係上是力主「上下俱富」的。這就把國家的貧富和民眾的貧富統一起來，並且把民眾的貧富作爲衡量一個國家貧富的標準和基礎。

王者富民，霸者富士，僅存之國富大夫，亡國富筐篋、實府庫。

——《荀子・王制》

釋文

愛民的君主執行富民政策，稱霸的君主執行富士政策，勉強存在的國家使官吏富足，必然滅亡的國家才一味擴充國庫。

點評

富國與富民是中國古代相近而又對立的兩大宏觀經濟管理目標。富民即讓人民生活富裕；富國的含義有廣義和狹義之分：廣義的富國指富整個國家，此與富民含義相近，狹義的富國則僅著眼於財政收入的增加，此與富民對立。荀子是主張以廣義富國為治國目標的。他指出富國必須以富民為基礎，強調如果僅考慮國庫充裕，而不考慮百姓有無，甚至靠單純搜刮百姓以實現富國，則必然導致國家滅亡。

君之所務者五：……山澤救於火，草木殖成，國之富也，溝瀆遂於隘，障水安其藏，國之富也；桑麻殖於野，五穀宜其地，國之富也；六畜育於家，瓜瓠葷菜百果備具，國之富也；工事無刻鏤，女事無文章，國之富也。

——《管子．立政》

釋文

君主必須致力的事情有五項：……山澤免於火災，草木繁榮滋長，國家就會富足；溝渠全線暢通，堤壩蓄水不泛濫，國家就會富足；田野遍植桑麻，五穀因地制宜栽種，國家就會富足；農家飼養六畜，瓜果蔬菜齊備，國家就會富足；工匠不追逐刻木鏤金，女紅也不追求文采花飾，國家就會富足。

點評

這也是《管子》所論宏觀經濟國家控制系統的三大功能之一。管子認為，要使一個國家的經濟得到富足和繁榮，君主必須致力於林業、水利、農業、畜牧業、手工業五項生產事業。這即所謂「富國有五事」。從上下文來看，為了確保上述五事的實施，《管子》還主張國家必須設置與之相應的管理機構和管理官吏，分官設職，專事檢查與監督。在封建經濟占統治地位的中國古代，農、林、牧及水利、手工業確是國民經濟的重要部門，加強對這些部門的國家管理，也確實有利於富國目標的實現。

侈而惰者貧，而力而儉者富。

——《韓非子・顯學》

釋文 奢侈懶惰的人貧窮，勤勞節儉的人富裕。

點評 韓非這個觀點反映了地主階級在上升時期對發展生產的重視，鼓勵人民靠辛勤的勞動和節儉的美德來獲得富足的生活。即使是在幾千年後的今天，這條古訓仍值得每個人時時牢記。同樣，它也適合於對一個企業的管理和一個國家的治理。

人之本在地，地之本在宜，宜之生在時，時之用在民，民之用在力，力之用在節。知地宜，須時而樹，節民力以使，則財生。

——《黃老帛書・經法・君正》

釋文 人類的基礎在於土地，土地的根本在於適當使用，適當使用土地進行生產在於選擇時節，掌握時間的是人民，人民的作用在於有勞力，勞力的合理運用在於有節制。瞭解土地的合理使用，根據時令來決定農業生產，節約使用老百姓的力量，這才能

獲得財富。

點評

《黃老帛書》是一九七三年長沙馬王堆漢墓出土的古代佚書，有人以爲即失傳的《黃帝四經》，主要反映先秦時期的道家管理思想。這段話反映了道家對農業社會的國民經濟管理所持的基本思想，其中特別指出了管理應該符合自然規律，順應自然發展。

周書曰：「農不出則乏其食，工不出則乏其事，商不出則三寶絕，虞不出則財匱少。」財匱少而山澤不辟矣。此四者，民所衣食之源也。源大則饒，源小則鮮。上則富國，下則富家。

——《史記・貨殖列傳》

釋文

《周書》上講：「農民不生產就會缺糧食，工匠不製物就會缺工具，商人不貿易物品就無法流通，虞人不開發山澤物質就缺乏。」物質缺乏就無法開發自然。從事這四業者，都是民眾生活必需品的創造者。這四業發達則國家富饒，不發達則貧困。因此，這四業都是上可富國，下可富民的。

點評

農虞工商四者是人類生活的基本經濟結構，是缺一不可的。

大農，大工，大商，謂之三寶。農一其鄉則穀足；工一其鄉則器足；商一其鄉則貨

足。

——《六韜・文韜・六守》

釋文

大規模經營的農業、工業、商業，稱為「三寶」。以農業為主，則該鄉村就有充足的糧食；以工業為主，則該鄉村就有充足的器具；以商業為主，則該鄉村就有充足的貨物。

點評

這裡把工業、商業與農業相提並論，而且並稱為「三寶」，確是一種獨特的見解。中國傳統經濟思想中占主導的是「以農為本」、「重農抑商」，這裡卻認為農、工、商各有其作用，各地的經濟應有其地方特色。這一思想在經濟管理思想史中應有一席之地。

臣聞之：欲富國者，務廣其地；欲強兵者，務富其民；欲王者，務博其德。三資者備，而王隨之矣。

——司馬錯，見《戰國策・秦策一》

釋文

我聽說過這樣的話：要想富國，一定要擴大他的土地；要想強兵，一定要使他的百姓富足起來；要想稱王天下，一定要廣施他的德政。這三個條件具備了，那麼稱王天下的事業自然會隨之而來的。

點評

這段話是秦國大將司馬錯與張儀在秦惠王面前爭論國事時所說的。要富國須廣地，要強兵須富民。富國、廣地、強兵、富民之間有著相互促進的內在聯繫，是歷代人士的普遍看法，《管子・治國篇》對此也有論述和總結。至於靠仁德以王天下還是憑武力以霸天下，在春秋戰國時代代表了兩種不同的政治觀，司馬錯顯然是主張王天下的。

先王之法：畋不掩群，不取麛夭，不涸澤而漁，不焚林而獵。

——《淮南子・主術訓》

釋文

先王的法律規定：打獵不許將野獸打盡，不許獵取幼獸，不許放乾河中的水將魚捉盡，也不許焚燒山林來獵取野獸。

點評

做任何事都要有個「度」，講究個「節」字。所謂「趕盡殺絕」的方法是如何也行不通的。「涸澤而漁，焚林而獵」雖然在短時期內能滿足人的欲望和要求，但從長期來看，卻實在是個愚蠢至極的「絕子絕孫」的做法。人對大自然都應該「有禮有節」，對人類自己就更應該如此了。

人君必從事於富。不富無以為仁，不施無以合親。疏其親則害，失其眾則敗。

——《六韜・文韜・守土》

釋文

統治者必須開展經濟活動以增加財富。自己不富裕就無法對人施以仁愛，不能賜予人財富就無法聚合親近的人。疏遠了親戚朋友就會有害，失去了人民群眾就會衰亡。

點評

政治以經濟爲基礎。政治管理要有經濟管理作保證。國家管理應使人民有所富足，企業管理應使被管理者分享利益。否則，統治者、管理者都會走向衰敗。

賢聖治家非一寶，富國非一道。昔管仲以權譎霸，而紀氏以強本亡。使治家養生必於農，則舜不甄陶而伊尹不爲庖。故善爲國者，天下之下我高，天下之輕我重。以末易其本，以虛蕩其實。今山澤之財，均輸之藏，所以御輕重而役諸侯也。

——桑弘羊，見桓寬《鹽鐵論．力耕》

釋文

有才能之人治家的方法不止一種，使國家富裕的途徑也並非一個，從前管仲隨機應變輔佐齊桓公成就了霸業，而紀氏由於只重農業而亡了國。如果養家活口必須從事農業生產的話，那麼舜就不應該去製作陶器，伊尹就不應該去當廚師。所以善於治理國家的人，應該是天下人認爲卑賤的，他卻認爲高貴；天下人所輕視的，他卻重視。用工商產品換取境外的農業必需品，用無用的東西換取有用的。現在從山區河海裡取得的財富，實行均輸法所獲得的積累，是爲了施用輕重之法來控制天下的諸侯。

點評　使國家富強的道路很多，絕不可將自己局限在農業這一行業上。這一段話表明桑弘羊的經濟觀點：他雖也「重本」，但絕不盲目「抑末」，而是主張鹽鐵官營，以「官商」代替富商大賈，以國家政權爲後台，施用「輕重之法」來管理國家財政。

爲政者，明督工商，勿使淫僞；困辱游業，勿使擅利；寬假本農，而寵遂學士，則民富而國平矣。

——王符《潛夫論．務本》

釋文　治理國家的人，要以明確的措施監督工商業者，不使他們弄虛作假；控制無業游民，不讓他們獲取非法利益；對從事耕作的農民放寬限制，同時對知識分子則施以恩寵。這樣，民眾就會富裕，而國家也就太平了。

點評　王符對四類民眾提出的不同管理措施，可說是頗有針對性，也比較合理。對工商業者並不限制，只是禁止弄虛作假，這顯然有利於經濟發展。而他的知識分子政策，既考慮經濟，也顧及了政治。

是以務鳩斂而厚其帑櫝之積者，匹夫之富也；務散發而收其兆庶之心者，天子之富也。

——陸贄《陸宣公翰苑集．奉天請罷瓊林大盈二庫狀》

釋文　用專門聚斂民財的方法而使朝廷府庫充盈，只是一種常人致富的手段；而致力散財於民收取億萬民心的，才是天子致富的辦法。

點評　唐德宗時內相陸贄，對皇上私蓄財富不以為然，乃有此狀勸諫。「上」與「下」的利益分配關係，是提昇激勵機制的關鍵之一，陸贄強調上不宜聚斂是恰當的。財散則人聚，財散可增強群眾的向心力和集體的凝聚力，從而調動個體的積極性，最終目的仍是集體財富的聚集。這句話也包含了「天子」個人不以獲利為目的的意思。

所謂富國者，非曰巧籌算，析毫末，厚取於民以媒怨也，在乎強本節用，下無不足而上則有餘也。

——李覯《李覯集·富國策第一》

釋文　這裡所說的「富國」，不是說機巧籌劃、精打細算，搜刮老百姓以招致老百姓的怨恨，而在於發展生產和節省開支，那樣國家不會感到不足用，老百姓則有多餘。

點評　富強之道在開源節流，「開源」則發展生產增加收入，「節流」則需堵塞漏洞，理財之術當從此著手，國家如此，個人亦然。捨此而與民謀利者，無異緣木求魚，甚至於飲鴆止渴，必敗無疑。

必也，人無遺力，地無遺利，一手一足無不耕，一步一畝無不稼，穀出多而民用富，民用富而邦財豐者乎！

——李覯《李覯集·國用第四》

釋文

一定要做到這樣：每一個人都出力，所有的地都有可以再挖掘的潛力，每一個人都參加耕種，每一畝土地都被耕作。糧食出產多，人民衣食資源就比較豐富，人民豐衣足食則國家財富就多了。

點評

民富國強是每一個國家所追求的目標，但要做到這一點，必須保證充分挖掘人力、地力資源。管理者必須從這一點著手。

嘗以謂方今之所以窮空，不獨費出之無節，又失所以生財之道故也。富其家者資之國，富其國者資之天下，欲富天下則資之天地。……今闔門而與其子市，而門之外莫入焉，雖盡得子之財，猶不富也。

——王安石《王文公文集·與馬運判書》

釋文

我曾以爲當今國家之所以窮，不但是消費沒有節制，而且是不懂得生財之道的原因。家富要仰賴於國家，國家富要依賴於天下富，天下財富要依靠天地自然資源。……現在如果一家人關起門來與其子女相互交易，門外的財物不得入內，即使全部獲得子女的財產，仍然談不上富。

點評 這一段話說明兩點：管理生產，如果不能「資之天地」就不能增加財富的數量；一家人（猶一國）關門互相交易則不能增加財富總量。要求增加社會總財富，是王安石的一貫思想，而增加財富的根本是要發展生產，對外開放。

有財而莫理，則阡陌閭巷之賤人，皆能私取予之勢，擅萬物之利，以與人主爭黔首，而放其無窮之欲。非必貴、強、桀、大而後能如是。

——王安石《王臨川集．度支副使廳壁題名記》

釋文 有了財物而不好好加以管理，那麼城鄉中那些卑賤之人，都能私自利用占據的有利位置進行買賣，以獲得貨物之利，能與皇上爭用百姓因而生出無窮的欲望。不一定是那些有地位、有勢力、強悍凶暴的人才能如此。

點評 國家操輕重之權，擅萬物之利，則奸商不得售其奸，亦可治世上貪鄙之心，然亦容易減少經濟活力，此亦管理之難題也。「放則亂，收則死」，經濟大權必須慎重對待。

夫以義理天下之財，則轉輸之勞逸不可以不均，用度之多寡不可以不通，貨賄之有無不可以不制，而輕重斂散之權不可以無術。——王安石《王臨川集・乞制置三司條制》

釋文

如果要以道義去治理天下的物質財富，那麼在辛勞和安逸的分配上不可以不均衡，在日常耗用上不可以超出常理的範圍，在貨物財產的儲存上不能沒有節制，而在控制貨幣流通、調節物價方面的權力使用上不可以沒有謀略。

點評

在中國古代史中，王安石是一位以「新法」改革而著稱的歷史人物，在長期的從政生涯中，王安石在治理國家經濟上作了許多嘗試，提出了許多真知灼見。古時的治理國家與現時的管理企業有著許多相通之處。在企業物質財富的創造、交換、分配、消費過程中，管理者一定要深思熟慮，制定出員工所能接受並執行的合理制度，而從中可以反映出一位管理者的管理藝術。

夫四民交致其用，而後治化興，抑末厚本，非正論也。——葉適《習學記言・史記一・書》

釋文

士、農、工、商四民互相發揮作用，隨後才能談得上國家大治，風化改善。抑末厚本的說法不是正確的議論。

點評 葉適能認識到四民的作用各不可缺且明確批評抑末重本，是非常有識見的。

要之，先富而後奢，先貧而後儉，奢儉之風起於俗之貧富，雖聖王復起，欲禁吳越之奢難矣！

——陸楫《蒹葭堂雜著摘抄・論崇奢黜儉》

釋文 概括地說，先富足，而後有奢侈之風；先貧窮，而後有儉約之俗。奢侈與儉約之風俗本於富足與貧窮，即使是聖王再起，要想禁絕吳越一帶奢侈之風，也是困難的啊！

點評 這段話表現了陸楫的主奢論是從生產與消費的決定與被決定關係出發的。奢侈是經濟發展的必然，地富則必起奢風，同時奢侈又有益於經濟的發展，非人的主觀意志所能轉移。

天地生財，止有此數，彼有所損，則此有所益。吾未見奢之足以貧天下也。自一人言之，一人儉則一人或可免於貧；自一家言之，一家儉則一家或可免於貧；至於統論天下之勢則不然。

——陸楫《蒹葭堂雜著摘抄・論崇奢黜儉》

釋文 天地所有的資源，只有這樣一個定數，那裡有所減少，這裡就會有所增加，我並沒有見到奢侈足以使天下貧困的。從一個人的角度看，一個人節儉則一個人可免遭貧困之苦；從一個家庭的角度看，一家節儉則一家可免遭貧困之苦；但從整個國家著眼則未必是這樣。

點評

這段話的作者陸楫，是明代著名詞臣陸深之子。陸楫一反中國古代消費管理思想中占統治地位的節儉說，提出了「崇奢」的論點，認爲奢侈可以「均天下之財而富之」，透過刺激生產而促進經濟的發展。這與現代西方經濟思想中凱恩斯學派的消費觀有異曲同工之妙。

以天下之財與天下共理之者，大禹、周公是也。古之人，未有不擅理財而爲聖君賢臣者也。

——葉適《水心別集・財計上》

釋文

將天下之財與天下人共同管理，大禹、周公是這樣的人。古代之人沒有不擅於理財而能成爲聖君賢臣的。

點評

諱言理財是錯誤的。物質財富是社會賴於生存發展的基礎，善於治國者必先發展好經濟，經濟不發展而高談仁義道德，高談精神文明，不啻去採鏡中花、撈水中月，沒有不落空的。

衣食之具，或此有而彼亡，或彼多而此寡；或不求則伏而不見，或無節則散而莫收；或消削而浸微，或少竭而不繼；或其源雖在而浚導之無法，則其流壅遏而不行。

——葉適《水心別集．財計上》

釋文

衣食這些基本物資，或者這裡有而那裡沒有，或者那裡較多而這裡較少；或者不去開發就會隱藏著而看不見，或者不加控制就會被流散出去而不能收攏；或因消耗太多而逐漸減少，或因太少而接續不上；或者本源雖在但疏導不當，以致流通不暢。

點評

這是葉適在論述什麼是真正的財政管理時所提到的一段話。他認為財政管理不是聚斂財富，而是對全國的物質財富進行生產開發、流通、節約等方面的全面管理。他的這一經濟思想對於我們做好宏觀經濟管理具有重要意義。

君制其用，雖以為國，實以為民。……是以古之仁君，知其為天守財也，為民聚財也，凡有所用度，非為天，非為民，絕不敢輕有所費。其有所費也，必須為百神之享，必以為萬民之安，不敢毫釐以為己私也。

——丘濬《大學衍義補．制國用．總論理財之道下》

釋文

統治者掌握調節國家的各項開支，雖然表面上是為了國家本身，其實質卻應是為了天下人民的福利。……所以古時那些賢明的統治者，都知道他們是在為天守財，為

民聚財，任何用度如果不是爲了天和爲了民，就絕不敢輕易動用，所有的開支都必須用於祭祀百神，保民安寧，絕不會有絲毫用來爲己謀私利。

點評

這段話表達了這樣一個觀點：國家財政開支的目的應該是爲了天下老百姓的利益，而不是爲了統治者的個人私利。國家財政爲誰服務，這是財政管理中首先需要解決和明確的問題。丘濬的主張從一般意義上，尤其是在今天來說是正確的，但在當時不太可能做到。財政的性質決定於國家的性質。即使把丘濬的「實以爲民」主張縮小到這個範圍內，即國家財政必須依賴於社會、人民財富的增加，事實上也不可能完全做到。

是其所以理財者，乃爲民而理，理民之財爾。……古者藏富於民，民財既理，則人君之用度無不足者。是故善於富國者，必先理民之財，而爲國理財者次之。

——丘濬《大學衍義補・制國用・總論理財之道上》

釋文

理財的目的在於幫助人們發展生產，也就是說增加人們的財富。……古時候國家主張藏富於民，（因爲）人們的財富理好了（即增加），人君（泛指國家或政府）的各項支出沒有不能滿足的道理。所以，善於增加國家財富的統治者一定是先爲老百姓理財，發展生產；增加國家財政收入倒在其次。

點評

丘濬在這裡提出了理財時如何處理好發展社會生產與增加國家財政收入關係的原則。發展社會生產就是理民財，理國財則指增加國家財政收入。丘濬認爲理國財必須以理民財爲基礎，只有生產發展了，社會財富增加了，國家財政收入才會自然增加。沒有生產的發展，財政收入也無法保證。如果在社會財富既定的情況下，一味地增加財政收入，最終將阻礙生產，導致財政收入減少。把增加國家財政收入建立在發展社會生產、增加社會財富的基礎上，這是非常正確的國家財政管理原則。

車馬之馳驅，衣裳之曳婁，酒食鼓瑟之愉樂，皆巨室與貧民所以通功易事，澤及三族。

——魏源《魏源集・默觚下・治篇十四》

釋文

奔馳的車馬，搖曳的衣裳，美酒佳餚鐘鼓琴瑟給人的愉悅，都是富人和窮人之間相互交換提供服務的成果，是對大家都有好處的事情。

點評

這段話的中心問題是通功易事。意思是富人出錢消費，窮人爲其服務掙錢，從而有事做、有飯吃。魏源反對過度節儉，限制富人消費，認爲這樣會形成吝嗇貪婪的風氣。富人的錢消費不掉，而窮人沒飯吃，就形成富者益富、貧者益貧的情況。應該讓富人有適度的消費，增加社會的就業機會，使財富進一步分散到社會上去。

治天下者既輕其賦斂矣，而民間之習俗未去，蠱惑不除，奢侈不革，則民仍不可使富也。

——黃宗羲《明夷待訪錄・財計（三）》

釋文

統治者雖然減輕了人民的賦稅徭役，但民間的陳風陋俗並未消失，不消除迷信，不根絕奢侈，民眾依舊無法富裕起來。

點評

從教育和引導群眾出發，培養大眾正確的、合理的意識與品味，是促使管理目標實現的方法之一，是從根本上解放人的思想，培養有利的主觀意識環境。同時也要減輕其經濟負擔。

無不奉訓典之民，則樸風存；樸風存，則群知勉；群知勉，則物力豐。無不親稼穡之民，則生理足；生理足，則自爲養；自爲養，則邦本厚。如是者國無貧。

——湯鵬《浮邱子・醫貧》

釋文

沒有不遵守規章制度的百姓，樸實的風氣就存在；樸實風氣存在，人們就知道努力上進；人們努力上進，物力就豐厚。沒有不參加農業生產勞動的人，生活資料就充足；生活資料充足，人能自己養活自己，國家的經濟基礎就深厚。這樣，國家就不會貧困。

點評　這段話包括兩方面的內容：一是要求人民遵紀守法，努力工作。強調了精神文明對社會的穩定作用，對人們的激勵作用。人人都遵守社會要求的「義」（道德規範），才會增進社會總體上的「利」（物質利益）。二是強調讓民眾自養。人民富裕才是國家富強的基礎。

何謂開源之利？食源莫如屯墾，貨源莫如採金與更幣。語金生粟死之訓，重本抑末之誼，則食先於貨；語今日緩本急標之法，則貨又先於食。

——魏源《魏源集・軍儲篇一》

釋文　什麼是開源之利？開食源以屯墾爲好，開貨幣財富之源以開銀礦和改革幣制爲最重要。講到古來重金銀則農本受損的教訓、重本抑末的道理，應該把農本放在第一位。但談到當今治理社會的急要之事，則應把貨幣財富問題放在第一位。

點評　這段話有兩層意思：一是要增加國家的財富，就一定要使國家財富有穩定和持久的來源。二是要因時因勢而變。針對社會急需處理的問題，要敢於打破傳統觀念，提出合適且能解決當務之急的治理方針和方案。

中國地博物淵，不患無財，患無人理財。開源則謝不敏矣，節此自然之流，亦無人引爲己任。陋儒動薄桑、孔，嗚呼！桑、孔亦何可薄也！

——湯壽潛《理財百策・衛田》

釋文

中國地大物博，不是財富少，而是沒有善於理財的人來理財。要開發財源，都推辭說不能；要節約資源，也無人引爲己任。淺薄的儒生動輒鄙薄善於理財的桑弘羊和孔僅。可悲啊！桑弘羊、孔僅有什麼可鄙薄的呢！

點評

並不是絕對沒有理財的人，只是一般人都沒有理財的觀念，或鄙薄財務以示清高，或徒尚空談而不能務實，故湯氏有此慨嘆。

裕官財以教廉，止民罷以教富。人情之大原，而王政之急務也。

——包世臣《說儲上篇・第四目附論》

釋文

對官吏實行高薪養廉，對人民實行休養生息。這是人情的基本方面，是良好政治所急需做到的事情。

點評

包世臣這段話提出了治理社會的兩個重要方面。

毋濫則用不傷財，用不傷財則有流通無耗廢，無耗廢則塞其毒，塞其毒則能久長。有流通則得其理，得其理則能廣大。如是者國無貧。

——湯鵬《浮邱子・醫貧》

釋文

費用有節制就不會損耗財富，不損耗財富就有流通而無浪費，無浪費就能堵塞財富損耗的弊病，堵塞弊病財力才能持久。財物流通自有其規律，能掌握其規律，財力才能進一步擴大。這樣國家就不會貧困了。

點評

消費要有節制，即使是應付緊急事件的花費也要厲行節約。同時，要注意促進財貨流通。財貨在流通中，經濟規律就會自發地起作用。能夠駕馭這些規律，生產才會得到促進和發展。

今天下理財之急務，在乎節浮開流，革奢崇儉，所以富國而足民者，其大要不外於此。蓋此乃本也，而其餘則末也。

——王韜《弢圓文錄外編・理財》

釋文

目前為國理財的當務之急在於節浮開流，革奢崇儉，國家富強人民安康的關鍵不外乎此。節浮開流、革奢崇儉是富強的根本，其他都是枝節問題。

點評

鴉片戰爭後，針對中國積貧積弱的現狀，王韜提出了要以學西方、興辦煤礦開採、機器織布、製造輪船等興利事業作為中國抵禦外侮、走向富強的戰略目標。但是由於這一目標的實現很難立見成效，因此他認爲興利必先除弊，於是又提出了上述整頓財政的近期目標。他主張：中國應裁河工、罷漕運，裁汰政府冗員，清除軍費冒支以節約浮費；杜絕官場腐敗現象，引導人民棄商歸農以革除社會奢侈風氣。王韜的上述主張，雖然還沒超出地主階級改革派的傳統思想窠臼，但他強調中國只有除去這些弊端，興利事業才有可能發達的思想也還是有其正確性的。

利之所在，刑法亦窮。嚴禁之而利散於私，流通之而利籠於官，此在理財者之善識權宜矣。

——湯壽潛《理財百策・硝磺》

釋文

一件事若利益很大，即使立嚴刑，也難禁止人們去追逐利益。嚴禁只會使少數不法之徒得利，而流通又會使官方壟斷利潤。如何去做就要看理財者是否善於權衡。

點評

這是湯壽潛在議論硝磺的生產和買賣時講的一段話。硝磺爲軍火所需，清朝自乾隆起，嚴禁硝磺買賣。但也有官方銷售硝的專賣店。湯壽潛認爲，只要加強管理，硝、磺都可以專賣，這是一個很大的財源。湯壽潛在議論中指出，「嚴禁之」和「流通之」都會有利有弊，兩種政策下的受益人也會有所不同。善理財的人要從增加國家財政收入的角度，因時因事，權衡利弊，選擇較好的方案。這就是說，選擇何種決策，要看主要目標是什麼。

若生財之道，則必地上本無是物，人間本無是財，而今忽有之。

——陳熾《續富國策・自序》

釋文

說到創造財富的方法，那麼一定要是地上本來沒有的東西，人間本來沒有的財物，而現在忽然有了。

點評

陳熾在這裡強調，真正的財富生產，必須是一種創造，不能僅是靠流通或轉移而獲得。也就是說，只有生產領域，才是真正創造財富的地方。這對於我們今天創造財富不無借鑑。我們在開闢財源時，除了要重視商業流通、轉移外，更要注意擴大生產。

若夫力足以殺盡地球含生之類，胥天地鬼神之淪陷於不仁，而卒無一人能少知其非者，則曰儉。

——譚嗣同《譚嗣同全集・仁學》

釋文

而那種其作用足以殺滅地球上的生命，甚至連天地鬼神都被拉入罪孽之中，但卻沒有一個人知道其錯誤的，就叫做「儉」。

點評

譚嗣同的《仁學》，是一部閃耀著資產階級民主思想光芒的著作，書中不少經濟論述是針對封建的觀念而作的。他認爲，「奢」其實是對合理消費觀的認同，「儉」則是自然經濟狀態下產品極爲貧乏的前提下人們壓抑正常需求的消費扭曲。新時代下要樹立合理消費的觀念，管理者可以透過培養這一環境，以期達到產品極大豐富、便利流通、促進營銷的目的，這是近代商品經濟的第一步，也是近代管理者所面臨的和所要創造的外在環境，他們的任務也因而包含了改造、利用這一環境。

君民通財合力併作，將來餘利一體均分，故能有此善舉耳。

——張培仁《論開礦之益》

釋文

君王（政府）與民眾各恃其長，通力合作，將來均分所得利益，這樣就能夠上下一心，辦成大事。

點評

這裡涉及按勞分配和按資分配方法對調動民眾參與經濟建設積極性的問題。張培仁是商辦、民辦實業的提倡者，主張民間集股籌措資金，然後按股分紅，政府只是政策的制定者，透過收稅獲得財政來源。對一些地方機構難以單獨完成的項目，政府出面組織人力、物力或直接出資、出人協助，並按勞、按資獲得利益，這樣，經營者、組織者可以按勞取利，出錢者可以按資取利，人人都能從中得到好處，自然就群情踴躍，攻無不克了。

其保護僅爲除去其發達之障礙者，一旦生產力進至可與外國競爭之程度，即除去其保護，絕不害於國民經濟也。反是者，而以事事干涉爲保護，則縱令干涉得當，其國生產力以之發達，而其人獨立自營之精神，權喪而日少，永久無自立以爲競爭之力。

——朱執信《朱執信集．開明專制》

釋文

國家的保護政策只是爲了除去國家發達的障礙，一旦生產力到了可與外國競爭的程度，就取消國家的保護政策，這不會有害於國民經濟。反之，事事以保護爲名來干涉，即使干涉得當，國家生產力也因此而發達，而國民獨立經營的精神，卻隨著權力的減少而日益減少，永遠不會自立從而增加競爭能力。

點評

朱執信批評當時政府對工商業的干涉和專制，主張在國內工商業受外國競爭影響時，應該進行保護，但一旦國內工商業發達起來，就應該放手讓他們自主經營，平等競爭，而不應繼續加以干涉。當今國內一些產業仍然較爲落後，在一定時期內，國家進行關稅保護或以其他優惠政策加以保護是必要的，但也不可干涉過多，以防使其失去自主經營能力。

要之，使一國之民，皆得食交通機關之益，而不受其害也。國家固非恃鐵道以謀收入之增進，其經營皆以適應社會之需要而已。

——朱執信《朱執信集・以社會主義論鐵道國有及中國鐵道之官辦私辦》

釋文

總之，國營鐵路可以使一國人民都能享受交通機關的利益，而不受交通挾制之害。國家本來不是憑藉鐵路來謀求增加收入，國家經營的目的只不過是爲了適應社會的需要罷了。

點評

朱執信主張鐵路國有，在他看來，國營鐵路之目的，管理、經營的方法，都和私營截然不同，對職工、人民、國家都是有利的。朱執信這個建議在當時不可能實現。在今天的中國大陸，鐵路國有國營的觀點仍應是合理的。

所貴乎儉者，儉將以有所養，儉將以有所生也。使不養不生，則財之蠡賊而已，烏能有富國足民之效乎？

——嚴復《原富・按語》

釋文

節儉的可貴之處，在於節儉能夠有所消費，節儉能夠形成生產資本。假如既不消費又不形成生產資本，那麼財富就變成一種有害無益的東西了。豈能達到使國家強盛、使人民富足的目的？

點評 嚴復的消費管理思想，從消費和積累的關係來作理論考察，並指出兩者的辯證關係，具有一定的科學性。

臣惟古今國勢，必先富而後能強，尤必富在民生，而國本乃可益固。

——李鴻章《李文忠公全書・奏稿，試辦織布局折》

釋文 我想古今國勢，必須先致富而後才能強大，特別要使人民生活富裕，國家政局才可穩固。

點評 自古以來，國家的強大與富裕都是統治者注重講求的事情。但是先富國家還是先富人民，先擴大封建財政還是先發展社會經濟，卻是統治集團中有爭議的事情。以富國必先富民爲其財政目標，是儒家理財治國的傳統訓條，李鴻章沒有也不敢違背這一傳統古訓，但是受時代潮流裹挾，他卻賦予富民目標以新的時代內容——創勵近代新式民用企業。不過作爲統治階級的決策人物，李鴻章不可避免總是考慮統治階級利益，在此他雖是聲言富民，可是究其作爲，他首先考慮的仍是清王朝的封建財政。

今言富強者，一視國家本計，與百姓無與，抑不知西洋之富專在民，不在國家也。

——郭嵩燾《養知書屋遺集・與友人論仿行西法》

釋文

現在一談到富強，都認爲是國家政府的事，與民眾無關，卻不知道西方各國的財富都在民間而不是由國家壟斷。

點評

這裡談到的是中國古代財政管理上歷來存在的兩種看法：一是所謂「富強乃國家本計」，傾向於國家財政的充足，從而導致重稅、濫發錢幣等措施的實行；二是所謂「藏富於民」，則強調民富是國強的基礎，只有百姓富足了，國家的強盛才可能長久。這兩種見解並無真理與謬誤之分。一般而言，戰時實施第一種財政管理辦法更適合形勢需要，而建設時期則應側重後者。

無農則無食，無工則無用，無商則不給，三者缺一，則人莫能生也。

——包世臣《說儲上篇・前序》

釋文

沒有農業人們就沒有飯吃，沒有工業就沒有器用，沒有商業就沒有供給。三者缺一，人們就不能正常地生活。

點評

包世臣在這裡指出了農、工、商三者對於國計民生的重要作用。給我們的啓示是：在經濟管理中，不能只重單一的生產部門。有關國計民生的生產，都要重視其社會作用，統籌規劃。

自強之道，首在理財。

——陳虬《治平通議・變法十三》

釋文 要想自立於富強之林，最重要的是要發展經濟。

點評 「理財」在中國古代即是現代意義的「經濟」。由於受封建小農經濟的約束，中國古代的經濟管理主要側重於農業、鹽政、冶鐵和貨幣。而陳　在此所說的理財，則針對現代工商業。他這一口號的提出，對中國傳統以倫理秩序爲重、主張安貧樂道的思想作了挑戰，與我們當今以經濟建設爲中心，大力發展生產力的國策有異曲同工之妙。

夫治平至於人人皆可奢，則人之性盡；物物皆可貴，則物之性亦盡。

——譚嗣同《譚嗣同全集・仁學》

釋文 管理得盡善盡美，使群眾人人都可富足，那麼人性就圓滿了；使產品、商品都有價值，那麼產品也發揮了最大限度的作用。

點評 管理者要使地盡其利，人盡可奢。最人道的管理，要使群眾最大限度地得到物質的滿足，而不僅僅使少部分人如資本家得到利潤。人道的意義即在於：創造和諧的關係。品質高的「物」，則顯示了物質之進步，這又成爲質量管理的一個要求。

故私天下者尚儉，其財偏以壅，壅故亂；公天下者尚奢，其財均以流，流故平。

——譚嗣同《譚嗣同全集‧仁學》

釋文

所以，以天下為一家之天下的統治者，往往推崇節儉的口號，社會財富集中在少數人手裡，分配不平衡，流程不暢通，則天下大亂；而以天下為公者則提倡走富裕道路的說法，社會財產分配均衡合理，資產流動環節暢通，所以局面安定團結。

點評

管理者當有全局觀念，促進利益在一系統內的合理分配。這句話表明了在當時頗具近代特點的以社會、以全局為重的觀念。協調好各方利益，使共同富裕能得以實現，這是時代轉折點處閃爍社會主義光芒的一些火花，著重的是激勵、促進消費的積極方面，而一反封建時代有限財富制約下的壓抑需求、壓制發展從而造成的爭利惡果。

故理財者慎毋言節流也，開源而已。源日開而日亨，流日節而日困。

——譚嗣同《譚嗣同全集‧仁學》

釋文

經營管理者應理智地認識到：不談減少開支即節流的問題。問題只有一個：如何增加財富，從根本上獲取利潤。開發得越多越富有，越節省支出越貧窮。

點評　管理決策的重點應放在開發新資源、開拓新渠道來獲取效益，而不在斤斤計較地去節約。開源與節流，兩者的關係當相生相息，譚氏的看法亦有偏激處，可視為對舊看法的矯枉過正之說。

尚儉之藏貨於己，人盡知之；其為棄貨於地，人罕察之。舉國之尚儉，則舉國之地利日堙月塞，馴至窮蹙不可終日。

——梁啓超《飲冰室合集：文集》

釋文　崇尚節儉，把錢財積蓄儲藏起來，人人盡知；這實際是把財物棄置於地，這道理卻很少有人知道。一國上下都講求節儉，那麼大家都不思如何增產，潛力未能挖掘出來，人人唯有貧困度日。

點評　貧富觀念在近代發生了革命性的轉變，一反古代節儉為本的教誨，譚、梁等人以有利發展、開拓市場的目的出發，宣揚去儉尚奢的觀念，以形成追逐利益、努力生產的局面，消滅惰性與貧窮。

夫鐵路縮萬里而為咫尺，去壅滯而便指揮。以足民則商賈日通，農利大辟；以立國則調兵立至，挽粟飛來。泰西縱橫，略由於此。豈可阻哉！

——康有為《康有為政論集・請開清江浦鐵路折》

釋文

鐵路能把萬里之遙縮短，能去除交通的阻滯而便於指揮。用作民用則可使商業貿易日益通暢，從而大大有利於農業；用來立國則可迅速調動軍隊，飛快調撥糧食。歐洲各國能到處縱橫，重要的方面就在這裡。怎麼可以阻止鐵路的發展呢？

點評

這是康有爲關於發展鐵路運輸的觀點。鐵路是經濟的命脈，這在現在應是公認的了。但在某些地方，對鐵路（及其他交通設施）建設的重要性，也還存在著各種不正確的認識。由此看來，康有爲此論即使在今天也不無現實意義。

若勸農以土化，考工以機器，講求商學，募與新藝，通達道路，精治畜牧，官天府地，財富可冠五洲。

——康有為《康有為政論集·殿試策》

釋文

如果鼓勵農民從事耕作，研究在工業中使用機器，講求商業經營的學問，招募振興新的技術，開通道路到各地方，精心管理畜牧業，管理好一切自然資源，中國的財富可超過五洲任何一個國家。

點評

中國傳統管理思想是重農抑商的。康有爲根據西方經濟發展的經驗，把使用機器、研究商學、改進技術等與農業並列，實際上強調了前面幾項，確屬是有見解的經濟管理思想。

天下無所謂侈靡也，適其時之所尚，而無匱其地力人力之所生，則是已。

——章太炎《章太炎集・讀《管子》書後》

釋文

天下沒有什麼侈靡不侈靡的，只要適合時代風尚，並且不使地力和勞動力耗費光，就不算是侈靡。

點評

《管子・侈靡篇》提出了一個重要的觀點，即消費是衡量社會生產提高與否的尺度。但這個觀點兩千年來一直不被人們所重視，中國的傳統是崇儉黜侈。章太炎在近代首先觸及到這一觀點，並提出侈靡是一個相對的觀念，適當地提倡消費是有利於刺激經濟發展的。這一觀點符合現代經濟學理論。當今西方國家政府對經濟進行宏觀調控的一個重要的任務就是刺激消費，從而刺激總需求的增長，以最終達到經濟增長的目的。但消費是受生產限制的，刺激消費並不必一定等於提倡超前的高消費。

農政

王事唯農是務，無有求利於其官，以干農功。三時務農而一時講武，故征則有威，守則有財。

——《國語・周語・虢文公諫宣王不籍千畝》

釋文

國家政務以農業爲中心，不許爲求財利而役使農民，妨礙農業生產。春、夏、秋三季從事農業生產，冬天農閒進行軍事訓練，這樣征戰就有武力後盾，而防守也有足夠的糧草。

點評

中國自古是一個農業大國，因此怎樣管理才不至於「有害農時」，是歷代政治家極關切的事。上述文字認爲國家的一切以農業爲中心，農時務農，農閒練兵，這可以說是各得其所的管理方案。

凡五穀者，民之所仰也，君子所以為養也。故民無仰，則君無養；民無食，則不可事。故食不可不務也，地不可不力也，用不可不節也。

——《墨子·七患》

釋文

五穀是人民所仰賴以生活的東西，也是國君用以養活自己和民眾的。如果人民失去仰賴，國君也就沒有供養；人民一旦沒有吃的，就不可使役了。所以糧食不能不加緊生產，田地不能不盡力耕作，財用不可不節約使用。

點評

在〈七患〉篇裡，墨子闡述了給國家造成危害的七種禍患。然後指出國家防止禍患的根本在於發展農業生產和節省財用開支，並對統治者竭盡民力和庫府之財以追求享樂生活的做法提出了嚴正警告。墨子提出的治國戰略具有普遍意義。

夫仁政，必自經界始。經界不正，井地不均，穀祿不平。是故暴君污吏，必慢其經界。經界既正，分田制祿，可坐而定也。

——《孟子·滕文公上》

釋文

要行仁政，首先從劃分地界開始。地界劃分不正，井田制內部就不均衡，由此造成收入糧食財物的不平等。因此暴君貪官，必定不願意正確劃分地界。地界劃分正確了，然後分配田地、制定官吏俸祿等都很容易辦成了。

點評

孟子對農業管理的技術性問題頗有自己的想法，雖然恢復井田制畢竟是空想。從這段話中可見，儒家也有關於經濟核算的某些想法，至少孟子是如此。

卿以下必有圭田，圭田五十畝，餘夫二十五畝。死徙無出鄉。鄉田同井，出入相交，守望相助，疾病相扶持，則百姓親睦。方里而井，井九百畝。其中爲公田。八家皆私百畝，同養公田。公事畢，然後敢治私事。

——《孟子．滕文公上》

釋文

在世祿以外給卿以下每人五十畝、其他人每人二十五畝地耕種。這樣老百姓生死在本鄉，相互幫助，有了疾病也可相互照料，如此百姓和睦無間。至於井田制，則是讓大家先耕完公田後再做私人的農活。

點評

這是孟子理想中的井田制模式。

今更名天下田曰王田，奴婢曰私屬，皆不得買賣。其男口不盈八而田過一井者，分餘田與九族鄰里鄉黨，故無田，今當受者如制度。

——《漢書．王莽傳》

釋文

現在把天下所有田地都改名稱爲「王田」，奴婢則改稱私屬，一律不得私下自由買賣。一戶之中，男子不超過八口而所占有的田地卻多於九百畝，就應該把超過的餘田部分給予自己的九族鄰里鄉黨。原來沒有任何田地的人則應當按制度規定授予田地。

這是王莽實行土地管理改革、宣布新田制的主要內容。它在管理上的一個突出特點是規定土地不能自由買賣。這當然不一定意味著廢除土地私有、實行土地國有或王有，但它對私有權進行了極大的限制，取締了私有權的最根本要求：自由交換。這在其前其後的土地改革辦法中是獨一無二的。此外，它對土地占有限額以及原來無田的人如何獲得土地也作了一個大概的規定。從這裡我們似乎可以發現以後授田制（如均田制）管理辦法的開端。

宜以口數占田，爲立科限。民得耕種，不得買賣，以贍民弱，以防兼併。

——荀悅《前漢紀・論除民田租》

釋文

應該根據家庭人口數目，來規定家庭所占田地規模，使之有一個最高限額。對於所占田地，人們可以自由耕種，但沒有權力買賣，這樣就可以使貧弱的家庭生活富足，防止兼併行爲的出現。

點評

這是荀悅在《前漢紀》中對新土地管理方案的設想。首先他提出對人們的占田應有所限制，這樣便可防止兼併的發生。其次，這種限制可以從兩方面來實施。其一是限制家庭占田規模，它由家庭人口數目決定，而每個人只能占有一定田地。其二，對土地

買賣行爲加以禁止。人們只擁有土地使用權，不能自由買賣土地。這對限制土地兼併有一定作用。

釋文

景帝六年詔郡國，令人得去磽狹，就寬肥。至武帝遂徙關東貧人於隴西、北地、西河、上郡、會稽，凡七十二萬五千口，後加徙猾吏於關內。今宜復遵故事，徙貧人不能自業者於寬地，此亦開草辟土，振人之術也。

——崔寔〈政論〉，見《通典．食貨志》

景帝六年時曾下詔給各郡各國，要那些居住在土地狹小貧瘠之處的人遷移到土地寬廣肥沃的地方去。武帝時就把關東一帶的貧窮人家遷到了隴西、北地、西河、上郡和會稽去，總共達七十二萬五千人之多，後來又把不少犯罪的官吏遷到了關內。現在應仿效這些先例，把那些不能自立產業的窮人遷到土地寬廣的地方去，這也是一個開墾荒地、使人免於困乏的好辦法。

點評

這是東漢崔寔在〈政論〉中爲解決當時因土地兼併而導致貧富不均的問題而提出的辦法。該辦法主張透過遷徙人口到空地較多的地方，來部分地緩解人口與土地分配不均的問題，開墾荒地。這種辦法雖然不能徹底解決問題，但其注意從改變人口分布狀態來使窮人獲得土地、發展生產的人口、土地管理辦法是值得借鑑的。

糶石二十則傷農，九十則病末。農傷則草木不辟，末病則貨不出。故糶高不過八十，下不過三十，農末俱利矣。

——《越絕書·計倪內經》

釋文 出售糧食的價格，每石二十錢，穀賤傷農；每石九十錢，穀貴而商人無利可圖。農民受到損害就無心種莊稼，商人無利可圖就沒有人販賣貨物。所以糧食售價必須控制在最高不超過八十錢，最低不低於三十錢，這樣農民和商人都會得到利益。

點評 計倪是主張以農爲本，以農治國的，但他重農不抑商，主張農商結合，以農促商，以商養農，達到活絡經濟、增加積貯的目的。爲此他提出了不少措施，上面這段話強調了國家對物價調控的必要性，控制的「度」以「農末俱利」爲準。後文還記錄了計倪制定的各類農副產品的等級和價格。這些都反映了計倪的經營思想，也反映了先秦時代物價管理的一些情況。

凡耕之本，在於趨時、和土、務糞澤，早鋤早穫。

——范勝之《范勝之書》

釋文 一切農業經營的關鍵就在於，要抓住節令，不要錯過農時，注意改良土壤，勤於施肥澆水，及時鋤去田間雜草，做好早耕，及時收穫。

點評 范勝之的這段文字指明了農業生產經營管理的幾個重要環節。它標誌著我國古代農業生產管理技術達到了一個較高的水準。

（瓠）破以爲瓢。其中白膚以養豬致肥；其瓣以作燭致明。……穰中有米，熟時一可搗取，炊之不減粢米，又可釀作酒。

——范勝之《范勝之書》

釋文

（瓠瓜）對半破開，作成瓢。其中白瓜皮用來養豬，可以致肥；它的瓜子（瓣）可作火燭，極明亮。……穰種實中雜有米粒。熟後，舂搗出米來，蒸作飯吃，比得上粢米。它還可以用來釀酒。

點評

經濟管理中一個重要方面就是充分利用一切資源，儘量減少浪費，從而降低成本，提高經濟效益。上面這段文字就表明了這樣的管理主張：綜合利用生產出來的產品，同時注意開發產品的多種用途。綜合利用其實也是一種成本效益管理措施。

（瓠）一本三實，一區十二實；一畝得二千八百八十實。十畝，凡得五萬七千六百瓢。瓢直十錢，併直五十七萬六千文。用蠶矢二百石，牛耕工力，直二萬六千文。餘有五十五萬。

——范勝之《范勝之書》

釋文

一條藤蔓上可結三個瓠，一區（范勝之的區田法所規定的一個面積單位）（四條蔓）得到十二個瓠，一畝地可得二千八百八十個瓠。十畝地得到五萬七千六百個瓢（二萬八千八百個瓠破開）。每個瓢可值十文錢，共計五十七萬六千文錢。一共用去二百擔蠶糞，再加上牛耕地用去的人力畜力費用，估計是二萬六千文錢。這樣，淨餘五十五萬文錢。

點評

這段話表明了《范勝之書》在進行經營管理時的一個突出特點，即比較注意經營活動的成本效益核算。在這裡，范勝之詳細地比較了栽種瓠瓜這項經營活動的成本費用和經營收益，並從中得出淨利。這表明范勝之的管理思想達到了一個比較高的水準，在當時的經濟管理思想中較爲突出。不過，對於成本費用的計量不盡全面，尤其是忽略了田間管理費用，所以準確地說，范勝之的成本效益管理仍然只是初步的。

大豆保歲易爲，宜古之所以備凶年也。謹計家口種大豆；率人五畝。此田之本也。

——范勝之《范勝之書》

釋文

大豆可以保證當年就有收成，所以古代用它來備荒。決定播種多少大豆（面積）時應妥善地考慮到每戶家庭的人口數；標準是每人五畝。這就是農業經營耕種的基本。

點評

這段話反映了《范勝之書》很注意經濟活動的計畫安排和管理。它指出大豆作物的栽種數量、面積不能隨意決定，必須考慮到人們對它的需求因素；在平均需求變動不大的情況下，這也就是要求考慮消費人口的因素。值得注意的是，范勝之所指的消費需求並不僅僅指現時的需求，還包括了人們為將來備荒而產生的儲備需求。可見，《范勝之書》所考慮的糧食需求因素是比較全面的，抓住了主要因素。

每畝以黍、椹子各三升合種之。……黍熟獲之。桑生正與黍高平；因以利鐮，摩地刈之，曝令燥。後有風調，放火燒之；常逆風起火。桑至春生，一畝食三箔蠶。

——范勝之《范勝之書》

釋文

每畝混合三升黍子與三升桑種子播種。……等到黍子成熟時便收割。這時桑苗正和黍子一樣高；用鋒利的鐮刀，平地面和黍子一起割下來，並把桑苗曬乾。等以後有風向適合的風時，便逆著風放火，把地面燒一遍。到次年春天，新桑苗又會從根部長出，其葉足夠提供三箔蠶的飼料。

點評

在這裡，范勝之表達了這樣的管理思想：要注意多種經營，充分利用土地資源，做到地盡其利。由於黍和桑在生長期方面的特殊關係，可以把它們同時播種在一塊地上。這樣，在互不影響的前提下，可使有限的土地資源發揮其最大的作用。在《范勝之書》中還有同樣的例子，如瓜、豆混合栽種。這些做法都是透過複種、套種等途徑來提高土地資源的利用率，提高經濟效益。在當時能夠從經濟管理的角度提出這一點是難能可貴的。

陸田者，命懸於天也。人力雖修，苟水旱不時，則一年之功棄矣。水田制之由人。人力苟修，則地利可盡。

——傅玄《傅子》卷三

釋文

旱田的收成得依賴自然條件。雖然辛勤勞作，如果發生水災或乾旱，一年的辛勞就白費。水田則依靠人力，只要投入人力，一定會得到較好的收成。

點評

農田按照灌溉方式的不同，可分為旱田和水田。此段論述天時與人力對這兩種農田的不同制約作用，提醒經營者要充分發揮人的積極作用，才能提高土地的效用，使得地盡其利。

今雖桑井難復，宜更均量，審其徑術，令分藝有準，力業相稱，細民獲生資之利，豪右靡餘地之盈。……又所爭之田，宜限年斷，事久難明，悉屬今主。

——李安世，見《魏書・李孝伯傳附李安世傳》

釋文

現在雖然難以恢復從前的井田制度，但還是應該重新丈量和均分田地，審定地界，使各戶占有的耕地面積有一個標準，以使各家的勞動力與分得的耕地面積相適應，使一

般百姓能夠獲得謀生所需資財的好處，而豪強世家也不能占有過剩的土地。……此外，對於有爭議的土地，應當確定一個年份爲限，對於那些年代久遠產權難以判明的土地，則全部歸屬於現在的主人。

點評

這是北魏李安世在其均田疏中所提出關於均田原則的設想。其中最關鍵的是「力業相稱」的標準，即所占土地要與勞動力相適應，要做到既不浪費勞動力又不使大量土地閒置。這就是所謂地盡其力，人盡其才，它正是產權安排的核心原則。北魏均田制就是在這種指導思想下頒布實行的，而均田制前後實行了幾百年之久。

貧生於不足，不足生於不農，不農則不地著，不地著則離鄉輕家，民如鳥獸，雖有高城深池，嚴法重刑，猶不能禁也。

——班固《漢書・食貨志》

釋文

貧窮產生於食物不充裕，食物不足產生於農業耕種不夠，而農業的荒廢又是因爲農民沒有和土地結合在一起。勞動力一旦不能使用土地，就會離鄉背井，如鳥獸一樣輕而易舉地拋棄家園，雖然有高大的城牆和深水阻擋，有嚴酷的重刑懲罰他們，也無法真正禁止農民的出逃。

點評

使人民安居樂業，這是中國歷代政治家追求的治國良策。反之，如果統治者不注意吸引農民安於土地生產，則必然會導致流民四散，土地荒蕪，造成社會物質財富的貧乏和社會生活的動盪。所以，人們必須努力創造有利於農民生產的環境，使勞動力與土地有最佳配置，使土地得到充分利用，以適當的投入產生最好的效益，以更好地調動農民種田的積極性。

夫地勢，水東流，人必事焉，然後水潦得谷行。禾稼春生，人必加工焉，故五穀遂長。聽其自流，待其自生，大禹之功不立，而后稷之智不用。禹決江疏河，以爲天下興利，不能使水西流，后稷辟土墾草以爲百姓力農，然而不能使禾冬生，豈其人事不至哉，其勢不可也。

——賈思勰《齊民要術・種穀第三》

釋文

淮地勢西高東低，水總是向東流，人必須疏浚，然後水才能循谷而流。莊稼春天生長，但人必須種植管理，然後有五穀豐收。如果一切聽其自然，等莊稼自己生長，那麼大禹就不可能建立功業，后稷的智慧就用不上。禹疏浚江河，爲天下人興利，但不能使水往西流；后稷墾荒種莊稼帶領百姓從事農業，但不能使莊稼在冬天生長。豈是人事沒有盡到，而是情勢不可改變。

點評

這一段話說出了「勢」與「力」之間的辯證關係。一方面需「趁勢」、「待時」，一方面又需努力。既要發揮人的主觀能動性，與天奮鬥，又要遵循客觀規律，不違背天

時地利，這樣才能在農業生產中獲取豐收。農業生產如此，其他各業何嘗不是如此。

凡人家營田，須量己力，寧可少好，不可多惡。

——賈思勰《齊民要術・雜說》

釋文

凡一戶人家種田必須根據自己的實際情況量力而行，寧可少種一些而種得好一些，不可貪多而種不好。

點評

經營土地，須根據人力情況，合理安排，人力不足之時更需量力而行，合理調配資源，管理好農業生產，不可貪多而失。

凡穀成熟有早晚，苗稈有高下，收入有多少，質性有強弱，米味有美惡，粒實有息耗，山澤有異宜。順天時，量地利，則用力少而成功多。任情返道，勞而無獲。

——賈思勰《齊民要術・種穀第三》

釋文

穀類的成熟有早有晚，苗稈有高有低，收成有多有少，稻穀的質地有強有弱，米的味道有美有惡，顆粒有好有壞，山澤地勢有適宜與不適宜。應當根據天時、地利來耕種，則用力較少而成功較多，如果隨意違背自然規律，則將勞而無獲。

點評

掌握自然規律和農作物生長規律，以此來管理農業，是獲得豐收的關鍵，反之則必然勞而無獲或者是多勞少獲。其實不獨農業生產管理如此，天下事皆如此。

服牛乘馬，量其力能，寒溫飲飼適其天性，如不肥充繁息者，未之有也。諺曰：羸牛劣馬寒食下。務在充飽，調適而已。

——賈思勰《齊民要術・養牛馬驢騾第五十六》

釋文

駕馭牛馬需衡量牛馬的力量和能力，冷暖與飲水飼養要適合其天性，如能做到這樣，牲口還養不好，是從來沒有的事。諺語說：病牛劣馬如缺乏糧食，春天到了必然要死。故養牲口務必要讓它們吃飽、調養好。

點評

畜養各類動物要依據動物的習性，按其天性進行管理。這段話反映了我國早在南北朝期間已有系統的畜牧業管理經驗和理論。

師曠《占術》曰：杏多實不蟲者，來年秋禾善。五木者五穀之先，欲知五穀但視五木，擇其木盛者，來年多種之，萬不一失也。

——賈思勰《齊民要術・收種第二》

釋文

師曠的《占術》裡面說：杏樹結果實多且不生蟲子的，用來作種子，來年秋天的禾苗必然長得好。五木是五穀的先例，要知五穀只需看五木。選擇樹苗茂盛有力者，來年多種，那麼豐收就萬無一失了。

點評

好種出好苗，這是一條真理，故善經營者當先明此理，有了好種子然後才談得上培養、管理。

凡事皆須務本。國以人爲本，人以衣食爲本。凡營衣食，以不失時爲本。夫不失時者，在人君簡靜乃可致耳。若兵戈屢動，土木不息，而欲不奪農時，其可得乎？

——李世民，見《貞觀政要・務農》

釋文

凡事都必須致力於根本。國家以人民爲根本，人民以穿衣吃飯爲根本。凡經營衣食，以不失農時爲根本。要不失時，只有帝王不苛煩百姓才能達到。如果戰爭不斷，營建不停，而想不占用農事的時間，怎麼可能做得到？

點評

這是唐太宗在貞觀二年對侍臣所說的一段話。貞觀初年，唐朝的統治剛剛安定下來，被戰爭破壞的社會經濟尚未完全恢復，這段話中不奪農時、讓百姓休養生息的思想是適應這一時代要求的。

夫農人，國之本也。三時力耕，隙而講武，以之足食，以之足兵。或致之於庠序，司禮義，爲賢才，是夫民之良者也。

——李覯《李覯集・平土書》

釋文

農民是國家的根本，一年中農忙時耕田，有了餘暇時間練習武藝。依靠農民收取糧食，添加兵源。他們之中有的人進了學校學習國家的禮令法制、學習文化，成爲賢才，這是老百姓中的優秀分子。

點評

「農業爲本」這是中國傳統思想之精華，但能從教育農民角度看問題，這是李覯了不起的地方。農民素質提高了，國家才有希望，這是一切治國者應當重視的問題。

今將救之，則莫如先行抑末之術，以驅游民。游民既歸矣，然後限人占田，各有頃數，不得過制。游民既歸而兼併不行，則土價必賤；土價賤則田易得；田易得而無逐末之路、冗食之幸，則一心於農；一心於農則地力可盡矣。

——李覯《李覯集・富國策第二》

釋文

現在如要想辦法糾正時弊，則不如先實行抑制商人的辦法，以驅趕游民歸田。游民回到農業生產線上，然後限制每人占田數量，規定各人應得畝頃數量，不允許超過。游民回到田地上去，兼併之法就行不通，土地的價格就便宜；土地價格便宜則田地易得；土地易得則斷了從商之路，消除了冗食之僥倖心理，那麼游民就能夠一心從事農業，一心從事農業則地力可以充分挖掘出來。

點評

游民是商品經濟發展帶來的結果，亦由農民失去土地所致。故治標須先治本，抑商使之無利可圖，然後能逼其歸田，農民一心於田，「地力可盡」，一則爲經濟發展奠定基礎，二則可穩定人心，故管理游民之事關係國家之政局。顯然，這反映了農業社會的治國思想。

今莫若以農末之民，各分戶等，每於秋成，以次入粟，謂之「寄留」。至凶年，則下戶乏食者，準數給還，其上戶則轉以給窮民。書其轉給之數，積以歲年，數登若干者，拜以爵級，以寵異之。

——李覯《李覯集・富國策第七》

釋文

現在看來，不如將從事農業生產的百姓，分成各個級別。每當秋收時，按順序交納穀米，稱之爲「寄留」。到了荒年，窮人缺糧的，將糧食按原數還給他們，那些糧食生產多餘的富戶，則把他們的餘糧賣給窮戶。將他們轉賣給窮戶的糧食數記錄下來，積累幾年，多次轉賣者，給他們賜以官爵，以表示褒獎。

點評

這是繼承「常平倉」而又有所發展的一種辦法，源於賈誼、晁錯。這個辦法對國家糧食生產管理極有好處，既可省卻不少人力、物力，又可抑制富商大賈趁機囤積居奇牟取暴利。將糧食分配權、儲藏權集於國家手中，是保持國家政權穩定的必要條件。

欲使人無廢業，田無曠耕，人力田疇，二者適足。

——陸贄《陸宣公集・論兼併之家私斂重於公稅》

釋文 要想使人們不廢棄他們謀生的事業，田地不荒蕪，就必須使人力和田地相適應。

點評 《論兼併之家私斂重於公稅》是陸贄向德宗上〈均節賦稅恤百姓〉奏疏的第六條，其中提出了「限田減租」的主張。這段話的意思是說，人力資源應與一定量的生產資料相匹配，一定量的生產資源（如土地）應配備一定數量的勞動力。只有兩者的配置關係合理了，社會生產才能得以發展。

今之人捨本業趨末作者，非惡本而愛末，蓋去無利而就有利也。夫人之蚩蚩趨利者甚矣。苟利之所在，雖水火蹈焉，雖白刃冒焉。故農桑苟有利也，雖日禁之，亦人歸矣，而況于勸之乎。游惰苟無利也，雖日勸之，亦不爲矣，而況于禁之乎。

——白居易《白香山集・策林二》

釋文 現在的人捨棄農業而從事工商業，根源不是厭惡農業而樂於從事工商業，而是農業無利可圖而工商業可獲重利。趨利者到處都有。有利可圖的事情，即使風險很大，人們也會競相去做。因此假如農桑業可獲利，即便國家明令禁止，人們也會去做，更何況現在國家還鼓勵人們經營呢！同樣，如果不務正業不得利，即便國家鼓勵，人們也不會從事，何況現在國家是禁止的。

點評

這段話強調物質利益原則，認爲人民是關心自己的經濟利益的，如果無利可圖，就不會有發展經濟的可能性。這是正確的。經濟利益是人們求利活動的動力源泉，問題的關鍵不是要不要從事求利活動，而是以怎樣的原則來從事這種活動。我們強調在經濟管理中得注重物質利益，同時又要用社會道德來進行調節，即義利結合。

要之，數世富者之子孫或不能保其地，以復於貧，而彼嘗已過吾限者散而入於他人矣；或子孫出而分之以爲幾矣。……端坐於朝庭，下令於天下，不驚民，不動眾，不用井田之制而獲井田之利。

——蘇洵《嘉祐集·田制》

釋文

總之，那些已經富裕了幾代（積占了大量土地）的家庭，他們的後代有的不能保全其田產，重新回到貧困狀態，這樣一來他們所占土地曾超過我所主張的限額的那一部分就被其他一些人所分有了；或者因爲後代分家而把原來的大片田產劃成好幾份了。……於是皇帝只需在朝廷上發布號令，用不著驚民動眾。這樣做雖然沒有採用井田制的形式卻取得了井田制的好處。

點評

這是蘇洵提出其土地管理方案的依據。他認爲只要嚴格控制未來占田的限額，那麼透過家業衰敗或分家析產就可以使原來已經過限的情況消失，最後趨於均平，窮人有田可耕。可見蘇洵的限田管理主張並不強制他人把過限的部分交公或賣掉，而是想透過自然而然的辦法獲得解決。這樣雖然可以減少實施中的阻力，但終究無法繞過所有權問題，所以也無法實現。當然，從分家析產或家業衰敗的現象中發現土地所有權的轉讓或分割的可能性，這種努力值得借鑑。

吾欲少爲限之，而不禁其田已過吾限者，但使後之人不敢多占田以過吾限耳。……如此則富民所占者少而餘地多，餘地多則貧民易取之爲業，不爲人所役屬。各食其地之全利，利不分於人而樂於官。

——蘇洵《嘉祐集・田制》

釋文

我想稍微加以限制，其意並不禁止那些現在占田之數已超過了我所主張的這個限額的人，而是使以後的人們占田不能超過這個限額。……這樣一來，富民所占的田地便會減少，餘地隨之增多。餘地多了，貧民就容易自己獲得田地從事生產，而不必被他人所驅使。於是，每個人都能獲得自己田地上所生產的全部收成，這種收成不必與他人共享，人們也就願意向國家交納田賦。

點評

這是北宋蘇洵關於土地管理思想的核心內容。其實質在於只限將來，不限過去，認爲只要限制了將來，即使原來過限之人的田地也終究會減少，從而達到人人有田可耕的目標。這種主張顯然比原來的各種土地管理思想更有可行性。這表明，這時人們對土地管理制度的各種改革設想越來越建立在承認現實的基礎上。

天下一家，飢荒亦有路兮。今鄰郡以吾境內豐稔而來告糴，義所當恤。此宜物色上流豐熟去處，勸誘大姓；或本州發錢差人轉糴。循環糴販，非惟可活吾境內之民，又且可活鄰郡鄰路之飢民。

——董煟《救荒活民書・禁遏糴》

釋文

天下各處都是一家人，而各地也總有發生饑荒的可能。現在，其他發生饑荒的州郡看到我這個郡糧食豐收而前來販運救荒，這是我們義不容辭的責任。我們應該勸告境內那些收穫糧食很多的大戶人家賣一部分給鄰郡；或者由政府拿錢到他處購買回來再轉賣給鄰郡。這樣相互輾轉買賣，不但可以養活自己境內的人們，而且還可以養活其他發生了災荒的郡、路。

點評

在這段文字裡，董煟認爲，發生饑荒時全國各地應當相互支援，不要禁止其他州郡到自己境內販運糧食以救濟災民。這樣，自己境內發生饑荒時也就可以求助於周圍州郡。如果彼此之間能做到互幫互助，災情就會大大減輕，及時得到救濟。

古人賑給多在季春之月，蓋蠶麥米登，正宜行惠，非特饑荒之時方行賑濟而已。

——董煟《救荒活民書》

釋文

古時候政府發放救濟的時間大多在春季的最後一個月，因爲這時春蠶還沒有結繭，麥子也還沒有成熟，恰是青黃不接的時候，人們最需要接濟。可見，政府救濟並不只是在饑荒發生之後才開始救濟。

點評

這段話反映了董煟對於救荒管理中有關賑濟時宜的主張。他認爲，賑濟不僅僅在饑荒發生之後才實行，在青黃不接的春末夏初也可以進行，因爲這時沒有任何收穫，實際上也是一種饑荒狀態。董煟的這個救荒主張其實是要求人們做好預防工作，以免發生饑饉。如果人們在春末夏初因青黃不接而影響了農業生產，就會導致糧食的歉收，因而需要政府大規模地救濟。與其這樣，不如預先在青黃不接時周濟一下，以免發生更大的饑荒。在救荒工作中做好預防工作是相當重要的。

今行抄札之時，自五家爲甲，遞相保委，同其罪罰，曰某人爲浮手，某人爲工，某人爲商，某人爲農。而官之賑給以農爲先，浮食者次之。此誘民務本之一術也。

——董煟《救荒活民書・恤農》

釋文

現在規定，政府在登造賑濟名冊時，村里居民以五家爲一甲，彼此向政府證明對方的實際情況：某人遊手好閒不務正業，某人從事手工業，某人從事商業，某人則從事農業。若有不實之處，一律處以同樣的懲罰。政府在發放賑濟時要首先保證從事農業的人，然後才是其他人。這也是勸使人們從事農業的一種方法。

點評

董煟認爲發生饑荒時最需要得到賑濟的是從事農業的農民。而事實上，這些人往往得不到，那些不從事任何職業或從事工商業的人卻可以獲得。這就降低或失去了賑濟的意義。因此，董煟主張首先要賑濟從事農業的人。爲了保證賑濟對象符合這一條件，他建議每五家相互證明，若有虛假則課以同罪，一併處罰。賑濟以農爲先有很大的針對性，可以提高賑濟的作用，促進農業生產。但「遞相保委」的辦法並不能真正保證賑濟對象符合其規定的條件。

聚錢布金銀於上者，其民貧，其國危；聚五穀於上者，其民死，其國速亡。

——王夫之《讀通鑑論》卷十九

釋文

把財富聚斂在自己手裡的統治者，他的老百姓便會貧困，他的國家就會走向危險；把五穀聚斂在自己手裡的統治者，他的老百姓就會餓死，他的國家就會很快滅亡。

點評

民爲本，社稷次之，民富則國強。王夫之並非一概反對國家積蓄，而是認爲僅僅依靠國家去儲備錢糧是不夠的，而是要讓老百姓富起來，自己解救自己。從這一點看，他反對國家聚斂財富與糧食的思想還是有一些道理的。

人之有強羸之不齊，勤惰之不等，愿詐之不一，天定之矣。雖聖人在上亦惡能取而壹之乎。……今使通力合作，則惰者得以因人而成事。計畝均收，則奸者得以欺冒而多取。……要之，人自治其田而自收之，此自有粒食以來，上通千古，下通萬年，必不容以私意矯拂之者。

——王夫之《四書稗疏・論語下篇・徹條》

釋文

人的強壯羸弱是不一樣的，勤快懶惰也是不等的，性情老實與奸詐也是不一的，這一切都是天生的。即使聖人在上也豈能使之一律？……現在如果實施「通力合作」，那麼懶惰的人也可以靠別人來完成自己的事；如果「計畝均收」，那麼奸詐之徒能夠趁機欺冒而多取。……總之，自己種田而自己收，這是從有糧食以來，上通千古，下通萬年，絕不是個人私意改變得了的。

點評

勞動者的勞動須與自己的切身利益相關，如此才能調動積極性，偷懶均貧，假生產或者兼併土地欺詐農民同樣是行不通的。古今中外這樣的事例很多。

古先王之治地也，無棄地而亦不盡地。田間之塗九軌，有餘道矣；遺山川之分，秋水多得有所休息，有餘水矣。是以功易立而難壞，年計不足而世計有餘。

——顧炎武《日知錄・治地》

釋文

古代先輩君主管理土地，沒有遺棄的土地，但也不把土地全部種滿莊稼。田間設九條軌跡，有空餘的道路；留出山川的界分，秋天水多時可以有所儲存，有多餘的水。所以功業能夠建成而難毀壞，一年的收入可能不足而多年合計則能有餘。

點評

這裡的土地管理思想是很深刻的，頗有點辯證法。用地而不能用盡地，要留出道路、水道等，這似乎是常識。但發展爲一般方法：用與不用相結合，用而留有餘地，卻有其特殊的價值。用人、用財都不可用盡，或要間歇而用，這是很高級的學問，但都可由此得到啓發。

大興水利，必先費於今，而後可收效於長久也。

——慕天顏《水利足民裕》

釋文

大力興修水利，肯定要消耗掉目前的大量錢財，卻能收得長久的利益。

點評

這是清初江蘇巡撫慕天顏呈康熙皇帝的奏疏中的一句話。水利是農業的根本，但興修水利需要耗去大量人力、物力，在國家尚不富裕的情況下，爲了能保證今後農業豐收，就必須對水利事業進行投資。

昔之農患惰，今之農患拙。惰則人有遺力，所遺者一二；拙則地有遺利，所遺者七八。

——張之洞《勸學篇·外篇·農工商學第九》

釋文 古時農人忌懶惰，如今農人忌愚笨。懶惰的話，工作者還有潛力可挖，損失較小；愚笨的話，土地資源開發不出來，損失極大。

點評 這段話是就農業發展而言的，但亦可視為對經營策略的認識。運用智慧，挖掘生產潛力，最終為實現利益的創造、資源的優化配置而服務。多出點子，以知識創造財富，把經營重點放在科技及經驗的有效運用上，勝過出大力、流大汗式的苦幹。

整理之道，宜令郡縣有司勸民栽植桑茶。蓋種桑必在高亢之地，而種茶恒在山谷之中，非若罌粟之有妨稼穡，是在相其土宜，善為倡導而已。

——薛福成《庸庵全集十種·籌洋芻議·商政》

釋文 農事改革的途徑，應當讓地、縣政府說服人民栽種茶桑。因為種桑必須在高坡之上，而種茶必須在低谷之中，不像罌粟那樣侵占莊稼，不過對此要因地制宜，積極倡導。

點評 改革是社會事物發展的有力槓桿，而說服動員群眾又是實現目標管理的重要保證。鴉片戰爭後，針對鴉片繼續輸入，絲茶不斷輸出，中外貿易由出超變為入超的現實，薛福成提出了絕罌粟、植茶桑的農事改革目標，並主張耐心動員，輔以利益誘導，以調動農民參與目標管理的積極性。

我國似宜派户部侍郎一員，綜理農事，參仿西學，以復古初，委員赴泰西各國講求樹藝、農桑、養蠶、牧畜、機器、耕種、化瘠為肥一切善法，泐為專書，必簡必賅，使人易曉。

——鄭觀應《盛世危言・農功》

釋文

我國應該指定一名財政部副部長綜合管理農業經濟，參考學習西方農業技術，以恢復古代重視農業的傳統，派人赴西方各國學習並研究有關園藝、農桑、養蠶、畜牧、農業機械、耕作技術、改良土壤的優良方法，寫成專著，力求簡明扼要，通俗易懂。

點評

提高農業生產水準，加強農業科學管理就必須對外開放。不僅要廣泛學習各國的生產經驗與技術，而且還要在實踐中深入研究各項專門技藝，並將成果與經驗廣泛推廣。鄭觀應的上述主張，反映的就是這種虛心學習、以提高農業生產管理水準的思想。

籌一農家，家不十步，古今帝王，爲天下大綱細目備矣！木無二本，川無二源，貴賤無二人，人無二治，治無二法，請使農之有一田一宅，如天子之有萬國天下。

——龔自珍《龔自珍全集・農宗》

釋文

建立一個農家，儘管房舍方圓不滿十步，但古今帝王治國的大綱細目都齊備了。一棵樹不能有兩個根，一條河不能有兩個源，掌握使人貴賤的權力只有一人，一國之人不能受二主統治，治國方法不能同時用二套法制。因此，以農爲宗，使人們擁有一田一宅，這個道理與帝王擁有萬國天下是一樣的。

點評

這是龔自珍提出的經濟改革方案，其目的在反對官僚地主的兼併，帶有復古意味，雖在現實中不可能實現，但卻包含著責與利統一的意味。

凡有國家者，立國之本不在兵，立國之本不在商也，在乎手工與農，而農爲尤要。蓋農不生則工無所作，工不作則商無所鬻。相因之勢，理所固然。

——張謇《張季子九錄・實業錄・請興農會奏》

釋文

任何一個國家，立國的根本不在於軍隊，立國的根本不在於商業，在於手工業與農業，而農業尤其重要。因爲如果農業不生產，那麼工業就會失去原料；工業不能生產，那

麼商業就沒有用來交換的產品。這種相輔相成的關係，是固定不變的。

點評

這裡，張謇主要是強調農業是國民經濟的基礎，一個國家的立國之本在於農業之發達。如果農業不發達或非常落後，其他產業便失去了發展的後勁，最終也會落後。這個宏觀管理思想，對中國這個人口眾多的國家，顯得尤爲重要。在當今經濟快速發展階段，千萬不可忽視農業的重要作用，它直接關係著人民的溫飽問題。

今以此新港言，假其仍循向來之覆轍，以土地委之私人之手，則今日之發起諸人，買地占田，擾攘不定，已足傾覆此計畫有餘。

——朱執信《朱執信集・直隸灣築港之計畫》

釋文

現在就拿新港來講，假如重蹈過去的覆轍，把土地委託給私人，那麼現在那些發起人，買地占田，驚亂不定，這已足夠傾覆這個計畫了。

點評

在這裡，朱執信批評封建的土地私有制嚴重阻礙了實業的振興。當然，朱執信所主張的土地國有無非是爲民族資本主義的發展掃清道路，並不是爲了滿足農民對土地的要求。但是，土地國有的主張卻爲我們制定土地管理政策提供了一個指導原則。

現在的多數生產，都是歸於地主，農民不過得回四成，農民在一年之中，辛辛苦苦所收穫的糧食，結果還是要多數歸到地主，所以許多農民便不高興去耕田，許多田地便漸成荒蕪不能生產了。

——孫中山《孫中山全集．民主主義》

點評

孫中山先生在《民主主義》中的這段論述，明確地指出了封建的生產關係對農業生產力發展的嚴重阻礙作用，並且指出，只有解決土地問題，才能解放生產力。這裡，從經濟含義上分析，實際上是經濟利益在經濟行爲人之間分配協調的關係問題。如果這種關係失去了協調性，經濟行爲人一方便會失去創益的積極性。

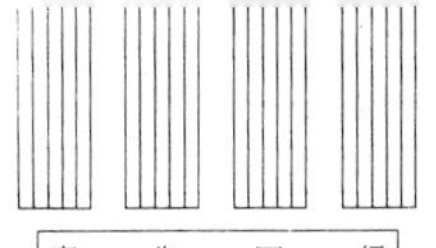

廣　告　回　信
臺灣北區郵政管理局登記證 北台字第 8719 號
免　貼　郵　票

106-□□

台北市新生南路3段88號5F之6

揚智文化事業股份有限公司　收

（請用阿拉伯數字書寫郵遞區號）

地址：　　市　縣　　鄉鎮　市區　　路（街）　　段　　巷　　弄　　號　　樓

姓名：

電話：（　）　　　　FAX：

□□□-□□

□揚智文化事業股份有限公司 □生智文化事業有限公司

謝謝您購買這本書。

爲加強對讀者的服務，請您詳細填寫本卡各欄資料，投入郵筒寄回給我們(免貼郵票)。

E-Mail:tn605547@ms6.tisnet.net.tw

網 址:http://www.ycrc.com.tw

您購買的書名：______________________

購買書店：__________市縣__________書店

性　　別: □男　　□女

婚　　姻: □已婚　　□未婚

生　　日:____年____月____日

職　　業: □①製造業 □②銷售業 □③金融業 □④資訊業

□⑤學生 □⑥大眾傳播 □⑦自由業 □⑧服務業

□⑨軍警 □⑩公 □⑪教 □⑫其他______

教育程度: □①高中以下(含高中) □②大專□③研究所

職 位 別: □①負責人 □②高階主管 □③中級主管

□④一般職員 □⑤專業人員

您通常以何種方式購書?

□①逛書店 □②劃撥郵購 □③電話訂購 □④傳真訂購

□⑤團體訂購 □⑥其他

對我們的建議

工商管理

日中爲市，致天下之民，聚天下之貨，交易而退，各得其所。

——《周易・繫辭下》

釋文

組織一個集市，招來各方的老百姓，匯聚各地的物產，交換買賣後各歸其地，各人都得到了自己想要的東西。

點評

這裡所說的是集市的組織、實質及功用。管理其實也可以比作是組織一個集市，匯聚各方面的人力、財力，進行調配、交換，最終使各人都能達到自己的目的，各方面的目標都能實現。這裡所闡述的實際上也是管理的實質。

凡天下群百工，輪車鞼⑱匏，陶冶梓匠，使各從事其所能，曰：凡足以奉給民用，則止。

——《墨子‧節用中》

釋文 凡是天下百工，如造輪車的、製皮革的、燒陶器的、鑄金屬的、當木匠的，使各人都從事自己所擅長的技藝，只要足以供給民用就行。

點評 節用是墨家學說的一個重要內容。墨子認爲這是古代聖人的治國原則，凡宮室、衣服、飲食、舟車等以夠用爲原則，絕不鋪張浪費，耗費民財。這對當時統治者的窮奢極欲的作風，無疑是一種批判。節用的原則，不但有政治意義，也有經濟價值。

百工忠信而不楛，則器用巧便而財不匱矣。

——《荀子‧王霸》

釋文 爲社會生產工具和生活用品的工匠敬業而專一，他們生產的器具就可以保質保量，財源不竭。

點評 分工的原則是近代以來工業生產所廣泛運用的原則。而分工的優點已廣爲人知：提高效率、增進技藝、發明工具、穩定生產。遠在二千多年前的荀子已意識到，欲使「百工」爲社會提供優質充足的財貨，保持他們的忠誠、信服和專一是必須的條件。這是管理者永恒的課題之一。

夫糴，二十病農，九十病末。末病則財不出，農病則草不辟矣。上不過八十，下不減三十，則農末俱利。平糴齊物，關市不乏，治國之道也。

——《史記・貨殖列傳》

釋文

糧食價格如低到每石（約一百五十市斤）二十，就不利於農業發展，如高到九十則不利於商業發展。於商不利影響流通，於農不利影響生產。如果糧價高不出八十而低不過三十，對農商均有利。調整物價維持穩定，使市場的貨物充足，讓國家稅務部門也有很好的收入，這才是管理國家有方的表現。

點評

合理的農產品價格，才能使農商俱利。商品價格的相對穩定有利於管理經濟。

此其章章尤異者也，皆非有爵邑奉祿弄法犯奸而富，盡椎埋去就，與時俯仰，獲其贏利。以末致財，用本守之，以武一切，用文持之，變化有概，故足術也。

——《史記・貨殖列傳》

釋文

以上所說都是最著名最有本事的，他們都不是靠爵位俸祿，也不是靠爲非作歹、盜掘墳墓而發財，他們都是靠觀望時機來獲利，而一旦經商發財後，又能轉向農業。他們就像是用武力奪取天下而以道德管理國家的人一樣，變化有方，值得稱道。

點評

司馬遷是重農的，但並非輕商，他主張利用商業的聚財作用，有了資本後再轉向農業，保證把農業這一基礎放在首位。

夫商賈者，所以伸盈虛而獲天地之利，通有無而壹四海之財，其人可賤，而其業不可廢。

——傅玄《傅子・檢商賈》

釋文

商人就是靠瞭解各地貨物的餘缺而獲得收入的。他們使全國各地的貨物互通有無，從而平衡了各地之間的物資。雖然商人的社會地位卑微，但商業卻是不可缺少的行業。

點評

傅玄的這段話，正確地說明了商業在社會經濟發展中的重要作用。除了認為商業工作者的地位是卑微的之外，其基本觀點與我們今天對商業流通的看法大致相近。

夫理財之道，去僞爲先，民之詐僞，蓋其常心，矧茲市井，飾行儥慝，何所不至哉！

——李覯《李覯集・國用第十二》

釋文

理財之道，首先要禁止僞劣產品出現。老百姓想透過僞劣產品牟利，也是常有的事，況且那些市井中的小商販，弄虛作假，強賣假商品，哪一樣事不會做？

點評

這一節話是強調市場的管理。僞劣產品可牟取暴利是商人的不傳之秘，所以要保護消費者，真正教人理財之道，應該堵住僞劣產品的通道，尤其要管好市井中那些小商販。知古而鑑今，豈可不慎思乎？

今日之宜，莫如通商，商通則公利不減而鹽無滯也。

——李覯《李覯集・富國策第九》

釋文

現在應該做的，不如讓商販們自由通商。通商以後，國家的稅利不會減少，而鹽的銷售也不會受阻。

點評

取消鹽業專賣，看似國家減少收入，其實是調動了商販的積極性，國家可以從中收取稅利，同時也方便了消費者。這是一種經濟改革措施，目的是改善商業管理，活絡經濟，也是用「市場機制」來調節商業活動的一種嘗試，值得後來人深思。

今日之宜，亦莫如一切通商。官勿買賣，聽其自爲，而藉茶山之租，科商人之稅。以此校彼，殊途一致。且商人自市，則所擇必精；所擇精，則價之必售；價之售，則商人眾；商人眾，則入稅多矣。

——李覯《李覯集・富國策第十》

釋文

當今應該做的，不如任其自由通商，官府不要參與買賣，聽任商販自己販賣，但可借茶山收租錢，同時又可收茶商的稅利。用這個辦法與茶葉專賣相比較，辦法不一樣，目的是相同的。況且商人們自己經營茶葉，選擇的茶葉必定是好的；選擇好茶葉，則必定賣得出；茶葉賣得出，則茶商們就會多起來；茶商一多，則國家的稅收就多了。

統治太死、管得太嚴是「計畫經濟」的一大弊端，這一點古今是一樣的。給商販們鬆綁不但有利於活絡商業，而且有利於提高商品質量。由宋代取消榷茶與堅持榷茶兩條路線之爭，也可見商品經濟需要在宏觀上制訂正確的政策。

制商賈者惡其盛，盛者人去本者眾；又惡其衰，衰則貨不通。故制法以權之。

——王安石《王文公文集・答韓求仁書》

釋文

控制商賈要注意的是：擔心商賈勢力太盛（賺錢太容易），商賈太發達了，棄農經商的人就會增多；同時又擔心商賈太衰落，商賈衰落了，則貨物不流通。因此要制定法律加以控制調節。

點評

商業利潤來得太容易，世人趨之若鶩，則必破壞生產之本，本不固末何以長？商業衰落了，則又影響流通，又從反面影響生產。故取一妥善之法，既要發展商業，又不影響農工業，實爲一大難題，需要認真對待。

今天下之民不齊久矣。開闔、斂散、輕重之權不一出於上，而富人大賈分而有之，不知其幾千百年矣。而遽奪之，可乎？

——葉適《水心別集・財計上》

釋文 如今天下老百姓不安定已經很久了。集市貿易、聚散財富、發行貨幣等各種權力不是統一集中在國家手裡，富人大商賈分而有之，不知多少年了。如果突然之間剝奪了他們的這種權力，行嗎？

點評 葉適反對王安石設立市易司以奪取商賈盈利的做法，認為使百姓不安定原因是多種多樣的，不能僅歸於商人。葉適反對國家壟斷，欲使商人放手經營，這在當時歷史條件下有一定的積極意義。

其百工在官者，亦當擇人而監之。以功致為上，華靡為下。物勒工名，謹考其良苦而誅賞之。取其用，不取其數，則器用無不精矣。

——司馬光《溫國文正司馬公文集・論財利疏》

釋文 各類工匠中歸屬國家管理的，也應當選擇人加以監管。工藝中有實用價值的評為上等，花俏奢侈而不實用的評為下等。製造的產品刻上工匠的姓名，考察其製作的優劣來加以賞罰。產品考察只取它的適用和耐用，不取數量多少，這樣，產品質量就沒有不精良的了。

點評 這是我國古代少量關於工藝管理和質量管理的論述之一。顯然，其管理方法還是比較簡單原始的，而且有些不計工本的味道。儘管如此，這段話中卻提到了強調質量和建立有關責任制的問題，雖然主要是襲用《周禮・考工記》中的有關觀點，卻也有可觀之處。

人群分而物異產，來往貿遷，以成宇宙。若各居而老死，何借有群類哉！

——宋應星《天工開物・舟車》

釋文

人類分爲眾多的群體，物產因地而異，只有來來往往，互通有無，才構成宇宙秩序。如果人們各自老死不相往來，那麼人群和物類怎麼存在下去呢？

點評

宋應星這句話肯定了商品經濟在人們生活中的地位，只有商品經濟的社會才是一個生機勃勃的世界，否則，人類社會將是一潭死水。

商有利亦有害。懋遷有無以流通天下，此利也。爲商之人，必多巧枉，聚商之處，俗必淫靡，此害也。

——李塨《平書訂・財用下》

釋文

商業活動有利也有害，透過貿易使商品流通天下，這是利。但經商者往往精明奸詐，經商者聚集的地方，風氣一定淫蕩浪費，這是害。

點評

商業的發展會帶來一些消極影響。最明顯的就是衝擊原有的價值體系，造成社會風氣敗壞，社會問題叢生。因此，需要一整套的制約體系，利用法律、道德諸手段，保證商業活動的健康發展。

宜假錢別置常平市易司，擇通財之官以任其責，求良賈爲之轉易，審知市場之貴賤，賤則稍增價，貴則稍損價，出入不失其平，因得取餘息以給公上，則市物不至騰踊，而開闔斂散之權不移於富民。商旅以通，黎民以遂，國用以足矣。

——魏繼宗《續資治通鑑長編》卷二三一

釋文

應當貸款另設「常平市易司」的機構，選擇懂得商業管理的官員負責，尋求善於經營的商人轉手交易。觀察市場上物價的高低，物價太低就適當提價買入，物價太高就適當降低賣出，買進賣出都不過分偏離市場的平均價。這樣就能取經營中的利息交給國家，市場的物價不至於漲跌過分厲害，控制市場交易的權力不至於落到壟斷大戶的手中。商業活動可正常進行，老百姓的生活品質可以得到滿足，而國家也可獲得充足的財政收入。

點評

這段言論是宋代王安石推行「市易法」的主要根據。其實質是政府透過經濟手段參與市場活動，並以此來進行市場物價管理，平抑物價，調節供求。「市易法」的有關規定還要求政府機構不能以行政權力強迫商人與市易司的代理人做交易。宋代商業行會組織已相當發達。此法既可以以商制商，又可以防止富商對行會的操縱和對價格的壟斷，不失爲當時物價管理的一項有效措施。此法施行近十四年，是王安石新法中生存期較長的。

必物與幣兩相當值，而無輕重懸絶之偏。……臣願國家定市價，恒以米穀爲本。……使上之人知錢穀之數，用是而驗民食之足否，以爲通融轉移之法。務必使錢常不至於多餘，穀常不至於不給。

——丘濬《大學衍義補・制國用・銅楮之幣上》

釋文

商品與貨幣的所值必須相當，不應該彼此相差太大。……我希望國家在規定市場價格時必須以米穀爲基礎。……要透過各種辦法使各級官員知道貨幣和穀物的數量多少，並以此爲依據檢驗百姓糧食夠不夠，來調節商品貨幣的流通。務必不要使貨幣發行過多，也不要讓糧食供應不足。

點評

這段文字反映了丘濬在「價格」尤其是糧價管理方面的主張。丘濬已認識到商品價格的大小取決於兩個條件：商品本身的供應量和流通中貨幣的數量。貨幣發行過多會導

致通貨貶值，此時若控制物價不上漲，勢必等於降低了實際物價，即物重錢輕。另一方面，商品本身供應量（在需求量不變時）的大小也會影響其價格，供不應求則使價格上漲。總之，錢的數量過多、商品供應不足都會引起物價上漲。由於穀米的重要性，穀價上漲勢必使很多人受到其不良影響，所以丘濬尤其強調穀價的管理。他要求政府主管人員必須時刻注意其變化，知曉貨幣和穀物的供應變化情況，做到貨幣發行，不要太濫，穀物供應不至於短缺，以此保持物價的穩定。這是一個相當卓越的價格管理思想。

食貨者，生民的本也。民之於食貨，有此則無彼。蓋以其所居異處，而所食所用者不能以皆有。故當日中之時，致其人於一處，致其貨於一所。……人各持其所有於市之中，而相交相易焉。以其所有，易其所無，各求得其所欲而後退，則人無不足之用。民用既足，則國內有餘矣。

——丘濬《大學衍義補・制國用・市糴之令》

釋文

糧食和貨物，是人們賴以維持生存的基本手段。人們在擁有糧食或貨物方面，一般來說，擁有這個便缺少那個。大概是因爲人們居處於不同的地域，每個人也就無法同時生產糧食和各種物品。所以到了正午時分，國家（或政府）便把各自擁有不同東西的人聚攏在市場。……人們在市場上以自己帶來的東西換取自己所需要的東西，彼此相互交易。在市場上既然能夠以其所有易其所無，並獲得自己所需要的東西，人們就不會用度不足。用度不缺，國家財富也就會增加。

點評

丘濬在這裡肯定了市場、商品交換的合理性。市場存在的原因是：由於人們所處的環境不一樣，他們無法同時生產或擁有自己所需的一切物品，因此必須要有交易，才能滿足各自的需要。若是沒有市場和商品交換，人們所需要的用度就會出現匱乏。

有欲經販者，俾其先期赴舶司告知，行下所司審勘。果無違礙，許其自陳自造舶舟若干料數，收販貨物若干種數，經行某處等國，於何年何月回還，並不敢私帶違禁物件，及回之日，不致透漏。待其回帆，差官封檢，抽分之餘，方許變賣。

——丘濬《大學衍義補·制國用·市糴之令》

釋文

有人若想經商販賣，就讓他先到專管海外經商的市舶司登記，然後交給下屬有關機關審核批准。如果沒有不符合規定之處，就允許他自行申報自己商船的載重量，販運貨物的種數，將經過哪些地方？什麼國家？什麼時候開始返回和回到原地的日期？並保證不帶違禁物品，不要有所遺漏。等到他們回來之後，先派官員去封存檢查。政府徵收實物稅之後，物主才可自行出售。

點評

這是丘濬在海外貿易方面的管理主張。解除海禁、開放海外貿易並積極加以組織、管理，有助於發展國內生產，加強與國外的經濟聯繫。

治生者，農、工、商賈而已。士君子多以務農爲生，商賈雖爲逐末，亦有可爲者。

——許衡《許文正公遺書・國學事跡》

釋文

作爲謀生手段的有務農、做工、經商三種。讀書人大多務農爲生，經商雖然是下等職業，但也是可以有所作爲的。

點評

在中國古代，凡爲謀生而進行的經濟活動都被稱爲「治生」。務農是大多數人包括讀書人的謀生手段和衣食之源，受到格外的重視。但人的謀生手段是多種多樣的，本質上並無高下之分，務農是正當職業，做工、經商又何嘗不是呢？

查中國所富有者礦地，所缺乏者資財，自無妨借資於外國富商。要之，必令其有利可圖，而不令外人獨專其利，斯爲最平最妥之方。

——張之洞《張文襄公全集・進呈擬訂礦務章程折》

釋文

我們中國富有礦產資源，而缺乏資金，不妨借助國外富商的投資。總而言之，一定要雙方有利可圖，而不僅僅是外國人獨享，這也是最公平最妥當的方式。

點評

利用外資要做到平等互利，這一觀念近代即有。其一是由於資金不足而有利用外資之必要，其二是與外人打交道時要平等合理。這一看法，在不平等條約束縛下的近代中國，意義尤爲突出。

商學之要如何？曰通工藝。夫精會計，權子母，此商之末，非商之本也。……是工爲體，商爲用也，此易知者也。其精於商術者，則商先謀之，工後作之。

——張之洞《勸學篇・外篇・農工商學第九》

釋文

商業的根本出路是什麼呢？是發展生產。精通算計，權衡本利得失，這是商業細枝末節處，不是根本。……由此看來，生產是根本，商業是表象，這道理很明白。那些善於商務的人，都是先看市場需求什麼，然後生產。

點評

這段話略具全面的營銷觀念。生產與銷售相結合，根據市場動態，有針對性地生產所需，而不以單純的工或商爲重點。

凡衡要口岸，集本省之工作各物，陳列於中，以待四方估客之來觀，第其高下，察其好惡，巧者多銷，拙者見絀，此亦勸百工之要術也。

——張之洞《勸學篇・外篇・農工商學第九》

釋文

凡是通重鎮、四方口岸的地方，匯集當地生產的產品，一起陳列或展銷，可以讓各地客商參觀，評出優劣高下，指出優點缺點，使質量好的產品多銷出去，質量不高的淘汰掉，如此促進各行各業的發展，不失爲一個好方法。

點評

產品的展銷，可以使大多數廠家聚於一處，互相交流，取長補短，從而促進其發展。管理者應利用對產品的評價，來促進生產的發展。而評價的最有效方法，莫過於集中最大多數的工作者，使之以最直接的比較發現自己的不足，從而思之改之。

令民間自立公司，購置輪船，用以往來內河，轉輸貨物，裝載人客，既無虞乎盜賊，亦不費乎時日，此皆輪船之小者也。其大者，亦可上溯乎長江而遠至於外洋，載運各貨以貿易於歐洲各國，久而行之，其利自溥。

——王韜《弢園文錄外編・興利》

釋文

讓民間自行設立公司，購買輪船，用以在內河航行，可以轉輸貨物，運載乘客，既不怕盜賊又不費時日，這還都是指小輪船。大輪船還可逆長江而上，甚至遠到外國，載運各種商品與歐洲各國貿易，長久以往，利益自然很大。

點評

這是王韜爲與外人展開貿易競爭在運輸方面提出的決策主張。由於當時中國政府財政拮据，所以王韜主張由民間自行設立航運公司；又由於當時中國沿海的貿易運輸已經被外人侵奪，所以王韜主張開發內河航運，以與外人爭奪運輸利益。王韜的這一主張，針對性很強，而且也是切實可行的。

開採之始，當先善其章程。愚見以為官辦不如商辦。

——王韜《弢園文錄外編・代上廣州府馮太守書》

釋文

煤礦開採之時，應當先訂好章程，我認為官辦煤礦不如商辦。

點評

完善企業章程，依照法規進行企業管理與控制，是企業生存與發展的根本保障。近代官辦企業由於費用浩繁，官僚習氣嚴重，以人治廠，有章難循。因而，王韜在倡導中國自開煤礦之時，便強調要採用商辦體制，在企業開辦之初就要妥善訂立章程，以利企業實施有效管理與控制。

總之，事當創始，行之維艱，惟能不惑於人言，始能毅然而為之耳。諸利既興，而中國不富強者，未之有也。

——王韜《弢園文錄外編・興利》

釋文

總之，事情在開創的時候進展總是很困難，只有不被人言所左右，才能毅然堅持下去。

點評

當各種有益的事業興辦起來後，中國不因此富強是不可能的。萬事開頭難，在有著千餘年恥於言利、重農輕商傳統的中國社會，要像西方一樣開採五金、機器紡織、自造輪船、興築鐵路，舉辦各種興利事業更是格外的難。但是，精幹的領導者總是剛毅自信，激流勇進，能夠爲正確目標的實現排除各種干擾，打開工作局面。王韜在倡言中國舉辦各種興利事業之時，所希望的正是這樣的領導人物。

通商而出口貨溢於進口者利，通商而出口貨等於進口者亦利，通商而進口貨溢於出口者不利。

——馬建忠《適可齋記言・富民說》

釋文

對外貿易中出口貨多於進口貨對國家是有利的，對外貿易中出口貨等於進口貨對國家也有利，對外貿易中進口貨多於出口貨對國家不利。

點評

這是馬建忠爲使中外貿易有利於中國所進行的決策分析。出口貨多於進口貨就對國家有利和進口貨多於出口貨就對國家不利的思想，是一種基本的外貿常識，所以知道的人較多。但是出口貨等於進口貨也對國家有利的決策分析就不很簡單了。只有不一味追求外貿順差，而從交易國雙方互通有無中看到彼此兩利的人，才能提出這一決策思想。馬建忠的上述分析，表明他是中國較早接觸西方資產階級自由貿易理論的思想家。

至於鐵礦，需本尤重，非用開放主義，無可措手。但使條約正當，權限分明，既藉以發展地質之蘊藏，又可以贍貧民之生活。

——張謇《張季子九錄・政聞論・宣布就部任時之政策》

釋文

對於鐵礦工業，需要大量的成本投入，不實行對外開放，引進外資，就難以著手進行建設。但是必須使條約合同正當合理，權限規定清楚明白，這樣不但可以開採蘊藏的地質資源，而且可以保證貧民的生活必需。

點評

這裡張謇主要講的是關於對外開放引進外資方面的問題，這在當時受列強侵略的中國是具有遠見卓識的。對於資金短缺的企業或耗資過重的產業，引進外資，借梯上樓是個很好的辦法。但是這必須有一個前提，即條約正當、權限分明，維護國家主權和基本經濟利益，否則引進外資是引狼入室，喪權辱國。現階段，中國大陸資金短缺，注意引進外資來發展中國大陸經濟是非常重要的。

機器者，眞爲國家之命脈也。

——朱志堯《求新製造機器廠・自序》

釋文

機器製造，實在是國家經濟發展的命脈。

點評

朱志堯認爲，要使國民經濟發展，必須重視機器的製造、創新。朱志堯看到了西方技術革命後的蓬勃發展，看到了國內外資企業對民族企業的優勢，但是他沒有認識到在一個喪失獨立主權的國家，這些又顯得多麼次要。當然，在現今的中國大陸，這句話是很有建設意義的。這對制定產業政策，選擇主導產業都有極重要的意義。

任官督，尚忽於統籌全局之擴張，任商辦，猶未能一志專精乎事功。

——經元善・見《鄭觀應傳》

釋文

作爲官督，不能統籌全局，謀求企業擴張以發展經濟，作爲商辦，不能專心致志於事業直至最後成功。

點評

這段話記錄在《鄭觀應傳》中，是經元善批評盛宣懷的話。從這段論述中，我們可以看出，經元善對國家經濟管理人員和商業經營管理者都有一定的要求。經元善認爲國家經濟主管人員應對經濟有一個宏觀的測度和計畫，能有計畫地運籌控制經濟發展，作爲商業經營管理者，應該具有堅忍不拔的精神和較高的素質。這些論述，雖乃經元善對當時盛宣懷失職的批評，但站在經濟管理人員素質修養這個角度上，又不失其普遍性。特別是在當今市場經濟條件下，這些素質更值得我們重視。

永爲官局，必致日久弊生。

——經元善《居易初集・上楚督張制府創辦紡織局條陳》

釋文　若企業永遠實行官府經營所有制，必然會隨時間的推移而產生各種弊病。

點評　這是針對當時官營紡織業弊病而提出的政策建議。在當時官營企業中，官僚主義嚴重，政府對企業干涉阻礙過多，在這種背景下，經元善敢於正視現狀，反對官營，這是有進步意義的。但他未指出官辦與商辦的選擇標準，因而又有其不足之處。

中國商務采仿西法，欲望開闢利源，收回利權，民富則君不至獨貧，戛戛乎難之。

——經元善《居易初集・中國創興紡織原始紀》

釋文　中國的商業事務如果只是脫離實際，照搬西法，要想發展經濟，開創生財之道，收回國家的經濟權利，從而國民富裕，財政殷實充裕，這是非常困難的。

點評　經元善針對當時盲目崇外，照搬西學的現象，主張對西學應根據中國實際情況，有選擇、有計畫地學習，而不是全盤引進。

中國之於商政也，彼此可共獲之利，則從而分之；中國所自有之利，則從而擴之；外洋所獨擅之利，則從而奪之。三要既得，而中國之富可期，中國富而後諸務可次第修舉，如是而猶受制於鄰敵者，未之有也。

——薛福成《庸庵全集十種・籌洋芻議・商政》

釋文

中國的貿易方針應該是，雙方可以共獲利益的就分享利益，中國方面所自有的利益就盡力擴大，外國所獨占的利益就與之爭奪。這三項方針若能貫徹執行，中國的富強就有希望了。國家富強之後各項事業便可逐次興辦，如此而還受鄰近敵國的制約，是絕不可能的了。

點評

近代中國，爲了收回中國利權，使中國走向富強，先進的思想家都主張積極參與市場競爭，與外人展開貿易爭奪。薛福成也不例外。從上下文看，他不僅針對中外貿易現狀爲中國方面擬定了爭勝的決策方針，而且還特別重視發展新式工業，以推動中國走向富強。不過，薛福成的決策主張是不可能在昏庸、腐朽的清政府統治下貫徹實施的。

誠能設法勸導官督商協，但借用洋器洋法而不准洋人代辦，此等日用必需之物，採煉得法，銷路必暢，利源自開，榷其餘利，且可養船練兵，於富國強兵之計，殊有關係。

——李鴻章《李文忠公全書・奏稿・籌議製造輪船未可裁撤折》

釋文 如能想辦法勸導商民用官督商辦的形式開採煤礦，只用外國的機器和技術而不准洋人插手，這種日用必需物如果開採得好必定暢銷，稅收自然可觀，稅收所得還可養船練兵，這與富國強兵的大計方針密切相關。

點評 作爲統治階級的重要成員，李鴻章不能放棄官權對商民的制約與管理。但是，鑑於清王朝財政困弱，對近代企業的創辦實在無能爲力，因此李鴻章看上了官督商辦這種企業體制。上述引語是李鴻章爲堅持製造輪船，主張自開煤礦所講的一段話。不過李鴻章的估計過於樂觀了。正是官督商辦這種企業體制扼殺了商民投資的積極性，也導致煤礦開採最終收效不大。

目前金鎊騰貴，外洋運來紗布亦因而日昂，若不乘時趕緊籌款，購機自行紡織，此後虛耗民財，恐尚不止往年之數。

——李鴻章《李文忠公全書・奏稿・推廣機器織布局折》

釋文 目前金鎊升值，外國運來的紗布也因金鎊上漲而價格高昂，我國若不趁此機會抓緊籌款，購買機器自行紡紗織布，此後浪費資財恐怕遠比往年要高。

點評 有能力的管理者應善於抓住形勢或環境的變化，權衡利弊，及時變通，使事態發展對實現最終目標有利。李鴻章的上述建議，便是針對國際匯率變化的影響，及時強調要

抓緊本國機織紗布的生產，以爭取在與外商進行貿易競爭中處於優勢。

由於各國製造均用機器，較中國土貨成於人工者，省費倍蓰，售價既廉，行銷愈廣。自非逐漸設法仿造，自爲運銷，不足以分其利權。

——李鴻章《李文忠公全書・奏稿・試辦織布局折》

釋文

由於各國都用機器從事商品製造，所以比較中國手工製造品成本要差好幾倍，價格便宜，銷路也廣。若不能逐漸設法仿造，自行運銷，便不能夠與之競爭，分其利益。

點評

李鴻章是近代中國統治階級洋務派的領袖人物，洋務派儘管不像改良主義思想家那樣敢於針鋒相對地提出與外人商戰，但是從維護統治階級自身利益出發，他們也主張與洋人分利。李鴻章正是爲實現分利目標，進而提出了創辦機器織布局，降低商品成本，以增強商品競爭力的思想認識，這些認識都是正確的。

必也研精機器以集西人之長，兼盡人力以收中國之用，斟酌變通，務使物質益良，物價益廉，如近年日本之奪西人利者，則以中國之大，何圖不濟？

——薛福成《庸庵全集十種・庸庵海外文編・用機器殖財養民說》

釋文

必須精心研究機器製造技術，以吸取西洋人的長處，同時要充分利用本國人力資源以爲中國服務，具體切實地進行變革，務使商品質量日益精良，商品價格日益低廉，就像近年日本商品驅逐西洋商品一樣，以中國之大，什麼事情做不成呢？

點評

抵制外國的經濟侵略，與外人展開貿易競爭，必須講求爭勝的謀略。薛福成從把握分析敵我雙方實力狀況出發，提出了學習並趕超外國先進技術，充分發揮中國人力優勢，提高產品質量，降低成本價格等戰略措施。這些措施在當時不僅具有較強的針對性，而且還是實現抵制目標的有效途徑。

借債與入股有別，入股可坐分每年盈餘，借債者惟指望按年之利息。中國創行鐵道，綿亙腹地，豈可令洋商入股，鼾睡臥榻之旁？

——馬建忠《適可齋記言・借債以開鐵道說》

釋文

借債與入股有區別，入股者可以坐分每年盈餘，借債者只能指望按年取息。中國創辦鐵路，綿延內地，怎能讓洋商入股，對我形成威脅之勢呢？

點評

建造鐵路是爲國興利的舉措，然達此目的不能不考慮手段與策略。清政府財政匱乏，富商又多顧慮，使近代創辦鐵路缺乏經費來源，馬建忠爲此獨闢蹊徑地提出了引進外

資的問題。他不僅指出了引進外資用於生產事業與用於戰爭的區別，而且還從維護中國既有利權出發，分析了借外債與吸收股份的區別，他認爲從吸收股份中獲取資金是一件引狼入室的危險事情，比較之下借債的方式更好一些。馬建忠引進外資的上述主張本身無可指責，但在當時卻不被社會所理解。

然而借債以開鐵道，事屬創舉，苟非仿效西法，參酌得中，何足以臻美善而絕流弊！竊嘗熟察事機而統計之矣。中國果借洋債，辦法多端，其中有不可行者，有不可不行者，有可行不可行因乎其人者。

——馬建忠《適可齋記言·借債以開鐵道說》

釋文

然而借債用以興建鐵路屬於創舉，如果不能仿效西法，把握適當，怎能夠使此趨於完美而杜絕弊病！我常觀察此事並進行統計。中國果真要借洋債，辦法有多種，其中有不可行的，有不可不行的，有可行可不行因人而定的。

點評

引進外資如果舉措得當，對於發展經濟是十分有利的事情，但是如果舉措不當，則也會帶來無窮後患。因此，馬建忠十分重視引進外資在方式方法上的具體選擇。他不僅從西方各國的經驗之談中總結出了借債的基本原則，而且還提出要仿效西法，隨機變通，根據具體的條件而作出慎重的決定。

欲中國之富，莫若使出口貨多，進口貨少。

——馬建忠《適可齋記言・富民說》

釋文

要想使中國富裕，莫過於使出口貨多，進口貨少。

點評

馬建忠透過對外貿易的決策分析，認爲出口貨多，則外流之財可以貨幣形式重聚；進口貨少，則中國的財富不致外流。因此，他選擇了出口貨多、進口貨少的外貿決策目標。這是較典型的重商主義思想。此外，他還主張開採礦山以增加中國自有之財，反映了新興資產階級發展中國資本主義的要求。

至於借債以治道途，以闢山澤，以浚海口，以興鐵道，凡所以爲民謀生之具，即所以爲國開財之源，與借債以行軍，其情事迥不相同。

——馬建忠《適可齋記言・借債以開鐵道說》

釋文

至於借債以治理道路，開闢山林，疏通海口，興建鐵路，只要是爲民謀福利的事情，就是爲國家廣開財源，這與借債用於純消費的戰爭，是迥然不同的兩類事情。

點評

講求策略是實現計畫目標的重要環節。十九世紀七〇年代末，馬建忠是積極主張造鐵路的人之一。鑑於當時清政府財政拮据的現實，他提出了借洋債以籌措經費的主張，指出借債用以生產或興辦事業不同於借債用以打仗，因爲前者「有款之可抵」，「有息之可償」，既容易借到，又不會受外國人牽制。以此策略來創辦鐵路是對的，但問題是腐朽的清政府既不可能獨立自主地利用外資，也不可能將外資真正用於發展生產。

中國不能製機，中國之工商即永不能爭先著也。

——陳熾《續富國策·工書·製機之工說》

釋文

中國不能自行製造機器，那麼中國的工商業永遠也不能在競爭中領先。

點評

產品要提高競爭力，就要儘可能採用機器生產，但如果我國沒有自己製造各種工業機器的能力，一切機器都依賴進口，那麼工商業必然受到外國控制，無法達到提高產品競爭力的目的。這就要求我們在發展工商業的同時，必須發展自己的機器製造業。

洋貨之來也，皆以機製，而後能奪我利權；則我之仿造洋貨也，亦必以機製，而後能收回利權。

——陳熾《續富國策·工書·製機之工說》

釋文

外國商品進入中國銷售的，都是用機器生產的，所以能在市場上占有優勢，收奪我國的利益；如果我國仿造外國商品，那麼也應該用機器來生產，這樣才能收回我國的利益。

點評

現代商品生產，正是由於採用了機器，所以成本降低，效率提高，從而在市場競爭中處於優勢地位。要提高產品競爭力，就必須想辦法提高效率、降低成本，而其中一個重要方法就是採用機器生產，並且不斷地改進。陳熾正是看到了這一點，所以激烈反對那種抵制機器並斥之爲「奇技淫巧」的觀點，大力主張機器生產。

事雖由官發端，一切實由商辦，官場習氣，一概芟除。

——張培仁《洋務運動論勵精圖治之益為洋布局而發》

釋文

創辦實業雖由政府提倡發起，而一切具體事物都由民間辦理，這樣官場習氣就可以避免在商場中泛濫。

點評

張培仁在此把政府、商人在興辦實業中的作用作了概括。在洋務運動的初期，向西方學習、創辦實業都由政府所壟斷，其中弊病極大。因此主張廢除官辦，由民間自籌資金興辦實業的呼聲漸高，張培仁便是其中之一。他所提出的政企職能分開，尤其值得借鑑。

三曰官督商辦。全恃官力，則巨費難籌，兼集商資，則眾擎易舉。然全歸商辦，則土棍或至阻撓，兼倚官威，則吏役又多需索，必官督商辦，各有責成；商招股以興工，不得有心隱

漏，官稽查以徵稅，亦不得分外誅求，則上下相維，二弊俱去。

——鄭觀應《盛世危言・開礦》

釋文

三是官督商辦。全靠國家開礦，難以籌措巨額經費，同時靠商人集資，則經費問題很容易解決。但是全由商辦，地方勢力或許要阻撓，而用政府權力，貪官又多勒索，因此必須官督商辦，官商分工；商人招股興辦不得逃避納稅，官方稽查徵稅也不能額外敲詐，這樣官商合作，兩種弊端全部清除。

點評

正確決策是管理工作的基本要素，也是保證戰略目標實現的首要前提。近代中國，當洋務派爲求富而發起創辦民用企業之後，又爲企業究竟採取何種體制發生了分歧。鄭觀應在對當時的現狀、條件進行切實分析的基礎上，選擇了官督商辦的企業體制。最初，這種企業組織形式部分解決了政府財政困難的問題，也給企業帶來了生機與活力。但是推廣開來，企業內部官有權而商無權，從而破壞了商民投資此類企業的積極性。加之內部管理混亂、效益低下，最後鄭觀應也在憤慨中否定了這種企業體制。

如鐵路輪船之事，商辦未嘗無人，而官必從而撓之曰：利權不可下移。其情似公而實私。

——唐才常《唐才常集・論公私》

釋文 比如鐵路輪船等交通事業，實行商辦並不一定沒人辦，然而官府必然插手阻撓道：利益和權力不可下移。這種情狀好像是爲了國家，實際是爲了私權。

點評 這裡唐才常主要是批評官辦企業，主張一部分私辦，同時批評國家宏觀控制過於嚴厲、集中，不肯下放權力。對我們當今經濟發展來說，國家進一步下放權力，讓企業自主經營是必然之勢，如管理過多、過於死板，必然抑制企業活力，降低其效率。國家宏觀控制應當適度合理。

今苟令民間得開私廠，一切輪船、槍炮、開礦、挖河、抽水、磨麥、紡紗、織布，研之既精，而後於省府州縣，巡驗其成，則風氣日開，人才日出，富強之效，如操左券矣。

——唐才常《唐才常集·擬設賽工藝會條例》

釋文 當今如讓民間可以私開工廠，一切輪船、槍炮、開礦、挖河、抽水、磨麥、紡紗、織布等行業，研究得非常精通了，而後在各地巡迴檢驗其成果，那麼創造力日益增加，人才輩出，富強的效驗日顯，就像勝券在握了。

點評 這裡唐才常認爲國家實行私有制，各行各業私有經營，會促進技術研究和人才培養，國家會很快富強起來。他這種主張主要是嚮往西學和痛恨清官辦企業腐敗之結果，有一定進步意義。

既設商務局以考其物業，複開賽珍會以求其精進，賞牌匾以獎其技能。

——鄭觀應《盛世危言・商戰》

釋文

既然開設了商部來考核貿易狀況，就應再舉辦博覽會以促進商品質量的提高，對於有貢獻的工商者，國家應給予大獎以資鼓勵。

點評

設商部、舉辦博覽會、給有貢獻的工商經營者和創造發明者以特殊獎勵，這都曾是西方爲發展社會經濟所採取的管理和激勵措施。鄭觀應對西方政府和企業管理有過較深入的研究，像其他先進思想家一樣，他也較早地強調要用西方的有效管理措施來激勵中國對外貿易的發展。鄭觀應的上述建議在當時是比較突出和典型的。

如有新出奇器，准給獨造執照，及仿西法，須定各商公司章程，俾臣民有所遵守，務使官不能剝商，而商總、商董亦不能假公以濟私，奸商墨吏均不敢任性妄爲，庶商務可以振興也。

——鄭觀應《盛世危言・商務五》

釋文

如有人新發明出先進工具，准予此人技術專利，並且仿照西法，制定與頒布各行業章程，使大家有所遵循。務必使官吏不能勒索商民，商總、商董也不能假公濟私、奸商貪官都不敢為非作歹，那麼商務振興就好辦了。

點評

近代工商業經營要加強法制管理，使商民與企業都能受到法律的保護。以法制獎勵有創造的發明人才，也以法規懲治奸商污吏，總之，以加強企業與市場的規範管理，給從事工商經營的實業家們創造穩定、寬鬆的工作環境。鄭觀應的這一主張，是激勵企業家、經營者勤奮工作，以實現中國振興商務的戰略目標。

商務之盛衰，不僅關物產之多寡，尤必視工藝之巧拙，有工以翼商，則拙者可巧，粗者可精。

——鄭觀應《盛世危言·商戰》

釋文

商業的盛衰，不僅與物產的多少有關，而且特別與工藝技術的巧妙、粗拙有關，以工業來促進商業發展，則笨拙的也可以變靈巧，粗糙的可以變精緻。

點評

鄭觀應注意到，影響商業發展的主要有兩個因素：一是物產；二是工藝，而且後者尤其重要。這對我們也頗有啓發。為了使商業穩固發展，特別是為了增強商業發展的後勁，我們必須注重科技發展，提高生產技術，發展工業。

論商務之原，以製造為急；而製造之法，以機器為先。

——鄭觀應《盛世危言·商務五》

釋文

論商業發展的根本，以發展製造業爲最重要；而發展製造業的根本方法，在於首先發展機器製造業。

點評

鄭觀應科學地剖析了商業與製造業的發展關係，並且初步地注意到了生產的兩大部分，注重加強生產資源、生產部門的發展。這些唯物主義的經濟思想，對計畫部門、制定經濟計畫都有重要指導作用，也論證了重工業發展戰略的重要性和必要性。

須減內地出口貨稅，以暢其源；加外來入口貨稅，以遏其流。

——鄭觀應《盛世危言・商戰上》

釋文

必須減少內地貨物的出口關稅，以鼓勵內地，通暢其源泉；同時也應該提高外國產品的進口關稅，以抵制其流入。

點評

這裡所講的是一個國際貿易上的問題，即如何透過進出口關稅率來保護國內工商業發展，避免受到外來過大的衝擊。這一點，在當時失去獨立主權的中國是根本做不到的，然而其理論本身是正確的，也切中時弊。目前，在開放的中國，我們必須注重關稅，並發揮其作用。

瞬不待轉，恐要求口岸以外必有要求礦利者，爾時，應之不能，拒之不可。何如普詔天下，許人得借洋款購機器，定地開採，即收天地之利，尤免覬覦之害。

——湯壽潛《理財百策・権礦》

釋文 現在的時機若不抓住，恐怕將來（西方國家）除了要求口岸開放以外還會有要求在中國開礦的。到那時，答應也不是，拒絕也不行。還不如現在普告天下，允許人們借洋款購機器，在規定地區開採。這樣既可以收天地之利，又可以免除（外國人）覬覦之害。

點評 這是湯壽潛在議論開礦問題時所講的一段話。湯壽潛反對清政府因懼怕民間開礦滋事，對採礦一事漠然置之的作法，主張借外資迅速開發礦產。這段話裡還有一個抓住有利時機的問題。「時機」對於經濟活動是十分重要的。好的時機，往往稍縱即逝。認真權衡利害，抓住時機，大膽行動，這樣才可以達到預期目的。

因思自強之道，宜求諸己，不可求諸人，求人者制於人，求己者操之己。

——左宗棠《左文襄公全集・奏稿》

釋文 我考慮中國自強之道，應該建立在獨立自主的基礎之上，不可依賴外人。依賴外人將最終受制於外人，依靠自己則可一切掌握主動。

點評

把自主看作是自強的根本，這是左宗棠的一貫主張。由於左宗棠對西方國家的本性有深刻瞭解，所以他認爲，中國要自強，靠洋人的好心援助是不可能的，必須靠自己的力量，要有自主的能力，特別要在企業管理、技術管理上擺脫洋人的控制。中國大機器工業起步之時，在工廠的組織和管理、機器的安裝和操作等一切現代工業的管理方面，是不能不聘請外國師匠的，但這並不等於整個企業就可任洋人擺佈。而當時許多洋務大員對此問題認識不足，不少洋務企業因此而受了挫折。相比之下，左宗棠強調自主管理的思想確是高人一籌的。

通商者，相仁之道也，兩利之道也，客固利，主尤利也。

——譚嗣同《譚嗣同全集・仁學上》

釋文

與外國進行貿易往來，是彼此互利互助的好辦法，外國人自然會賺錢，我國人也會獲利。

點評

在近代主張對外貿易的論斷中，譚氏可算得風氣之先。他已初具絕對成本、相對成本的觀念。他贊成透過擴大貿易的地理範圍，從而影響整個效益的廣度和深度，促進管理的外向型發展，促成中外雙方的利益目標。

蓋物價之貴賤，隱視民命之重輕以爲衡。治化隆美之世，民皆豐樂充裕，愛惜生命，不肯多用人力，人亦從而愛惜之焉。故創造一物，即因其力之可貴而貴之。

——譚嗣同《譚嗣同全集・仁學上》

釋文

產品價格的高低，包含了對人力成本高低的衡量。在治理有方的太平盛世，人民群眾生活富裕，愛惜生命，不願多投入人力資本，個人亦如此。所以在生產一件產品時，由於人力成本提高而產品價格上升。

點評

這可算作中國人最早認識到勞動力資源價值的先知之音了。人口眾多，故而人賤物貴，這種不合理的價值構成亟待扭轉。但在目前，我們尚需從低廉的工資水準吸引境外投資，然此種局面總有突破之日，勞動密集型須轉向技術密集型。譚氏在後文中亦談及機器工業發展的迫切，實乃先見之明。

就是提倡實業，能夠令新得工作的人比較失業的人更多，就應該贊成。如果能令失業的人比新得工作的人多，就應該反對。

——朱執信《朱執信集・實業是不是這樣提倡》

點評

這裡，朱執信提出了一個提倡實業的標準，即以增加社會就業、減少失業爲原則。他接著說，如果失業過多，會造成社會治安問題。他的說法是有道理的，是我們振興實業時必須考慮的因素。但如僅僅以此來決定是否要振興某一實業，也有局限性，我們首先應以發展生產力爲前提。

外國買我的生貨，賣給我熟貨，他攢了我的錢。所以我們多做產出生貨的工作，才能夠換他用很少的工作做成的熟貨。

——朱執信《朱執信集・實業是不是這樣提倡》

釋文

外國進口我們的原材料，而輸出給我們製成品，他們賺了我們的錢。所以我們多做了生產原材料的工作，才能夠換回他用很少的工作做成的製成品。

點評

朱執信將進出口品劃分爲原材料和製成品是合理的。他指出出口原材料和進口成品不如出口製成品和進口原材料，這也是有道理的，但不全面，還要結合一國的資源狀況和生產能力。

吾欲恢張利源，整頓商務，誠當設專官以講之。先出礦質，發農產，精機器之工，精轉運之路，然後開商學、譯商書、出商報以教誨之；立商律以保險之；設兵艦以保衛之；免釐金稅，減出口徵以體恤之；給文憑，助遊歷經費以獎助之；行比較賽珍廠以鼓勵之；定專利、嚴冒牌以誘導之；定册籍草簿之式以整齊之。

——康有為《康有為政論集・務陳商務折》

釋文

我們要想擴大國家的財富來源，整頓商務，確實需要設立專門機構來宣講研究。先從開礦、農產貿易做起，熟悉機器的精巧和工作原理，精通商品轉運的途徑，然後開商學、譯商書、出商報來進行商業管理的教育；建立經濟法規來保證商業活動的正常進行；設兵艦來保衛；減免營業稅、出口稅來表示體恤；給文憑，資助遊歷經費來鼓勵留學；進行比賽來鼓勵提高產品質量；確立專利權、嚴禁冒牌來引導發明；確定會計、統計的統一簿式以便管理。

點評

此段是康有為建議的發展商務的基本措施，包括教育、立法、減免稅、實行專利制度、統一會計報表格式等諸多方面。這些措施都是宏觀經濟管理的有效方法，迄今仍有參考意義。

今中國金幣之洩於異域者，不可畫箸計也。議者病夫商旅之不遠出，而欲致行之，顧未嘗以器之良楛、物之盈絀為計。

——章太炎《訄書·明農》

釋文

如今中國的貨幣流到國外的已是不可計數了。批評者認為是商業不發達，貿易觸角未伸出海外，而要加強這方面的工作，卻不考慮一下我們產品的質量好不好，供應是否充分這些根本的問題。

點評

章太炎的《訄書》是其代表作。在這裡，他提出了促進銷售最重要的一點是在產品質量、品質上下功夫，因爲這樣才會使貿易強盛。這一觀點類似於以生產爲中心的營銷觀念，經營著眼點是產品，增加生產，尋找資源。

西人貿易於中土者，不過以匹頭爲大宗，若我自織，則物賤而工省，且無需乎輪船之轉運，其價必貶，西人又何能獨專其利歟？

——王韜《弢園文錄外編・興利》

釋文

西洋各國輸入中國的商品，最大量的是布匹，如果我國能自行織造，那麼原料便宜工費低廉，況且又不用輪船轉運，價格肯定比外國要低，西洋各國又怎能獨專此項利益呢？

點評

這是王韜在鴉片戰爭後針對外國棉紡織品大量輸入的現實而作出的貿易決策分析。王韜主張與外國展開貿易競爭，他分析了中國在生產成本和運輸成本方面的優勢。在此基礎上他指出，中國在對外貿易中應該選擇自己生產棉紡織品的戰略決策，以與外人爭奪利益。

此如創機著書諸事，家國例許專利，非不知專利之致不平也，然不專利則無以獎勸激勵，人莫之爲，而國家所失滋多。

——嚴復《原富・按語》

釋文

像發明機械、著書立說這些事，國家按條例正式規定了專利，並不是不知道實行專利會導致一定的不平等，但不實行專利就不能用獎賞來激勵發明創造者，人們就不會去做創造發明的事，這樣國家所失去的財富和利益就更多了。

點評

嚴復主張實行專利來獎賞和激勵發明創造者，這是企業管理中的激勵機制。他認識到用精神激勵和物質激勵的兩種方法，對於管理企業，提高經濟利益，促進人才開發具有積極的作用。

> 夫保商之力，……名曰保之，實則困之。雖有一時一家之獲，而一國長久之利所失滋多。於是，翕然反之，而主客交利。
>
> ——嚴復《原富・譯事例言》

釋文

在商業保護上所下的功夫，……名義上是保護商業，實際上是阻礙了它。雖然能夠有暫時的、個別的收益，但對整個國家的長久利益而言失去的就很多了。於是，一致反對這樣的保護政策，就使貿易雙方都可獲利。

點評

嚴復之所以主張對外自由貿易，反對貿易保護政策，不但是從發展國際貿易，人己兩利著眼。而且他強調，實行憂內抑外政策，實質上是阻礙國內經濟的發展。嚴復把實行對外貿易自由與消除國內的國家干預、壟斷結合起來，是頗有見地的。

然則商非自通也。孳殖於農，而裁製於工，己則轉之。

——章太炎《訄書・明農》

釋文

商品流通不是單純自生自滅的，必須是來源於農業生產或工業製造，方可產生商品，商業本身的任務則是將這些產品流通開來。

點評

在經營中，產、供、銷是有機結合的整體，章太炎在這裡強調產是基本，銷是在產的基礎上發展的。如此，管理者在整個營銷程序中，仍應將重點置於生產而不單純以銷售致勝，否則就是無本之木，無源之水。這一認識初步具備了現代營銷觀念下對生產與流通關係的協調性，將流通擴展到企業的生產與經營，全面合理地考慮了經營的重點與輕重緩急。

至於重勢既成，則以貿易攻人而有餘，亦無待於兵刃矣！

——章太炎《章太炎集・讀《管子》書後》

釋文

等到有了很強的經濟實力，就可以不靠兵戎相見，而僅憑貿易進攻他國就綽綽有餘了。

點評

這句話指出，國家的經濟實力是最根本的，要把發展經濟放在首要地位，等到經濟發展了，就可以做到「不戰而屈人之兵」。當今世界，各國之間的競爭大多不是在硝煙迷漫的戰場上，而是在雖沒有刀光劍影卻更激烈的商場上。誰的經濟發展得快、誰的經濟實力強，誰就在國際上有發言權，別人就會對你重視。如果沒有強大的經濟實力作後盾，即使擁有了原子彈、氫彈，也不一定能建立起強國的形象。正因爲如此，世界上大多數國家目前都把發展本國經濟作爲頭等大事。

由兩義觀之，則通商者天地自然之理，人之所借以自存也。故言理財之學者，當併國之差別界限而無之。

——梁啓超《飲冰室合集・文集》

釋文

從兩方面來看，貿易通商是自然界造成的客觀要求，也是人類據以發展、生存的根本。所以研究經濟民生的人，應當儘量消除地域觀念和國家界限的觀念。

點評

對外通商、貿易是近代以來不斷討論的問題之一。梁啓超贊成開放式的貿易，不以國家、地域界限爲障礙，而當互通有無。他把貿易的重要性提高到了必不可少的、人類賴以生存發展的基本條件的地位，則管理觀念中大可將互易有無的貿易併列在與經營同等的重心，並以開放的胸襟，突破狹窄的地域界限，走向世界。

一曰大一統而競爭絕也。競爭爲進化之母，此義殆既成鐵案矣。

——梁啓超《飲冰室合集・專集・新民説》

釋文

中國保守局面之一，就是要求大一統，沒有競爭因素。競爭是促進社會進步的重要原因，這是一條基本原則。

點評

競爭是生產力發展的必然結果，只有在競爭機制下，才能使生產者改進技藝，調節供需矛盾，優化資源配置，促進社會進步。中國傳統社會由於僵化的體制，不鼓勵經營個體間互相競爭，死水一潭，這種觀念需要釐清。

但初始製造，必不能像他們的貨質的美，貨價的平。應該加重入口稅，使他們的貨價高昂。

——廖仲愷《廖仲愷集・中國實業的現狀及產業落後的原因》

釋文

但最初製造的產品，一定還不能像外國人的商品質量美，價格低。應該加重入口關稅，使他們的商品價格昂貴。

點評

中國自己要發展生產，必定會受到外國商品的競爭和衝擊，因而廖仲愷指出應提高關稅以抬高外國產品價格從而降低其競爭力。這對我們現在外貿管理有借鑑作用，但競爭的根本手段是發展生產能力，否則只會保護落後。

生產不能獎勵，競爭品的輸入不能杜絕，國民一般的生計不能改良，那麼一國的財富總額斷不能增加，一國的消費能力斷不能增加。

——廖仲愷《廖仲愷集・國民的努力》

點評

廖仲愷認爲，一國財富總額的增加，是一國消費能力擴大的基礎。如果不能擴大生產，杜絕外來競爭的衝擊，社會財富增加和消費能力擴大便會受到阻礙。這在當時是符合現狀的分析。對任何一種經濟類型，發展生產，適當保護生產以增加社會財富，從而擴大消費能力，都是一個不變的真理。

凡一國對於實業，必須有他的自然方法，使生產和消費適合，即是使需要和供給相符。其最上的，是用科學方法，使最大的生產，滿足最大的需要，而能自然適合，這是最好的。

——廖仲愷《廖仲愷集·中國實業的現狀及產業落後的原因》

點評

這裡，廖仲愷未能從再生產的環節來探討生產如何決定消費，消費如何影響生產，也未對消費進行專門論述。這種純粹爲消費而生產有其局限性，必須考慮再生產和發展生產力。這個理論，對我們經濟發展中如何處理積累和消費的關係有借鑑作用，不要爲了發展生產而忽視人民消費，也不能爲了消費而影響生產。

從社會看來，供給直接消費的很多，爲生產而消費的很少。所有飲食館、雜貨店、洋貨店等，十之九是供直接消費需用，而非供生產的消費需用。這是現在的實業最不良的情狀。

——廖仲愷《廖仲愷集·中國實業的現狀及產業落後的原因》

點評

廖仲愷將消費劃分為生產和直接消費，這是符合經濟學原理的。一般情況下，一個國家應首先解決生產消費的問題，亦即發展生產，然後才能供個人消費的需要。反之，個人消費力擴大，又會刺激生產。這個理論是正確的，對我國經濟建設有指導作用。我們宏觀經濟管理人員在制定產業政策時，必須考慮這個問題。

一歲之所總殖，其所以用之者不外兩途，其即享即用無所復者，命之曰消費；其斥以求贏而企其有所復者，命之曰母財。……惟母財豐然後百業興，百業興然後給餼眾，給餼眾然後勞力者各得所養。

——梁啟超《飲冰室合集・專集・新民說》

釋文

年度利潤的流向，要麼用於消費，要麼用於再生產。……只要不斷投入再生產資金，則自會生產發展，供給充分，勞動者也安居樂業。

點評

梁氏深受近代資本主義對資本循環觀念的影響，提出擴大再生產、增加投資對產業發展具有重大意義，資金當運用於經營中而不單純為個人消費、享受，如此財富才能滾滾而來，從而達到國泰民安。

商不見保則貨物不流，貨物不流則財源不聚，是雖地大物博，無益也，以其以天才之材為廢材，人成之物為廢物，則更何貴於多也。

——孫中山《孫中山選集（上卷）・上李鴻章書》

釋文

商業如果得不到保護，則商品無法流通，商品不流通又引發出資本積累受挫，如此我們雖地大物博，也毫無用處，我們生產的優質產品因爲無法銷售而變成廢品，這樣下來，即使生產再好亦無好處。

點評

銷售與流通既是經營的終極環節，也是其直接的目的。流通最終實現了生產的目的，並爲再生產循環打下基礎。要做到這一點，就要求商業、商人得到政府與社會的保護，切實強化流通功能。孫中山先生的這一設想，是對當時自然經濟的反抗，他已認識到市場的強大力量。

用政府的力量，改良工人的教育，保護工人的衛生，改良工廠和機器，以求極安全和極舒服的工作。能夠這樣改良，工人便有做工的大能力，便極願意去做工，生產的效力便是很大。

——孫中山《孫中山全集・民生主義》

點評

這是孫中山先生在《民生主義》中講到四種經濟進化時關於「社會與工業之改良」的論述。這裡，孫中山先生主要側重於政府如何透過一系列配套措施對企業進行組織和管理，以促進生產效率的提高。事實上，以上這些措施，也是一個謀求發展的企業所

應該注意採取的。

凡夫事物可以委諸個人，或其較國家經營爲適宜者，應任個人爲之，由國家獎勵，而以法律保護之。

——孫中山《孫中山全集・建國方略》

釋文

凡是那些可以委任私人經營的行業或產業，或者私人經營比國家經營更合適的，應該委託個人經營，國家可以進行扶持、獎勵，並且以法律來保護它。

點評

此段論述乃孫中山先生《建國方略》中「實業計畫」部分關於節制資本理論的一部分。孫中山先生的節制資本，實質是節制私人資本，以防止壟斷，同時，要發展國家資本。爲了發展國家資本，也必然要求給予私人資本的活動以種種便利條件。從另一個角度，這裡也告訴我們國家應該如何劃定國營與私人經營的界限。對於私人經營之企業，國家也應該進行良好的控制和組織，不但應以嚴明的獎懲手段來引導企業，還應該透過法制來保護它。這對於我們目前大中型國有企業的改革和管理都有借鑑作用。

交通爲實業之母，鐵道又爲交通之母。國家之貧富，可以鐵道之多寡定之，地方之苦樂，可以鐵道之遠近計之。

——孫中山《孫中山全集・在上海與《民立報》記者的談話》

釋文

發展經濟的關鍵在於交通，而交通建設的關鍵又在於鐵道建設。國家的貧窮富強，可以從鐵道的多少來判斷，各地方的窮苦富樂，也可以從它離開鐵道的遠近看出來。

點評

孫中山先生在這裡對於交通建設，特別是鐵道的建設在國家經濟發展中的作用做了充分肯定。如果交通建設滯後，經濟發展必然受到嚴重影響。現在，交通建設也成了中國經濟發展的瓶頸，所以，要花大力氣，下苦功夫給予徹底的解決，否則，要想實現經濟的高速發展是不可能的。

惟現當民窮財竭之時，國家及人民皆無力籌此巨款，無已，惟有募集外資之一法。

——孫中山《孫中山全集・在北京報界歡迎會的演説》

釋文

只是現在正當人民貧窮，財源枯竭的時候，國家和人民都沒有能籌集建設所需的巨額款項，沒有辦法，只有籌集外資這一辦法。

點評

這是孫中山先生在我國貧窮落後的條件下欲發展經濟而提出的一種方法，即利用外資。中國現在不是孫中山先生的時代所可同日而語的，但孫中山先生所提出的在經濟建設中要利用外資的思想，對我們今天仍有借鑑作用。現在，在許多大型建設項目中，在無力籌集國內資金時，要善於吸收國外資金。特別是國際上本身有許多不斷尋找新市

場的資金，我們更要善於創造條件，吸收這些資金爲我國經濟建設服務。

惟止可利用其資本人才，而主權萬不可授於外人，事事自己立於原動地位，則斷無危險。

——孫中山《孫中山選集》上卷

釋文

只要利用外國的資本和人才，而主權千萬不能交給外國人，每件事自己都處於主動地位，那就沒有危險。

點評

孫中山先生在這裡認爲，只要主權掌握在我們手裡，不把主權交給外人，在處理各種問題時處於主動，那麼我們就可以盡力運用外國的資金、技術、人才，不要擔心這會帶來什麼危險。

財政

以九賦斂財賄。一曰邦中之賦，二曰四郊之賦，三曰邦甸之賦，四曰家削之賦，五曰邦縣之賦，六曰邦都之賦，七曰關市之賦，八曰山澤之賦，九曰弊餘之賦。

——《周禮．天官冢宰第一》

釋文

用九種賦徵收財貨。第一是在國都內徵收的地稅；第二是在距國都百里之內四郊徵收的地稅；第三是在距國都百里至二百里間邦甸徵收的稅；第四是在距國都二百里至三百里間公邑采邑徵收的稅；第五是在距國都三百里至四百里邦縣徵收的稅；第六是在距國都四百里至五百里邦都徵收的稅；第七是在城關和市場徵收的稅；第八是在山林

川澤徵收的稅；第九是公用所剩餘的財物。

點評

古代的財稅制度也已相當完備。稅收乃國家財政的來源，難怪《周禮》中專闢一節論述這個問題。

甲午，蔿掩書土田，度山林，鳩藪澤，辨京陵，表淳鹵，數疆潦，規偃豬，町原防，牧隰皋，井衍沃。量入修賦，賦車籍馬，賦車兵，徒卒、甲楯之數。

——《左傳・襄公二十五年》

釋文

十月初八，蔿掩記載土澤地田的情況，度量山林的木材，聚集水澤的出產，區別高地的不同情況，標出鹽鹼地，計算水淹地，規劃蓄水池，劃分小塊耕地，在沼澤地上放牧，在肥沃的土地上劃分井田。計算收入制定賦稅制度，讓百姓交納戰車和馬匹，徵收戰車步卒所用的武器和盔甲盾牌。

點評

楚國的蔿掩為司馬，負責治理軍賦，檢點裝備。上面這段話記載了他所採取的措施，《左傳》認為他這樣做是合乎禮的。從上述各項措施看，先掌握情況，繼而發展生產，最後才計算徵收合理的賦稅及軍需。在農業生產方面，反映了當時土地改良、劃分井田、興修水利等情況；也反映了以農為主，輔以林業、養殖、畜牧的生產格局。

古者什一，籍而不稅。初稅畝非正也。古者三百步爲里，名曰井田。井田者，九百畝，公田居一。私田稼不善則非吏，公田稼不善則非民。初稅畝者，非公之去公田，而履畝十取一也。

——《春秋穀梁傳．宣公十五年》

釋文

古時候雖然也徵取十分之一，但那只是借助私力同耕公田，並不徵稅。開始按田畝徵稅違背了傳統的做法。從前以三百步爲一里，名爲井田。一井共九百畝，其中公田一百畝。若私田中的莊稼長得不好就應責備管田的幹部；若公田中的莊稼沒長好就應責備耕種的農民。初稅畝並不是廢除公田，而是指不論公田私田一律按面積爲標準徵收十分之一的實物稅。

點評

本文記述的是魯國在宣公十五年（西元前五九四年）開始實行按畝徵稅這一事件。所謂稅畝就是國家根據土地面積大小，不論公田私田，向田主徵收實物稅，即按畝徵稅。這種新的制度改變了以往用強迫勞動助耕公田的勞役地租形式，代之以按田徵收的實物地租，是我國田賦的開始。它標誌著國家開始承認土地私有權的合法性。

哀公問於有若曰：「年饑，用不足，如之何？」有若對曰：「盍徹乎？」曰：「二，吾猶不足，如之何其徹也？」對曰：「百姓足，君孰與不足？百姓不足，君孰與足？」

——《論語．顏淵》

釋文

魯哀公問有若說：「社會經濟衰落，國家財政入不敷出，怎麼辦才好？」有若回答說：「為何不按照普遍實行的百分之十的稅法徵稅？」哀公說：「收百分之二十的稅我還不夠用，怎麼能按普遍的稅法辦呢？」有若說：「百姓富足了，君王怎麼會窮困？百姓窮困了，君王怎麼會富足？」

點評

有若是孔子的學生，稱有子，相貌像孔子，在孔子死後，曾受孔門弟子特別看重。有若對魯哀公收取重稅不滿，此話有諷刺之意。從國民經濟管理來看，當國家發生社會經濟危機時，削減國家財政開支，減免人民群眾的各種稅賦，確屬恢復社會經濟正常發展的有效手段。這裡，魯哀公考慮的是個人或家族的利益，而有若考慮的是整個國家。

官收百之一稅，民輸太半之賦。官家之惠優於三代，豪強之暴酷於亡秦。是上惠不通，威福分於豪強也。今不正其本而務除租稅，適足以資富強。

——荀悅，見《前漢紀・論除民田租》

釋文

政府只向田主徵收百分之一的稅賦，而租田農民必須把其收穫的一半以上交給田主。雖然政府的恩惠遠遠大於從前的夏、商、周三代，但豪強的暴虐也遠比秦代要酷烈。

所以國家的恩惠不能到達農民身上，而豪強們卻享受了因此而來的種種好處。現在，政府不從根本上來解決（兼併）問題，反而一味地免除田主的稅賦義務，這正好使豪強們得以更加富裕。

點評

這是荀悅對西漢文帝免除田租的法令所作的評論。它指出政府免除天下田租的做法會與預期的剛好相反。要徹底解決問題就必須從整頓土地制度著手，建立新的土地管理體制。荀悅關於減免田租和整頓田制之關係的主張在今天仍有借鑑意義。

世有事，即役煩而賦重；世無事，即役簡而賦輕。……隨時益損而息耗之，庶幾雖勞而不怨矣。

——傅玄《傅子・平賦役》

釋文

當國家有事時，就要加重賦役；當國家無事時，就應減輕賦役。……根據時勢的需要而決定賦役的增減，這樣做或許可以使百姓勞而無怨了。

點評

在不同的條件下應該制定不同的管理措施。因此，根據環境、條件的變化及時調整原有措施也就變得十分必要了。由於封建國家的賦稅勞役與人民的經濟利益密切相關，因此，傅玄主張根據國家和時代的需要來決定徵發賦役的數量，量情變通，以安定民心，穩定封建統治秩序。傅玄的上述主張，對於加強和保證封建財政的有效管理是十分必要的。

上不興非常之賦，不下進非常之貢，上下同心以奉常教。民雖輸力致財，而莫怨其上者，所務公而制有常也。

——傅玄《傅子・平賦役》

釋文

朝廷不徵制度之外的賦稅，基層也不進奉制度之外的貢品，上下同心協力遵奉常規制度。這樣，百姓雖然服役納稅，但不因此埋怨朝廷，因爲賦役是用於國家公務，而且是按照常規制度徵發的。

點評

致平、積儉和有常是傅玄爲國家徵發賦役而提出的三條原則方針。他不僅主張國家應該根據百姓的貧富狀況確定賦役，力求做到均平；而且主張朝廷應躬行節儉，賦役的開支與徵發應用於爲公，他又特別強調了賦役徵發應有常規，要確立一定的制度，規定徵發賦役的正常標準。這三條原則，對於穩定西晉的國家財政，維護社會的統治秩序都是十分重要的。

昔先王之興役賦，所以安上濟下，盡利用之宜，是故隨時質文不過其節。計民豐約而平均之，使力足以供事，財足以周用，乃立一定制，以爲常典。

——傅玄《傅子・平賦役》

以前先王徵發徭役與賦稅，是爲了保證國家的安定並施惠於百姓，盡力使國家財政開支與民力的使用合理，所以隨時代需要而以禮樂教育治國之時，也保持一定節制而不超過限度。按照百姓的貧富確定徵發賦役的數額，使賦役均平；以所徵發的徭役滿足國家興辦各種事業的需要，徵收的財物滿足國家的開支爲標準，建立一定的制度，作爲長期施行的法典。

點評

財政目標的實現與否關係到國家政治統治能否穩定。傅玄爲此對國家的賦役政策提出了上述決策方針。首先，根據人民富裕和匱乏的具體情況確定賦役數量，按照國家的實際需要確定賦役輕重；其次，要有一定的制度，規定徵發賦役的正常標準，做到賦役有常。

夫財賦，邦國之大本，生人之喉命，天下理亂輕重皆由焉。……先朝權制，中人領其職，以五尺宦豎操邦國之本。豐儉盈虛，雖大臣不得知，則無以計天下利害。……請出之以歸有司，度宮中經費一歲幾何，量數奉入，不敢虧用。

——楊炎，見《舊唐書・楊炎傳》

財政賦稅是一個國家的根本所在，它之於養民猶如呼吸之於生死，天下治理得好壞、經濟宏觀調控能否成功都由此決定。……而前代君王（指唐代宗）卻規定由宦官擔任

管理財政之職，讓他們來掌握國家的大權。結果，國家財政是豐是儉是虛是盈，連大臣也不得而知，因而無法考慮天下的利害得失。現在還是希望能把管理國家財政的職責歸還給朝廷的專職官員，至於皇宮一年開支多少，以後仍如數供給，不會有所虧減。

點評

這段文字是楊炎任宰相後有關要求整頓國家財政管理奏折中的一部分。在以前，國家財政與皇室的私人財物分別由左藏庫和大盈內庫獨立管理。但是由於不少權勢很大的將領不斷地向左藏庫索取財物，結果國庫虧空。到第五任宰相時為避免這種情況乾脆把左藏庫併入了大盈內庫，由宦官負責管理。殊不料這反而加劇了財政管理的混亂，財政資金流失、浪費極為嚴重，惡化了本已存在的財政危機。為了改變這種狀況，楊炎主張恢復原來的財政管理體制，將國家財政從大盈內庫分離出來，仍歸左藏庫獨立管理。當時楊炎的這種改革有很強的現實意義。對於避免國家財政流失、提高管理效率起了一定的積極作用，有助於緩解當時的財政危機。不過，在均田制被破壞，租庸調制無法維持，國家財政收入銳減的情況下，僅僅把公庫與私庫分開獨立管理，其作用是有限的。因此，不久之後，楊炎就著手進行了財政體制的根本性變革，宣布實行兩稅法。當然，其提高財政管理效率的做法是值得借鑑的。

居人之稅，秋夏兩徵之，俗有不便者正之。……夏稅無過六月，秋稅無過十一月。

——楊炎，見《舊唐書・楊炎傳》

釋文 定居的人們所承擔的賦稅，一年分秋季、夏季兩次徵納，實際執行時若有所不便則可根據具體情況加以修正。……一般來說，夏季徵納的稅不得超過六月份（農曆，下同），秋季徵納則不應超過十一月份。

點評 楊炎把兩稅（戶稅、地稅）的徵納分爲一年秋、夏兩次，而且允許根據實際情況加以修正。這樣做符合稅收徵管的便利原則，並且降低了稅收徵管及社會成本。在此之前，稅收徵納極爲混亂，不僅稅目很多，而且徵納時間也毫無固定性可言，結果造成「旬輸月送」的局面。這種狀況令人無法預先知道納稅時間，也就妨礙了生產的計畫安排。而且徵納次數過於頻繁，貽誤農時，破壞生產。此外，徵納無度還助長了苛捐雜稅的出現和國家稅收的流失。注意稅收徵管的便利原則，這在今天仍是值得借鑑的做法。

戶無主客，以現居爲簿。人無丁中，以貧富爲差。不居處而行商者，在所郡縣稅三十之一，度所與居者均，使無僥利。

——楊炎，見《舊唐書・楊炎傳》

釋文 納稅人不再按其原有戶籍分爲本地人和外地人，一律在其現在居住地登記納稅。納稅時不再根據納稅人的年齡劃分爲丁或中（唐代規定二十一至五十九歲爲丁，十六歲爲中）而承擔不同的賦役，也不再以人丁爲承擔賦役的單位，而是一律改爲以戶爲單位，根據每戶擁有資產的多少來決定他們的賦稅負擔。對於那些經常流動的商人，則在他們經商所在地向國家交納三十分之一的賦稅，使其負擔與定居人相等，不能從中獲得僥倖之利。

點評

在這段文字中，楊炎確定了兩稅法的納稅依據是家庭擁有的財產多少。這就改變了以前租庸調制下以身丁（即個人的人身，承擔的爲庸）、受田（承擔的是租）和戶（承擔的是調）同時爲徵收賦役的依據的狀況。當時唐朝租庸調制的基礎遭到了破壞；人口流散，均田制無法維持，家庭遷徙到他處。在這種情況下，實行以資產爲承擔賦役依據的兩稅法有一定的公平性。因爲，雖然在「量出以制入」的支配下社會承擔的賦役總額並沒有減少，但是，以資產定賦役減輕了資產少的人所承擔的義務，免除了無資產（尤其是無土地）的人的義務，並把它們轉移給那些原來不承擔或承擔過少但資產很多的人。很顯然，它保證了國家財政收入，這正是實行兩稅法的目的。楊炎還提到了要加強對商人的賦稅徵管，使之與其他人承擔相同的義務。這表面上似乎抑制了商業的發展，但實際上卻等於正式承認了商業的合法地位，因此反而促進了它的發展。

凡百事之費，一錢之斂，先度其數而賦予人，量出以制入。……其租庸雜役皆省，而丁額不廢，申報出入如舊式。

——楊炎《舊唐書・楊炎傳》

釋文

國家興辦各種事業和提供各種服務所需開銷支出，以及國家取得財政收入時都必須預先估算其總數，然後按一定標準分攤到每個人身上，做到根據支出來決定徵收。……人們原先所負擔的租庸和各種徭役現在一併免去，但每個人的負擔額並不因此取消，還要照以前一樣申報。

點評

在這裡，楊炎提出了一個新的財政收支原則：量出以制入。這是楊炎兩稅法在確定國家賦役總額時所遵循的總原則，即根據國家支出原來的數額來確定以後財政年度的徵收總額。因此，兩稅法並沒有減輕社會的總負擔，它只是簡化了稅種，省去了原來租庸雜役的繁多名目，歸結爲戶稅和地稅兩種，但「丁額不廢」。它顯然不同於以前一直遵循的「量入爲出」的原則。不過，楊炎的量出制入並不是現代國家在編制預算時採取的根據支出狀況安排財政收入的做法。兩稅法只是在最初決定國家的賦役收入時採用「量出以制入」原則。一旦總數確定，在以後的每個財政年度仍然必須根據收入來安排支出。這表明楊炎在財政收支平衡的管理方面並沒有超出傳統的量入爲出範圍。

凡其一賦之出，則給一事之費，費之多少，一以式法。如是，而國安財阜，非偶然也。

——李覯《李覯集・國用第十》

釋文

凡有一份賦稅則給予一定的費用，費用的多少要制定統一的標準。只有這樣才能做到國家穩定而財富充足。這不是偶然的。

點評

量入以爲出是管理財政的原則。這一段名言不僅適用於國家財政管理，亦可用於企業和個人的財產管理。由國家言之，還需制定法律章程方可堵塞漏洞，做到收支平衡，略有結餘，以擴大再生產。

與其無地而輸財，孰若受田之獲利也。此亦以勸其勤耳。大略自國以至於畿，稅輕者不減二十而一，重者不逾十二，皆以役多少參折之也，此賦稅之定令也。

——李覯《李覯集・平土書》

釋文

與其沒有土地還要交納賦稅，還不如得到土地耕種能獲利。這種「平土」方法也是爲了鼓勵農民，使他們變得勤快罷了。大概從國都以至京畿一帶的賦稅，稅輕的不少於二十分之一，稅重的不超過十分之二，都以一家人應出徭役多少來折算，這是賦稅穩定的法令。

點評

勸民農桑，爲歷代政府之大要，然必須使農民有地種，種地有利可圖，這樣才能使農民安心種地，國家才有可靠穩定的財政收入，而要做到此兩點，平均土地、減輕賦稅是必不可少的。李覯這一段話，正表現了這一宏觀管理國家的思想。

故聖人設官，必於穀之將熟，巡於田野，觀其豐凶，而後制稅斂焉。豐年從正，亦不多取也；凶荒則損，何取盈之有哉？

——李覯《李覯集・國用》

釋文

所以古代聖人設立農官，必定在穀子將熟之時，在田間巡視，觀察稻穀是豐收還是歉收，而後依據實情制定稅收的標準。如遇豐年，則按正常標準收取稅額，也不多取；如遇荒年則減少稅收，哪裏有什麼多取的道理？

點評

這一段話是針對稅收而言。稅收是國家財政收入的重要內容，但也需依據百姓實際情況而定，當以「安民」爲上，如果任由下級官吏胡作非爲，必定引起農民不滿，必有損於來年耕作，也不利於政局穩定。

夫周公以民益頑，吏益滑，公田之耕，或不盡力；藉穀之入，或有隱欺，不如一委之民，而制其賦稅。

——李覯《李覯集・平土書》

釋文

周公當年認爲老百姓越來越難以管理，官吏越來越狡猾，公田的耕種有的不肯出力，有的將糧食收入的數量隱瞞起來，所以他決定還不如將土地交給農民，而收取賦稅。

點評

種公田的結果是國家與百姓兩皆受害，故需將土地交給百姓，讓其勞動與收益掛，這樣也便於國家管理。李覯以周公的做法爲效法榜樣，不啻提出一次經濟改革方案。

戶無常賦，視地以爲賦；人無常役，視賦以爲役。是故貧者鬻田則賦輕，而富者加地則役重。

——蘇軾《東坡全集・策別十》

釋文

民戶不能負擔固定的賦稅，應該視其土地多少而定；人也不能有固定的徭役，應該視其所納賦稅多少而定。因此，貧苦農民賣了田地，其賦役負擔就應該減輕，而富裕之家增加了土地，其賦役負擔就應該加重。

點評

這段話的意思是說國家分派賦役應以各家的土地多少爲標準，而不應該簡單地按人數分攤。土地數量發生了變化，該戶所承擔的賦役負擔也應有所改變，這樣才能使付出與所得相對應。否則，不顧別人得到了多少而強制分派負擔，這是很不合理的。

廣取以給用，不如節用以廉取之爲易也。

——蘇軾《東坡全集・策別十三》

釋文 廣泛徵收租稅來供給消費，不如節約費用以實現廉取來得容易。

點評 這句話實際表現了作者的「節用」思想。由於北宋養了大批軍隊和官吏，開支巨大，因而對農民徵刮較重，造成階級矛盾尖銳。為國家安穩著想，蘇軾向統治者建議要少徵節用，以實現「厚貨財」的目的。

國家之體，當先論其入。所入或悖，足以殃民，則所出非經，其為蠹國，審矣。

——葉適《水心文集·上寧宗皇帝札子三》

釋文 國家的整體，應該先考慮它的收入。收入的來源如不合情理，足以危害百姓，那麼支出也必然不合理，這可稱之為禍國，這是十分明顯的道理。

點評 國家取之亦需有「道」，橫徵暴斂固然屬厲民之政，巧立名目搜刮民脂民膏，亦是害民之法。故為國家打算，不能只從老百姓頭上盤剝。

以田一頃，配人一丁，當一夫差役。其田多丁少之家，以田配丁，足數之外，以田二頃，視人一丁，當一夫差役，量出雇役之錢。田少丁多之家，以丁配田，足數之外，以人二丁，視田一頃，當一夫差役，量應力役之徵。

——丘濬《大學衍義補·固邦本》

釋文

一頃田搭配一個成年人，就必須服一個丁夫的差役。田多丁少的家庭先按上述標準算出應股差役額，然後按每二頃田折算爲成年人一個服一個丁夫的差役的標準去計算無丁可配的餘田應服的差役額，再按一定標準繳納雇役錢以免服後一部分差役。田少丁多的家庭也先按上述標準以丁配田，然後按每兩個成年人折算爲一頃田服一個丁夫的差役的標準計算出無田可配的餘丁應服的差役額，最後從餘丁中徵發相應的人數去服役。

點評

上述內容是明代丘濬爲解決土地兼併問題而提出的配丁田法的核心內容。它把限田的主張與傜役制度結合了起來，透過丁田相配來決定應服差役額，進而調勻貧富之間的賦役負擔。它表明人們解決貧富不均的努力已從均田、限田逐漸轉向均賦役方面了。以田折丁或以丁折田對公平分配、徵發傜役有其合理之處。

先王之制，賦必取其地之所有。

——顧炎武《亭林文集・錢糧論（上）》

釋文

古代的良法之一，就是徵取賦稅，國家要獲得土地產出的收入，一定是量力而爲，在土地所能產出的範圍以內。

點評

經濟效益的取得，要受到成本等投入的限制，投入是發展的基礎，是客觀的，不以人的意志爲轉移。如果脫離實際，目標過高，勢必失敗。管理者要制訂合理的生產效率目標，基於現有的物資力量，要求合乎實際的效益與實績，而不可一味提高。

使人不暇顧廉恥，則國必衰；使人不敢顧家業，則國必亡。善賦民者，譬植柳乎，薪其枝葉而培其本根；不善賦民者，譬則剪韭乎，日剪一畦，不罄不止。

——魏源《魏源集・默觚下・治篇十四》

釋文

如果讓人無暇顧及廉恥，國家必然衰弱；如果使人不敢顧及家業，國家必亡。善於徵稅賦者，就像植柳一樣，以其枝葉作柴薪，愛護其樹根、樹幹；不善徵稅賦者，就像剪韭菜一樣，一天剪一畦，剪完爲止。

點評

這段話談到了培養稅源的問題。民眾廣泛的生產，良好的生產狀況，是國家稅收的根本來源。對稅源要有意識地進行保護。要取其枝葉，就要培其本根，不可採取剪韭式的做法。愛護稅源，才能保證國家稅收。破壞性的徵收，只會使生產萎縮，稅收減少。

國家之賦其民，非爲私也，亦以取之於民者，還爲其民而已，故賦無厚薄惟其宜。……且民非畏重賦也，薄而力所不勝，雖薄猶重也。故國之所急，在爲其民開利源，而使之勝重賦。勝重賦奈何？曰：是不越賦出有餘一例已耳。

——嚴復《原富・按語》

釋文

國家向人民徵稅，並不是為統治者個人的私利服務，應該用向人民徵收的賦稅，用之於民眾事業，所以徵賦稅沒有徵多或徵少的絕對標準，而要看是否適當。……而且百姓並不是害怕賦稅太重，即使很輕的賦稅，如果百姓的財力負擔不了，雖輕猶重。所以國家當務之急，在於為百姓開發財源，而使百姓能夠承擔重賦。怎樣才能負擔得起重賦？以不超過交稅後尚有積餘這一界限為標準。

點評

在這段按語中，首先，嚴復反對統治者把賦稅收入當作私財盡情揮霍。其次，嚴復說的「宜」，一是為民作事；二是要使民力能勝重賦。為提高人民的負擔能力，嚴復主張積極為民開發財源，把增加稅收建立在發展國民經濟的基礎上。嚴復提的「賦出有餘」是除「養民之財」、「教民之財」及社會救濟之資外的積餘。嚴復宣揚這些原則的目的，是要使賦稅政策不妨礙中國資本主義的發展。

倘土地價稅全國舉辦，以四百萬平方英哩的土地，其間名城大邑何止千百，每年收入當以百兆計。行之有效，則所有不良之稅，自可一律廢除，含繁歸簡，即整理稅制之道也。

——廖仲愷《廖仲愷集・廣東都市土地稅條例草案》

釋文

如果在全國徵收土地價稅，在這四百萬平方英哩的土地中，有名的大城市不只千百，每年的收入應當有數百兆。如行之有效，則所有不良的稅，自然可以一律廢除，由繁歸簡，這是整理稅制的根本方法。

點評

廖仲愷把整理徵收地價稅作爲整理稅制的關鍵，既可使國家獲得穩定的收入，又可廢除其他不良之稅。這一理財主張，是合理並有積極意義的。但是他對地價稅的作用估計偏高。當前，我們也應該注意稅收在經濟、財政中的作用，注意稅制的合理化問題。

民患輕，則爲作重幣以行之，於是乎有母權子而行，民皆得焉。若不堪重，則多作輕而行之，亦不廢重，於是乎有子權母而行，小大利之。

——《國語・周語下・單穆公諫景王鑄大錢》

釋文

老百姓因幣輕貨貴而不喜歡輕幣，就鑄造重幣行使，於是市場上就有重幣輔輕幣流通，老百姓盡得方便；若老百姓覺得幣太重，就鑄輕幣，同時並不廢除重幣，於是市場上就有輕幣輔重幣而流通，輕幣重幣老百姓都認爲很便利。

點評

〈單穆公諫景王鑄大錢〉是《周語》中一篇有關貨幣發行管理的文章，論述了重輕幣與老百姓物品貴賤多少及與國家興亡的關係。這段文字指出，大面額與小面額貨幣的發行一定要依據市場流通的物品多寡而定。這與現代貨幣發行管理思想很相近。

寶貨皆重則小用不給，皆輕則僦載煩費。輕重各有差品，則民用便而民樂。

——《漢書・王莽傳》

釋文

寶貨（即王莽第三次改變幣制時實行的貨幣總稱）的各種品類如果價值全都規定過高，那麼零星的小額支付就無法進行；若全都規定過低，那麼人們爲進行大宗交易所需攜帶的貨幣就會太多，很麻煩。寶貨必須有的價值高，有的價值低，相互之間要有一定的差別；這樣就可適應於各種交易情況，因而人們也樂於使用它們。

點評

這是王莽實行「寶貨」幣制的一個設想。在這裡，王莽提出：一個貨幣體系的貨幣單位（或標準）的規定應該與實際的各種交易情況相適應，既不可定值過輕，也不可定值過重，只有輕重適當才能促進交易進行。王莽事實上也做到了這一點，各種輕重共達二十八品。這便走向了另一個極端。過細的劃分不但缺乏科學性，反而造成了比價過繁而亂的弊端，也不利於交易的順利進行。

民或乏缺，欲貸以治產業者，均授之。除其費，計所得受息，毋過歲什一。

——《漢書・食貨志下》

釋文

人們如果缺乏資金，想透過貸款來發展生產，對此，國家應該發放貸款。政府在收取利息時應先扣除成本開支，從利潤中支付借款利息率，年利率不得超過百分之十。

點評

這是五均賒貸中貸的具體內容。賒是發放款項供城市居民非生產性消費之用，如祭祀、喪嫁，沒有利息，但對放款的條件及還款的規定相當嚴格。與此相反，貸是借錢供城市小工商業者生產之用，計收利息。爲了鼓勵發展生產，王莽對貸款條件控制較鬆，只要借款是用於生產，一般都應放款。此外，王莽對利息的計算方法也比較科學，強調支付利息的資金必須來源於扣除成本開支後的利潤。也就是說，利息是利潤的一部分；這與王莽規定賒錢不付利息是一致的。這在當時是一種獨到的見解。

夫《周禮》有賒貸，《樂語》有五均，傳記各有斡焉。今開賒貸，張五均，設諸斡者，所以齊眾庶抑併兼也。

——《漢書・食貨志下》

釋文

《周禮》中記載有由國家從事賒貸活動的先例，《樂語》中則有關於五均措施的敘述。其他各種傳記中還有國家直接參與經營經濟活動的事實。現在國家重新從事五均賒貸活動，並相應採取一系列干預政策，其目的是要共同富裕並防止兼併的出現。

點評

五均賒貸是王莽的「六管」之一。這段文字指出了他採取五均賒貸政策的淵源和目的。《周禮》中的賒貸是指由國家免息或低息發放貸款，王莽推行它的目的是排斥高利貸。

五均的實施情況是，政府對六個大城市（長安、洛陽、邯鄲、臨淄、宛和、成都）的工商業經營給予統制和管理。此外，還規定了其他許多干預政策，以此全面調控國家經濟。不過，王莽也主張政府干預經濟必須遵循客觀規律。總之，王莽的五均賒貸政策有其一定的合理之處和借鑒意義。

錢實便用於事，民樂行之，禁之難；今開難令，以絕便事，禁民所樂，不茂矣。

——荀悅《申鑑・時事・問貨》

釋文

五銖錢（泛指貨幣）確實能夠方便人們的經濟商貿諸方面的事情，人們很樂意使用它，因此很難禁止其流通。如果今天硬要做這種很難做到的事，斷絕便民之事，禁止人們所樂意、喜愛的五銖錢，這並不是件好事。

點評

這段話是荀悅針對廢錢觀點而提出的貨幣管理主張。當時全國貨幣制度混亂，五銖錢大量流散邊遠地區乃至國外，或者被人貯藏起來，因此遠遠不能滿足交易商貿的需求。有人因此主張乾脆廢除或禁止它流通。荀悅認爲這樣做不行，因爲五銖錢的確有助於經濟交易，不應該也不可能禁止。當前的混亂狀況不是由貨幣本身引起的，它另有原因，所以解決的辦法不在於廢除五銖錢本身。反對廢錢，堅持貨幣流通的貨幣管理符合經濟發展的規律。

古之人曰：錢者，亡用器也，而可以易富貴。富貴者，人主操柄也，果慎斯術，則操柄無失而群下服從，有國之急務也。

——李覯《李覯集・富國策第八》

釋文 古人說：錢這種東西，是一種無用的東西，但可以使人富貴。富貴，是皇帝應該掌握的權柄，如能謹慎行使，就能確保權柄不失而使群臣萬民服從，這是國家急需解決的大事。

點評 貨幣關係國家經濟命脈，歷來善治國者必須管理好貨幣，充分發揮貨幣的各種職能，才能促進經濟之繁榮。故發行貨幣之權不可放，這一點乃世界通例。

故聖王製無用之貨，以通有用之財，既無毀敗之費，又省運置之苦，此錢所以嗣功龜貝，歷代不廢者也。

——孔彬之《廢錢用穀帛議》

釋文 所以聖人製造了無實際用途的錢幣，用來交換有用的貨物，既不會有毀壞財物的浪費現象，又可省去運輸財物的勞累，這就是錢幣繼承了龜貝一類的功用，歷代都沒有廢棄的原因。

點評

這一段話闡述了錢幣的交換功能，以說明不可廢棄的原由，進而證明國家必須控制貨幣的發行權以穩定經濟；歷代善治國者無不牢牢控制錢幣發行權，這樣才不致發生錢荒或因錢幣氾濫而貶值。

夫物賤則傷農，錢輕則傷賈。故善爲國者，觀物之貴賤，錢之輕重。夫物重則錢輕，錢輕由乎多，多則作法收之使少；少則重，重則作法布之使輕。輕重之本，必由乎是，……

——劉秩《貨泉議》，見《舊唐書・食貨志》

釋文

物產價格低賤則會傷害農民，錢幣貶值則會傷害商人。所以善於治國者，應當觀察物產的貴賤，錢幣的輕重。物價高則錢幣會貶值，錢貶值在於貨幣多。錢幣多了，設法回籠貨幣使之減少流通量，錢幣少了價值就會高起來，錢幣價值太高了就將聚集的貨幣投放下去使之貶值。錢的貶值與增值全在於國家掌握貨幣大權。

點評

這是一段關於控制貨幣的言論，其大意在利用行政手段控制干預貨幣市場，錢幣的輕重是一個古老而又常新的話題，當今的西方發達國家也常利用國家權力干預貨幣市場，可見劉秩的見識之高，值得今人深思。

蓄錢者志於流通，初不煩上之人立法以教其懋遷也。憲宗徒以錢重物輕之故，立蓄錢之

限，不亦甚乎！

——丘濬《大學衍義補・制國用・銅楮之幣下》

釋文

積蓄貨幣的人其目的在於把這些貨幣投入流通，根本不必煩勞國家統治者訂立法規去要他們將貨幣投入交易。唐憲宗（西元八〇六至八六〇年在位）曾因爲貨幣（指銅錢）代表的價值過大、物價過低而規定人們積蓄貨幣的最高限額，這實在太過分了！

點評

在這裡丘濬主張政府對貨幣的儲藏積累行爲不要加以干預。這是丘濬在貨幣金融管理方面的觀點。他認爲積蓄貨幣的人其實是想用它來投資經商，因此，必然會再次投入流通，根本用不著政府立限干預。這反映了丘濬所處的明代在貨幣金融方面的一些狀況。不過，唐憲宗的「蓄錢之限」管理措施在一定範圍內有其合理性。因爲，隨生產、商貿的發展，對貨幣的需求大增。而作爲貨幣的銅錢其供應卻沒有相對增加，而且同時還大量流散國外，於是出現了「銅荒」。銅荒使得銅錢代表的價值或者說購買力不斷提高，不少人因此把銅錢儲蓄起來不用，使之退出流通，這又進一步減少了流通中的銅錢。結果阻礙了交易，又使得物價不斷降低，破壞了生產。在這種情況下，限制人們過多地儲蓄銅錢的政策對緩解「銅荒」有一定的作用。丘濬認爲唐憲宗時人們大量儲藏貨幣是爲了投資於經商，這並不符合當時的情況，但它符合丘濬時代的實際。所以他反對政府實行貨幣金融管理的主張也是合理的。

竊以爲今日制用之法，莫若以銀與錢鈔相權而行。……雖物有豐歉，貨值有貴賤，而銀與錢鈔交易之數一定而永不易。……既定此制之後，錢多則出鈔以收錢，鈔多則出錢以收鈔。銀之用，非十兩以上禁不許以交易。……寶鈔銅錢，通行上下，而一權之以銀。

——丘濬《大學衍義補・制國用・銅楮之幣下》

釋文

我認爲今天國家管理貨幣流通的辦法應該是：規定銀與銅錢、紙幣之間的兌換比例，讓它們同時流通。……雖然年成有好壞的不同，商品價格有高低的變化，但是銀與銅錢、紙幣之間的兌換比例則應該保持穩定，永遠不變。……確定三者的兌換比例之後，流通中如果銅錢太多了就要拋出紙幣以回籠一部分銅錢，如果紙幣太多了就要拋出銅錢以回籠一部分紙幣。銀兩必須在交易值大於十兩時才能使用。……紙幣和銅錢最終都以銀爲其兌換標準。

點評

這段話反映了丘濬在貨幣流通方面的管理主張，雖然丘濬是金屬貨幣主義者，對流通紙幣進行了猛烈的抨擊，但他不敢否定本朝的紙幣流通現實，所以在這個管理方案中仍保留了紙幣一席之地。該方案的關鍵有兩點：一是銀、銅錢、紙幣之間的兌換比例永遠保持不變，二是在三者中突出了銀的特殊地位。丘濬主張保持三者兌換比例不變，其目的是防止紙幣貶值和銅錢不足值（可稱爲銅錢貶值）給人們帶來損失。拋出或回籠銅錢或紙幣其目的也是穩定它們的兌換比例，防止某一種貶值。防止通貨貶值（即通貨膨脹）的確是貨幣管理的重要目標，就這點而言，丘濬的方案有積極合理的方面。但是，保持三者的固定兌換比例，事實上往往做不到。即使做到了也未必不會給人們造成經濟損失。在該方案中，銀處於價值尺度的地位。人們透過穩定它與銅錢、紙幣的兌換比例來穩定銅錢與紙幣的兌換關係，流通中的銅錢與紙幣是否過多最終都取決於它們與銀的兌換關係。由此可見，銀在貨幣體系中的主要作用是充當穩定器。限制小額交易使用銀兩就體現了這一點。丘濬主張用銀的目的雖然主要在於用來穩定銅錢與紙幣，但主張用銀本身就比否定用銀或主張金銀並用的管理措施更符合當時的貨幣流通規律。

抑末以勸耕，獎樸而禁奸，煮海種山之不可聽民自擅；而況錢之利，坐收逸獲，以長豪黠而奔走貧民，為國奸蠹者乎！

——王夫之《船山遺書・讀通鑑論》

釋文

限制工商業以鼓勵農業，獎勵樸實之民而禁止奸邪小人，熬鹽、種茶之類易賺錢的行業尚且不讓百姓擅自經營，更何況鑄錢幣之類易獲利的行業，可以坐享其成，豈可放任而助長有錢有勢的奸猾之徒，使貧民為其奔走，以至成為害國之蠹蟲？

點評

王夫之認爲，國家要統一，防止內亂，必須限制豪強勢力，集鑄錢開礦等財經大權於中央，這幾句話便表達了這種思想。

夫財之害在聚。銀者，易聚之物也。……錢廢於前代，豈不可復於今世？救今之民，當廢銀而用錢。以穀爲本，以錢輔之，所以通其市易也。

——唐甄《潛書·更幣》

釋文

財富的禍患在於積聚。白銀是容易積聚的東西……錢幣在前朝被廢棄，今天就不可以重新使用它嗎？爲了拯救當今之民眾，就應當廢棄白銀而用錢幣。以穀物作根本，以錢幣作輔助，來幫助市場的流通。

點評

貨幣制度也就是財政制度，古以對這一問題的重視反映了當時社會人們的經濟思想。唐甄重視貨幣作爲流通手段的職能，符合當時社會的實際需要，並且也是對貨幣基本職能的正確認識。

夫賦以錢配，祿以錢配，餉以錢配，自朝廷至於閭閻，自緞帛至於布絮，出納無非錢者。不出三年，白銀與銅錫等矣。昔者一庫之藏，今則百庫，天府雖廣，其勢不可多藏也。昔者一騾之負，今則百騾，家室雖富，其勢不可多藏也。有出納皆錢之便，無聚而不散之憂，錢不流於海內，其安之乎！

——唐甄《潛書·更幣》

釋文 交賦稅用的是錢幣，發放俸祿用的是錢幣，軍餉也是錢幣，從朝廷百官到平民百姓，從緞帛到布絮，都以錢幣為交換手段。不出三年，白銀就跟銅、錫等價了。以前一庫房所藏之錢今天需一百間庫房才裝得下，即使庫房眾多，也不可能多藏錢。過去一頭騾子可以馱運的錢，如今需一百頭，家室再富，也不可能多藏錢。收支都能得到使用錢幣的便利，卻沒有被人聚斂而不再流通的憂慮。如此一來，錢幣不在國內流通，還能夠靜止不動嗎？

點評 這裡是唐甄提的關於用銅錢幣代替銀子作為市場主幣的具體措施。錢幣量大，可以防止積聚而解決市場流通中貨幣不足的矛盾，其方法則是從國家的各項支付開始。

民之樂於用票也，以其有交鈔之利，而無孤鈔之害也。今以無銀之鈔，而易有銀之票，百姓之不樂甚矣，民心之不順甚矣。且天下事有不便於民者，則當易之，民便用票，何以易為？

——許楣《鈔幣論・鈔利條論六》

釋文 人民樂於用匯票，是因為匯票具有可兌現紙幣的優點，而沒有不兌現紙幣的危害。現在用不兌現的紙幣來換人民手中可兌現的匯票，百姓為此十分不悅，民心因之甚為不滿。而且天下事有對民眾不利的地方則應加以改革，民眾用匯票有利，為何要改變呢？

點評

許楣此語是針對王　取消錢莊匯票的主張所進行的駁議。很顯然，許楣是從人民，特別是商人利益出發來認識貨幣制度優缺點的。他強調貨幣管理與決策的變革必須是從人民利益被損害的事情上著手，而在現代宏觀經濟管理中，檢驗一項改革計畫能否施行的標準之一，也就是看該計畫能否被民眾所接受。許楣反對王　取消人民所樂於使用的匯票，在一定意義上具有保護人民利益的積極作用。

> 今議造鈔足天下之用而止，而國賦一皆收鈔，則停造之後，收鈔有常數矣。使國家而無意外之費則已，有則安所取之，取之於添造必矣。然而天下之鈔非不足也，爲之奈何？
>
> ——許楣《鈔幣論・造鈔條論七》

釋文

現在議論紙幣發行能滿足貨幣流通需要時則止，然而國家賦稅一律收紙幣，當紙幣停發後，財政稅收則年年有常，國家沒有意外開支時尚可，一旦需費則又從何而取呢？只有取之於增發紙幣。於是流通中所需紙幣不是不足，而是不可遏止。

點評

從貨幣投放的宏觀控制手段來看，控制貨幣的發行量必須堅持貨幣的經濟發行而杜絕貨幣的財政發行。許楣在這裡既分析了紙幣發行量對滿足流通需要和對滿足財政需要有著根本的區別，又指出了爲滿足財政需要而發行紙幣勢必要超出流通需要量，最終會造成無法管理的通貨膨脹惡果。

即盡收其銀，又惡禁其票，絶天下之利源，而壟斷於上，何體統之有？

——許楣《鈔幣論·鈔利條論二》

釋文

將要把民間白銀全部收歸國有，又完全禁止匯票在民間流通，如此壟斷天下所有利源，又成什麼體統？

點評

這是許楣批駁王　強化中央集權貨幣管理制度的論點之一。把這一思想放在許楣貨幣思想的整體中看，他強調白銀是當時最理想的貨幣，從而反對廢止白銀，反對貨幣發行的國家集權管理，特別是他反對爲財政目的發行紙幣而損害人民利益，這些思想儘管有不少錯誤與保守之處，但也畢竟有不少科學管理的成分，在當時的歷史條件下，它反映並代表了商民的利益，是有利於商品經濟發展的。

夫百姓家有億萬之銀，而國家造鈔以易之，是以鈔爲易銀之本耳，何嘗以銀爲用鈔之本。而況宋不能以無錢之交子易民之錢，今安能以無銀之鈔易民之銀哉？

——許楣《鈔幣論·雜論一》

釋文

民間有億萬白銀，而國家則製造紙幣要將其回收，這是以紙幣作爲交換白銀的基礎，哪裡是以白銀作爲紙幣流通的基礎。宋代時尚且不能以不兌現的交子交換人民手中的錢幣，現在又怎能以不兌現的紙幣來交換人民手中的白銀呢？

點評

現代貨幣發行制度已遠非許楣時代所能比擬。紙幣代表金屬貨幣而流通已成爲普遍的、規律性的現象。許楣此語是從金屬主義貨幣論出發，強調白銀的貨幣價值，強調紙幣發行要有金屬貨幣做準備。從而反對政府用不等值貨幣掠奪人民財富。許楣的理論雖然粗疏，但卻反映了人民的利益和願望，並表達了希冀政府的宏觀貨幣管理能保證財政與社會經濟穩定發展的要求。

夫欲足民，莫如重農務穡，欲足君莫如操錢幣之權。苟不能操錢幣之權，則欲減賦而絀於用，欲開墾而無其資，何以勸民之重農務穡哉？故足君尤先。

——王瑬《錢幣芻言・錢鈔議一》

釋文

要使民富就必須務農勤耕，要使國富就必須控制貨幣發行權。政府若不能控制貨幣發行權，則雖想減民賦稅，卻不免財政困乏，雖想要墾荒擴耕，則又會缺少資金啓動，如此怎能鼓勵人民務農勤耕呢？所以富國應是第一位的。

點評

「富國」還是「富民」的問題，是中國封建社會爭議不休的問題。但從宏觀經濟管理的角度來看，首先「足君」還是「足民」，都是發展經濟、穩定國體的手段，在不同時期和不同歷史條件下，各有其存在的特定意義。聯繫上下文，王瑬選擇「足君」爲財政目標和貨幣改革的理論基礎，從而違背了貨幣發行要爲經濟目的而非財政目的的貨幣管理原則。不過在鴉片戰爭前夕，中國社會危機四伏之時，王瑬此意還有著加強中央財力、穩定社會經濟，從而保障國家安全的時代意義。特別是他在此提出要中央控制貨幣發行權的主張，與當代貨幣發行的管理原則相一致。在當時很具開創性。

按造鈔之數，當使足以盡易天下百姓家之銀而止，未可懸擬。若論國用，則當如《王制》「以三十年之通制國用」，使國家常有三十年之蓄可也。

——王瑬《錢幣芻言·與包慎伯明府論鈔幣書》

釋文

發行紙幣的數量，應以可完全回收百姓手中的白銀爲準則，不可憑空揣度。財政方面則應以《禮記·王制》篇中「通計國家三十年財政收入數額」爲準，使國家經常持有足三十年財政用度的積蓄。

點評

這是王瑬所擬紙幣發行數額的兩個量化標準。第二個標準明顯是爲財政目的，而且歪曲了《王制》篇中：「三十年應有九年之蓄」的原意。現代貨幣管理科學強調貨幣發行必須遵照爲經濟發行而非財政發行的原則，顯然，王瑬的上述標準，嚴重違反了貨幣流通的規律和貨幣管理的科學規定。

從來鈔法難行易敗者，全在製造不精，易於霉爛，及倒換加費之弊耳，並不關取之不盡也。

——王瑬《錢幣芻言・與包慎伯明府論鈔幣書》

釋文

歷來發行紙幣難於推行而易於失敗的原因，全在於製造不精良，容易霉爛以及舊鈔換新鈔要加收費用，並不因爲紙幣製造可以無窮無盡。

點評

這是王瑬爲其發行紙幣主張提供依據而作歷史分析的一段話。結合上下文來看，王瑬針對此原因分析並提出了一系列相應而具體的紙幣發行改革措施。如主張政府在紙幣發行中不要輕易改變政策以取信於民；紙幣印刷要精良，採取防僞措施，嚴懲僞造者等。王瑬的這些技術管理改進措施，對於加強貨幣發行的法制與有效管理，是切實而積極的。不過歷史上紙幣流通失敗的根本原因在於發行過多而非技術管理不善，王瑬對此矢口否認卻是十分錯誤的。

欲行鈔必先將條例播告天下，使人人知行鈔之利；又誓之明神，求不變法。

——王鎏《錢幣芻言・擬錢鈔條目》

釋文

要發行紙幣必須先將發行條例公布於眾，使人人都知道其中的好處；並且要公開宣稱不再更改條例內容。

點評

這是王鎏在擬定行鈔條目時，鑒於前代紙幣制度不斷更改，失信於民，最終導致發行失敗而提出的革新主張。制定明確而完整的貨幣管理目標體系，並保持政策的穩定性，可以消除百姓對幣制改革的疑懼，並保證改革目標的成功，聯繫王鎏所擬錢鈔條目的各項內容來看，其對改革原有幣制的各項弊端提出了不少合理化建議，這些主張對於加強貨幣發行的科學和技術管理具有積極作用。

不知鈔法以實運虛，雖虛可實，大錢以虛作實，似實而虛。故自來行鈔可數十年，而大鈔無能數年者，此其明徵也。

——王茂蔭《王侍郎奏議・論行大錢折》

釋文

人們不知可兌現紙幣以金銀爲基礎，看似無價值卻代表實際價值；大額銅錢不足值鑄造，雖有一定含銅量卻遠不及其名義價值。所以紙幣發行可以流通數十年，而不足值的大額銅錢卻流通不過幾年便趨於失敗，這就是一例證。

點評

王茂蔭是金屬主義貨幣論者，因此他主張銅錢必須足值鑄造，認爲可兌現紙幣流通能夠成功，而鑄大錢則必歸失敗。王茂蔭的上述議論，可以說已接觸到現代貨幣發行與管理中關於價值與價值符號關係的問題，雖然未能在理論上進一步深化，但他反對不足值大錢和不兌現紙幣的流通，在當時對貨幣管理和社會經濟的穩定具有重要作用。

鈔之利自不待言，行鈔之不能無弊，亦人所盡曉。然知有弊而不能實知弊之所在，知弊之所在而不能立法以破除之，則鈔不行。

——王茂蔭《王侍郎奏議・條議鈔法折》

釋文

發行紙幣的好處不用多說，發行紙幣的缺陷也是人所共知的。但是知道有弊端而不知弊在何處，知道弊在何處又不能立法以杜絕，所以紙幣發行不能成功。

點評

決策任何行動計畫，不僅要目標明確，而且要對行動過程的各步驟均能切實把握。在計畫的組織實施過程中，一旦發現錯誤和問題，還要能夠及時糾偏，如此才能保證計畫目標的實現與成功。王茂蔭的上述分析，就是針對中國紙幣發行過程中的無效管理而言，特別是他提出要以立法手段來根除紙幣發行中的不良弊端，提出貨幣發行的法制管理問題，在當時是很具創新意義的。

論者又謂國家定制，當百則百，當千則千，誰敢有違，是誠然也。然官能定錢之值，而

不能限物之值。錢當千，民不敢以爲百，物值百，民不難以爲千。自來大錢之廢，多由私鑄繁興，物價踊貴，斗米有至七千時，此又其明徵也。

——王茂蔭《王侍郎奏議・論行大錢折》

釋文

有論者說錢幣價值由國家規定，說它一百就當一百，說它一千就當一千，誰也不敢違反規定，這是事實。但是政府能規定錢幣的面值，卻不能限定物品的價值。指錢幣當一千用，人民不敢當一百；指物品價值爲一百，人民卻不難將其賣一千。從來不足值大錢的流通失敗，都是由於私鑄超過需要，引起物價上漲，一斗米有時能賣七千，這又是一例證。

點評

這是王茂蔭對國家權力能使價值符號的名義價值變成實際價值的根本否定，揭示了客觀規律與人們主觀意志之間的關係。規律是不以人的意志爲轉移的，違反規律的人的認識及意志力必然要受規律的懲罰。貨幣制度、經濟管理之所以成爲科學，就是因其與貨幣和經濟運行的規律相符合，王茂蔭的上述分析提示我們，貨幣發行與流通的規律不是遊戲，是不能任意主觀發揮的。

鈔無定數，則出之不窮，似爲大利；不知出愈多，値愈賤。……極鈔之數，以一千萬兩爲限。蓋國家歲出歲入不過數千萬兩，以數實輔一虛，行之以漸，限之以制，用鈔以輔銀，而非舍銀而從鈔，庶無壅滯之弊。

——王茂蔭《王侍郎奏議・條議鈔法折》

釋文

國家無限制發行紙幣看來十分有利，但是紙幣發行越多價値就越低。應規定以一千萬銀兩作爲每年發行紙幣的最高限額。國家財政收支每年有數千萬銀兩，這樣銀兩與紙幣保持一定的比例，這是以紙幣輔助銀兩流通，而不是用紙幣完全取代銀兩，如此才沒有通貨膨脹的問題。

點評

「以數實輔一虛」是王茂蔭發行紙幣理論的中心論點，在中國古代紙幣管理思想中占一席之地。其目的在於用實領虛，即以銀流通爲主，紙幣流通量始終只占銀流通量的幾分之一，因此紙幣不足以取代銀的地位，避免了紙幣發行過多而通貨膨脹。從上下文可以看出，王茂蔭認爲發行紙幣是不得已而爲之，是爲了解決意外事件而臨時採取的措施。因此，他提出一系列法規加以限制，以免行之過度。

或謂銅斤短絀，若不及時變通，則明年必至停鑄，此又豈細故耶？顧變通欲其能行，不行則亦與不鑄等。

——王茂蔭《王侍朗奏議・論行大錢折》

釋文

有人說中國藏銅量已經短缺，貨幣政策若不及時改革，明年必將無銅可鑄錢幣，這怎麼是件小事情呢？大凡幣制改革必須要能適應社會需要而被民眾所接受，不被人民接受的方案與沒銅鑄錢則無差別。

點評

適時改變、調整原計畫，及時糾正誤差，這是加強國家控制，提高管理效率的重要途徑；而檢驗一個計畫能否施行的標準之一是看這個計畫是否被民眾所接受。王茂蔭在此提出了一個值得我們深思的問題：一個新管理目標在實施中遇到許多困難和阻力，是不是只要不斷解決出現的問題，克服阻力就一定會實現最終目的呢？難道我們不應該徹底地反思一下我們設立的管理目標本身，是否一開始就注定是個錯誤呢？

> 造鈔之製，不得漸減工料，致失本來制度以壞法。民人有偽造者，即照鈔文治罪，不得輕縱以壞法。如是而壞法之弊，庶幾可杜。
>
> ——王茂蔭《王侍朗奏議・條議鈔法折》

釋文

紙幣製造不能偷減工料，要防止原有制度被破壞而導致紙幣貶值。一旦發現偽造者即按有關規定治罪，不能對此姑息寬縱而破壞法令。如能照此辦法，現有紙幣發行中的弊端方可杜絕。

點評

王茂蔭在此強調了加強紙幣發行過程中的法制管理原則。他提出應從兩方面著手以維

持紙幣發行的正常秩序：一是從內部端正思想，嚴格管理。政府不得無約束和爲財政目的而在製造過程中偷工減料、執法違法。二是對廣大百姓則應明示法度，嚴懲僞造者以儆效尤，如此內外皆嚴，才能保證紙幣發行的順利推行。

錢與物本無輕重。始以小錢等之，物既定矣，而更以大錢，則大錢輕而物重矣。始以銅錢等之，物既定矣，而更以鐵錢，則鐵錢輕而物重矣。物非加重，本以小錢銅錢爲等，而大錢、鐵錢輕於其所等故也。

——周行己《浮沚集・上皇帝書》

釋文 錢和物之間本來沒有輕重多少之分。若一開始用小錢來定值，再用大錢替換，那麼自然物重於大錢。若一開始以銅錢定值，再用鐵錢替換，那麼等同於銅錢的物自然重於鐵錢了。物本身沒什麼變化，只不過價值的定位有所更換而已。

點評 這裡有樸素的價值與價格的辯證關係，例證較爲有趣。

商務之本，莫切於銀行。

——鄭觀應《盛世危言・銀行上》

釋文 發展商務的根本，沒有比銀行更重要的。

點評 鄭觀應看到洋人設立銀行後「長袖善舞」，因而主張中國發展銀行事業，這主張在當時是進步的，也是符合經濟發展趨勢的。鄭觀應認爲銀行爲百業之樞紐，是積累資本的槓桿，可融財源而維持大局，爲「民生國計所交相依賴者」。目前，發展並改革金融業，仍是經濟發展的客觀要求。

豈鈔法之果不可行哉？信則行，不信則不行；有鈔本則可行，無鈔本則絕不可行也。

——陳熾《庸書外篇・交鈔》

釋文

難道發行紙幣的制度真的不能實行嗎？有信譽就可以實行，沒有信譽就不能實行；有現金準備就可以實行，沒有現金準備就絕對不能實行。

點評

在這裡，陳熾強調了發行紙幣，必須講求信譽，同時要有充足的現金作爲準備金，不能隨便發行。如果沒有充足的現金作爲準備金，隨便大量發行紙幣，則必然造成通貨膨脹，紙幣貶值。這樣的紙幣發行制度是絕對不行的。所以，紙幣的發行量，其關鍵在於現金準備的多少。這也是我們現今在金融管理中時常遇到的問題。如何正確地制定和實施紙幣發行制度，這裡無疑也給我們提供了一定的借鑑。

股票流通，則可化一爲萬，股票不流通，則以一爲一，止是不生而無用矣。

——康有為《康有為政論集・理財救國論》

釋文

股票如果流通，就可以做到化一爲萬，而如果股票不流通，就只能以一爲一，不能升值也就沒有什麼作用。

點評

康有爲強調股票要流通。這段話充分揭示了股票流通的作用。在後文中，他提出要開設中國自己的股票交易所，並反駁了投機對國民經濟有大害的說法，鼓勵股票交易。

夫市街宅地之抵押，尤爲興起國富之要圖，建築愈多，則地價愈漲，人民坐增其富源，農工商礦亦隨之而盛長，於是國富大增焉。

——康有為《康有為政論集·理財救國論》

釋文

房地產抵押，對振興經濟富國強民尤其有重要作用，建築越多，則地價就會相應增加，人民坐享財富的增加，其他行業也隨之而增長，從而國家就能富強起來。

點評

康有爲在這段話中論述了房地產抵押這一金融業務對經濟的促進作用。在後文中，他著重談了如何運用房地產抵押來強國富民。不過，康有爲並未真正認識到房地產抵押促進經濟的真正根源。

夫金融者，國民之生命，國家萬不能不監核而操其大權，若放任自由，一難收拾，二難綜核，則國與民同血枯而倒斃矣……。

——康有為《康有為政論集·理財救國論》

金融是國民的生命線，國家一定要加以監控和管理，如果放任自由，一則難以收拾，二則難以綜合考核，就會出現因金融操縱不當而導致國家與人民困於資本缺乏的窘狀……。

點評

這段話點明了金融在國民經濟中起的重要作用，並著重指出金融的管理必須由國家出面才能妥善解決。康有爲首先論述了金融的重要性及特殊性，在下文中他著重談了中國金融體制建立的具體設想與實施方案。

請敕下戶部盡銷舊錠，改鑄新錢，其圓體大者，無過一兩，……先之俸餉，後行商賈，定當錢之則，嚴印面之禁，不衡而知重，不碎而權用，則風行泉流，無遠不屆，然後禁內地之洋銀，以杜漏卮而全正朔，所關君國，豈淺小哉！

——康有為《康有為政論集・錢幣疏》

釋文

請下令戶部全部銷毀過去的銀錠，改鑄新錢。新錢爲圓形，大的不超過一兩，……先用作官吏的薪金，隨後再漸漸用到商業中，規定兌換流通的法則，嚴格控制鑄幣權和幣值。這樣，銀錢不用稱就知道多重，不用鉸碎就可以使用。銀錢就能像風、水一樣，流行到任何地方。然後禁止國內使用外國銀幣，以杜絕銀子外流並確定國家權威。這事關係到君王國家，絕不是小事。

點評

這是康有爲關於貨幣管理的主要論述之一。中國歷史上長期使用純銀錠作爲貨幣，極不方便，對發展經濟不利。而外國銀幣進入中國，又造成純銀外流，並危及中國的主權。爲此，康有爲提出了鑄造銀幣的主張，並透過薪俸、商賈等途徑逐步推行，以便最終統一幣制。這些主張，對改善清王朝的經濟狀況，應是一帖有益的良藥。

改革與宏觀調控

且夫三代不同服而王，五伯不同教而政。知者作教，而愚者制焉。賢者議俗，不肖者拘焉。夫制於服之民，不足與論心；拘於俗之眾，不足與致意。故勢與俗化，而禮與變俱，聖人之道也。

——趙武靈王，見《戰國策・趙策二》

釋文

夏、商、周三代服式雖然不同，可是都統治天下；五霸雖然教化不同，可是都在天下推行政令。聰明的人推行教化，而愚笨的人卻把它看成定制。賢明的人議論改革風俗，不賢明的人卻拘守成法。那些被衣服型式所制約的人，不值得跟他們談心；被風俗所束縛的人，難以跟他們交換意見。所以時勢與風俗一起變化，而禮法也隨著一起改變，

這是聖人之道。

點評

趙武靈王決心繼承先主功業，開發胡、狄之地以擴大領土，富國強兵。爲此他決定改穿胡人服裝，學習胡人騎射，改革風俗。此舉遭到不少人反對，大臣趙文進諫，認爲「衣服有常，禮之制也」，故「胡服騎射」有悖於古制。趙武靈王針鋒相對，暢論立制與改制的辯證關係，上面所引的話就是其中的一段。他以「三代不同服而王，五伯不同教而政」爲依據，指出「勢與俗化，禮與變俱」才是「聖人之道」。同時趙武靈王還指出智者與愚者、賢者與不肖者的區別在於：前者能因勢建制，因時改俗，而後者只會墨守成規，拘守成法。趙武靈王不拘泥成規，立志改革的精神是值得提倡的。

古今不同俗，何古之法？帝王不相襲，何禮之循？宓戲、神農教而不誅，黃帝、堯、舜誅而不怒。及至三王，觀時而制法，因事而制禮，法度制令，各順其宜；衣服器械，各便其用。故治世不必一其道，便國不必法古。聖人之興也，不相襲而王。夏、殷之衰也，不易禮而滅。然則反古未可非，而循禮未足多也。

——趙武靈王，見《戰國策・趙策二》

釋文

古代和今天風俗不相同，效法什麼古代？從五帝至三王禮法制度不相承襲，遵循什麼禮法？伏羲、神農教導民眾而不加誅罰，黃帝、堯、舜誅罰民眾而不意氣用事。等到夏禹、商湯、周文王，觀看時勢而制定法令，依據事實而制定禮儀，制定的法令制度，各個都順應時宜；服飾器械，各個都便於使用。所以治理當世不一定使法度禮儀與古代一致，便利國家不一定要效法古人。聖人的興起，不互相襲用舊俗而能統治天下；夏、商的衰敗，不改變制度也滅亡了。既然這樣，那麼反對古代的法度禮儀無可非難，而遵循古代的禮法也不值得稱讚。

點評

趙武靈王立志改革，推行「胡服騎射」，反對的人很多。大臣趙造進諫，提出「聖人不易民而教，知者不變俗而動」。趙武靈王依據史實駁斥了這種觀點，上面的引文就是其中的一段。他以三王不沿襲成制而得到了天下，夏、商沒有改變禮儀卻失去了天下的事實，充分說明了「治世不必一其道，便國不必法古」的道理；他還提出「觀時而制法，因事而制禮」的原則，主張法令制度要順應時宜，服飾器械要便於使用。從治國的策略來說，如何看待先王的既成之法，如何依據時勢調整或改變現成的制度，是歷代統治者都要面臨的重大課題，趙武靈王的觀點無疑是正確的。

居今之世，志古之道，所以自鏡也，未必盡同。帝王者各殊禮而異務，要以成功為統紀，豈可緄乎？觀所以得尊寵及所以廢辱，亦當世得失之林也，何必舊聞？

——《史記・高祖功臣侯者年表》

釋文

生活在今天的人們，應該學習古代的東西，用來作爲自己的借鑑，但不能要求今天的做法都和古代一模一樣。不同時代的國家管理者儘管他們各自制定的原則和所考慮的主要事務有所不同，但都是以獲得成功爲目的，哪能一成一不變呢？縱觀漢代的那些官員們當初之所以受寵，以及後來之所以受辱的原因，可以從中得到極其深刻的經驗教訓，我們怎能拋開現實情況，而以舊的理論和制度來管理一個新的國家呢？

點評

歷史在前進，社會在發展，前人的經驗教訓值得借鑑，但具體的管理措施則要根據具體的時代特徵而變化。

> 必隨古不革，襲故不改，是文質不變而椎車尚在也。故或作之，或述之，然後法令調於民，而器械便於用也。孔對三君殊意，晏子相三君異道，非苟相反，所務之時異也。
>
> ——《鹽鐵論・遵道》

釋文

如果一定要追隨古道而不變革，形式和內容都循舊不變，就是讓獨輪車一直存在。所以，有的需創新，有的需繼承，這樣的法令才適用於民眾，工具才便於推廣使用。孔丘在回答三個君王的問話時，講的內容不同，晏嬰在輔助三個君王時使用的方法不同，這並非隨意變化，而是因爲所處的時間不同。

點評 根據實際情況來決定管理方案是我們在管理實踐中必須遵守的原則。

苟利於民，不必法古，苟周於事，不必循舊。

——《淮南子・泛論訓》

釋文 倘若法令或制度對人民有利，就應當實行，而不一定取法前朝；如果法令或制度合於社會實際狀況，就應當實行，而不要因循守舊。

點評 一般而言，法令或制度應該是穩定而少變化的。但社會總是在不斷變化的，因此，一旦法令不能適應當時社會需求時，當局者應該當機立斷，更改法律，以求符合社會要求。在這種情況下，當官者一定不能因循守舊，即便過去的法令會經起了很大的作用。

通其變，天下無弊法；執其方，天下無善教。

——王通《文中子・周公》

釋文 根據事物的變化而採取變通手法，那麼天下就不存在有缺陷弊端的法制，如果過分偏執於成見，天下就不可能有好的教化。

點評 世間萬物存在有其內在的規律，要努力研究、探索，以期達到一通百通的境界。利用他人的經驗，根據不同之處加以修正，就可以收到事半功倍的效果。

世異則事變，事變則時移，時移則俗易，是以君子先相其土地而裁其器，觀其俗而和其風，總眾議而定其教。

——劉向《說苑・雜言》

釋文

環境不同了，事情就會變；事情變了，時代就不一樣了；時代不一樣了，風俗就會改變。因此，好的領導者總是先觀察周圍的環境事態，然後才確定具體的行事方法；先了解風俗習慣，彙總眾人的意見，然後才制定規章制度。

點評

這裡所談的是管理中必須先充分了解實際情況，然後才能有所行動的道理。充分的調查、研究，客觀的、實事求是的態度是管理者立於不敗之地的必要條件。

作有利於時，制有便於物者，可爲也。事有乖於數，法有玩於時者，可改也。故行於古有其跡，用於今無其功者，不可不變。變而不如前，易而多所敗者，亦不可不復也。

——仲長統《昌言・損益篇》

釋文

創制有利於當時，制度有益於事物的，是可以實行的。事情違背規律，法制被時俗所輕視，可以加以改變。所以在古代有過實行的記載，但今天執行起來沒有功效的，不能不改變。經過變革而效用不如以往，經過改易而結果大多失敗的，也不能不恢復原來的作法。

點評

制度是群臣從政的依據，百姓守法的準則，因而是治理國家的必要手段。在〈損益篇〉裡，仲長統提出了自己對制度的原則性理解。首先，評判一個制度的優劣，唯一的標準是看它是否合乎事物的規律，在實施過程中是否行之有效；其次，制度是人制定的，沒有一成不變的制度，所以合理有效的要實行，不適合時勢的要加以變革。根據這些原則，仲長統綜論當時分封制、井田制、刑制、稅制的利弊得失，提出了一系列的改革主張。他對制度的見解無疑是正確的，他對時弊的分析是值得爲政者引以爲戒的。

夫孝者，謂能承其志意，非必盡循其政令，膠柱而不改也。……可則因，否則革，廣以眾制而爲《周禮》焉，益無過也。

——李覯《李覯集・平土書》

釋文

所謂「孝」的意思，是說能繼承前輩的思想，不一定完全按照前人的政令行事，猶如膠柱鼓瑟一樣。……行得通的法令沿用下去，行不通的則改掉。周公擴大法令的內涵而作《周禮》，便沒有什麼過失了。

點評

這段話的意思是：國家管理的政策法令需根據實際情況而制定，時移世異，則應隨時而定方針，拘泥刻板照搬陳規陋習者非善於治國者。

政之善者，一再傳而弊生，其不善者亦可知矣。政之善者，期以利民，而其弊也，必至於厲民。立法之始，上昭明之，下敬守之，國受其益，人受其賜。已而奉行者非人，假其所寬以便其馳，假其所嚴以售其苛，則弊生於其間，而民且困矣。

——王夫之《宋論・徽宗》

釋文

國家好的方針政策，沿襲了幾代就會生出弊端來，那些不好的方針政策更可想而知。好的方針政策，其出發點在有利於人民，然而它的弊端，竟至於害民。確立法律之時，上面宣傳得明白，下面恭敬遵守之，國家受益，百姓受惠。久之，執行政策換了不好的人，藉了政策中寬鬆部分以售其奸；藉法令中嚴厲部分以苛待百姓；那麼弊端就會衍生出來，老百姓也就陷入困境了。

點評

有了好的政策方針還需有能力者去執行；好的政策方針在執行過程中還需不斷探討，隨時解決出現的新情況、新問題，這樣才能不斷完善，不斷使政策方針走向成熟，形成法律制度。當然，這一些都離不開人，有才者還需有德；也離不開調查研究，要具體情況具體分析。

執古以繩今，是爲誣今；執今以律古，是爲誣古。誣今不可以爲治，誣古不可以語學。

——魏源《默觚下・治篇五》

釋文 以古代的事物來衡量今天的事物，是對今天的歪曲；以今天的事物衡量古代的事物，是對古代的歪曲。不能正確看待今天就做不好治理；不能正確看待古代，就談不上學習歷史經驗。

點評 這段話談到的重要觀點，是要實事求是。實事求是就是要具體情況作具體分析，遵循事物的本來面目，不能以先入爲主的觀點去觀察品評事物。尊重事物的客觀規律，才能從中得到有益的經驗，從而提高自己處理事物的能力。

師夷長技以制夷。

——魏源《海國圖志敘》

釋文 學習西方先進的科學技術以抵禦外侮。

點評 這裡鮮明地概括了近代工業發展的管理目標和對策手段。其戰略目標是「制夷」，其策略是「師夷長技」，從宏觀上體現了作者本人的戰略構想。在對外開放的今天，我們必須注意學人長技以自強、自存，而不能盲目自大，閉門造車。

始則師而法之，繼則比而齊之，終則駕而上之。自強之道，實在乎是。

——馮桂芬《校邠廬抗議・製洋器議》

釋文

開始要以西方為師規規矩矩去學，繼而要能和西方並駕齊驅，最終要駕馭這些先進技術超越西方。自強的道理，就是這樣的。

點評

這是馮桂芬在提倡向西方人學習製造先進機器時講的一段話。這段話包括了兩個要點：一是為了掌握先進技術，超越對方，開始一定要認真向對方學習；二是學習的目的是自強。明確了學習目的，才會有意識地去超越，就不會跟在洋人後面亦步亦趨。

世每言有治人，無治法。然既有治人，必有治法，而立法之善，不過即弊法而更其弊，所謂勝者所用敗者之棋也。

——王⑩《錢幣芻言・錢鈔議》

釋文

人們常說現實社會中有善於管理的人，而沒有善於管理的方法。但是既然有善於管理的人，必定就可以擬定出好的管理措施，這些好的管理措施不過就是從糾正原有措施的錯誤中得來，這就像對弈中勝利者總是吸取了失敗者的教訓一樣。

點評

依靠善於管理的人總結失敗教訓，從而糾正錯誤、調整政策，並制定出相應可行、有利發展的管理措施，這是實現管理目標的重要保證。這裡既強調了管理者個人素質的重要性，也指出了用立法手段加強管理的現實基礎，它符合科學管理過程中有效控制的管理原則，對當代宏觀管理仍具借鑑作用。

夫自古無不弊之法，要恃有隨時救弊之人，而欲圖天下之大功，必先破眾人之論。

——王鎏《錢幣芻言・錢鈔議》

釋文

自古沒有完善無缺的制度，只有依靠善於管理的人隨時調整政策，糾正錯誤。而要謀求制度改革的成功，首先必須打破傳統成見的約束。

點評

現代管理科學強調管理主體的創造革新職能，因爲革新與創造在管理決策的過程中起著極爲重要的作用。從作者這一觀點並結合其整體思想來看，他十分強調鴉片戰爭前夕中國幣制改革的客觀性、必要性，並勇於衝破傳統成見謀求制度創新。

泰西巧而中國不必安於拙也，泰西有而中國不能傲以無也。雖善作者不必其善成，而善因者究易於善創。

——左宗棠《左文襄公全集・奏稿》

釋文

西方技術先進，然而中國沒有必要安於落後；西方富有科技成果，然而中國不能倨傲睨視，不予吸取。善於製造的人不一定總能有所成就，但善於因襲的人總是易於有所創造的。

點評

無論實現什麼理想目標，虛心學習、取長補短總是十分必要的。對於發展中國的近代工業，左宗棠並不僅僅停留於因襲外國的經驗，他還闡述了一種學習、創造的思想。

他主張，中國不僅要學習外國的先進技術，而更要在此基礎上敢於創造，勇於超越西方諸國，力爭跨入世界先進行列。這一思想他曾多次表述過。

要之，法待人而後行，事因時爲變通。若徒墨守舊章，拘牽浮議，則爲之而必不成，成之而必不久，坐讓洋人專利於中土，後患將何所底止耶？

——李鴻章《李文忠公全書・奏稿・籌議製造輪船未可裁撤折》

釋文

總而言之，法令要有人來制定執行，處理事務要依據時代而變通。如果一味墨守成規，拘泥於無根據的議論，則做事必難成功，即使成功也必不長久。坐讓洋人在中國獨得利益，後患必定無窮！

點評

李鴻章是淸代末年統治集團中洋務派的代表人物。洋務派因辦理對外交涉事宜等實際事務，使他們不能不採取一些現實主義的觀點去分析時局，所以他們較之頑固派具有一定的現實主義思想。爲了與洋人分享利權，洋務派主張自己造船製炮，當頑固派用傳統禮義說教對此進行攻擊之時，李鴻章據理力爭，主張人們變革現實，排除非議，堅持實現最終目的。

然則今日所急，惟在力破成見，以求實際而已。

然而當今所急迫的事情，就是要力破成見，講求實際。

——李鴻章《李文忠公全書・奏稿・籌議海防折》

釋文

點評

變革是社會發展的需要。一成不變、墨守成規則終將要被時代潮流所淹沒。李鴻章驚呼鴉片戰爭後的中國社會是「三千年來一大變局」，並針對變化了的客觀環境，提出要學習西方，師夷長技造炮製船。但是這一主張受到了統治階級中頑固分子的猛烈攻擊，李鴻章便專此強調指出，若不進行變革，封建統治勢必難以維持。他還呼籲人們從實際出發，衝破忠信禮義空洞說教的束縛。

物極則變，變久則通，雖以聖繼聖而興，亦有不能不變，不得不變者。

——鄭觀應《盛世危言二編・公法》

釋文

事物發展到了極點就會發生變化，變革長久的東西便會通達，雖然是因爲聖主繼承聖主的事業而興旺發達，但仍有不能不變、不得不變的東西。

點評

鄭觀應主張國家對政治經濟要控制好，「亟思控制」，爲達到控制之目的，主張急思變異，因變達權。鄭觀應主張應不斷變革法律，並且認爲先王之法也應變革，這在當時具有挑戰性和進步意義，對當今也具有借鑑作用。

政治關係實業之盛衰，政治不改良，實業萬難興盛。

——鄭觀應《盛世危言後編・自序》

釋文　政治狀況關係到國家經濟的盛衰，政治體制不進行改良，經濟的興盛是很難的。

點評　這裡主要講了一個協調問題，即政治與經濟如何協調的問題。鄭觀應指出要發展經濟，必須改革政治，當時其目的是爲發展資本主義，必須改革封建制度。儘管其目的具有時代的狹隘性，但對我們目前的政治體制、經濟體制改革都有啓示作用。

欲振工商，必先講求學校，速立憲法，尊重道德，改良政治。

——鄭觀應《盛世危言後編・自序》

釋文　要想振興工商實業，必須先進行學校建設，迅速制定憲法，樹立道德觀念，改良政治狀況。

點評　這裡強調從組織協調上來振興工商實業，即如何透過社會組織的協調、建設來發展經濟。鄭觀應主張從教育、法制、道德、政治改革等方面著手進行經濟建設。這種注重社會環境的方法更具有深遠意義，更有助於經濟的持久發展和社會的進步。在當今，我們也應該注重社會組織的建設，不可急功近利。

有國者，苟欲攘外，亟須自強；欲自強，必先致富；欲致富，必首在振工商；欲振工商，必先講求學校，速立憲法，尊重道德，改良政治。……政治不改良，實業萬難興盛。

——鄭觀應《盛世危言後編・自序》

釋文

一個國家要排除外患就必須自強；要自強就必須首先致富；致富之道關鍵在於使工商業振興；而振興工商業必須先設立學校、儘快制定憲法、尊重道德、改良政治。……政治不改良，近代工商業斷難興旺發達。

點評

實現國家宏觀管理目標，必須要有政治制度的保證，鄭觀應作為近代資產階級的代言人，在經營與管理近代企業的實踐過程中，他深感封建政治權力對企業的發展具有嚴重的阻撓和摧殘作用。因此，他大聲疾呼改革封建政體，以實現中國近代國家富強的總體目標，愛國之情躍然紙上。

凡法立久則弊生，令行久而奸起，於是祖宗法制之美，為奸吏弊竇之叢，至於今日，不稍變通，無以盡利也。無精心以圖之，則良法皆苟且；無實心以行之，則美意有具文。當積弊之後，非雷霆震厲，無以去淤；方謀新之始，非日月清明，無以成理。

——康有為《門災告警請行實政而答天戒折》

釋文

法律制度建立了久了，就會產生弊端，法令措施施行久了，也會出現破壞法令鑽漏洞的情況。於是祖宗建立的法制本來完美，卻成了奸猾的官吏作弊的地方。到了今日，如果不加以改變，就無法由此獲取國家利益。如果不精心計畫控制，好的法令也會敷衍而行；沒有真心去實行，良好的意願只會變成一紙空文。在弊端長期積累之後，如果沒有雷霆般的嚴厲，就無法去除淤積的陳垢；當謀劃新的開端時，沒有日月般的清晰明亮，就無法建立新的條理結構。

點評

這是康有爲關於變法的較早呼籲。任何管理制度都不可能絕對完美，其不完美之處，就可能成爲弊病積聚之處。因此，在一定時間後，對管理制度作適當必要的調整是有益的。長期實行之後，則往往需要根據時勢做大幅度的調整。這不僅適用於國家管理，對企業管理等微觀管理領域，此話也有借鑑作用。

我中國不欲保種則已，如欲保種，必尊崇西人之實學，而後能終衛吾素王之眞教，黃種乃以孳孳於無盡。

——唐才常《瀏陽興算記》

釋文

我們中國不想要保持種族就罷了，如果想要延續種族，必須推行西方的實學，而後才能最終維護我們的傳統，黃種人才能興旺地永遠繁衍下去。

點評

這裡說明了唐才常推崇西學的思想。他認爲能否推崇西學關係到國家的興亡。在當時中國科學研究落後的情況下，推崇西學是進步的。當今，學習西方先進的東西也仍然是重要的。

況亞洲精華所萃，土地之廣大，人心之聰穎，鹽鐵之衆多，西人曾嘖嘖羨之。奈之何因循故轍，忍出英法諸國下乎！

——唐才常《歷代商政與歐洲各國同異考》

釋文

況且亞洲物華天寶，土地廣大，人心聰明，鹽、鐵十分豐富，西方人曾爲之嘖嘖稱羨。爲何因循守舊，忍心居於英、法等各國之下呢？

點評

這裡唐才常講了一個變革的思想。他列舉了中國人的優點，描述了中國人的地位，將這種不相稱的情況歸結爲因循守舊，不思改革。在當時，他主張推行西學，變革中國清朝落後的東西。他將中國落後之因歸於因循守舊，未免有些片面性，但他由此煥發出的改革思想，對我們很有啓發。

所以要救中國弱，正是要把他這種工業的組織來大改良。如果不許人主張改良，那完全是致中國弱的實業，不是救中國弱的。

——朱執信《實業是不是這樣提倡》

釋文 所以要想拯救中國的衰弱，正是應該將這種工業的組織進行大改良。如果不允許人主張改良，那完全是導致中國貧弱的實業，而不是拯救中國貧弱的。

點評 朱執信這裡主張對企業進行組織改良，實際上是主張一些企業國有化。當然也包括企業本身組織的改良。這種對於一些重要企業實行國有的觀點是正確的。

誠爲革命者，取其致不平之制而變之，更對於已不平者，以法馴使復於平，此其眞義也。故假其不平之形未見，而已有可制不平之制存，則革去其制，不能無謂之社會革命也。

——朱執信《論社會革命當與政治革命併行》

釋文 真誠爲革命的人，改變那些導致不平等的制度，對於那些已經不平等的，藉由法制使它逐漸恢復平等，這才是其真正含義。因此當還沒有出現不平等的情況，然而已存在了導致不平等的制度，應該革除這制度，這不能不說是社會革命。

點評 這裡，主要反映了朱執信社會革命的理論。他雖是爲了資本主義的發展而提出的，但其理論本身對任何一個社會都是通用的。特別是對社會主義建設，對於已出現的問題，必須以改革來解決，對於那些有可能導致問題產生的制度，必須防微杜漸，加強完善。

天下惟窮則變，變則通，中國適當窮極變通之時。

——朱志堯《求新製造機器廠・自序》

釋文 國家到了窮極之時才會進行改革，只有透過改革才能消除發展障礙，中國正好處在窮盡到了極點，亟思變革以消除發展障礙的時機。

點評 這裡所講的是一種「改革論」。朱志堯看到了中國當時經濟發展過程中的問題，看到了改革的必要性。但是在當時中國首先應徹底消除封建制度和資本主義制度對經濟發展的阻礙，應徹底改變半殖民地半封建的局面，他沒有認識到這一點，具有其時代和立場的局限性。但其「亟思變革」的思想，至今仍有意義。在中國市場經濟的建設中，我們更應注重改革。

夫以中國之地位，中國之富源，處今日之時會，倘吾國人民能舉國一致，歡迎外資，歡迎外才，以發展我之生產事業，則十年之內，吾實業之發達，必能並駕歐美矣。

——孫中山《建國方略》

釋文 憑中國的地位，富足的資源，當今的時機，如果我國人民能舉國上下一致，歡迎外國資本、外國人才來發展我們的生產事業，那麼十年之內，我國的實業發達狀況必可與歐美國家並駕齊驅。

點評

孫中山先生認爲中國經濟自然稟賦還可以，爲了發展實業，主張吸引外資及其人才。儘管孫中山先生誇大了引進外資及人才的作用，但這一策略不失爲一發展經濟的捷徑，特別是在缺乏資金的情況下，更應大膽引進外資。

物多則賤，寡則貴，散則輕，聚則重。人君知其然，故視國之羨不足而御其財物。穀賤則以幣予食，布帛賤則以幣予衣，視物之輕重而御之以準，故貴賤可調而君得其利。

——《管子・國蓄》

釋文

商品總是多則賤，少則貴，拋售則價跌，囤積則價漲。君王懂得這一道理，所以根據國內市場物資的餘缺狀況來控制國內市場的財物。糧食賤就投放貨幣購買糧食，布帛賤就投放貨幣購買布帛，根據物價的漲落而用平準之法予以控制，如此君王既可以調節物價又能夠得其好處。

點評

這是管子主張國家積極管理、調節國民經濟的著名論述之一。管子主張國家以強力管理經濟，而在強力管理的思想中，又特別主張國家機構運用供求規律在商品領域中支配國民經濟運行。它明確地指出了運用貨幣、貨物和糧食三個槓桿相互制約的推動經濟活動的功能，國家以國有儲備調劑民用，防止商人囤積糧食，用貨幣平衡物價，減少以非經濟手段（例如稅收）取用民財。這段文字就是管子主張依據民用的有餘與不足，運用貨幣槓桿來調節、管理財物的重要論述。

今世棄其度制，而各從其欲。欲無所窮，而俗得自恣，其勢無極。大人病不足於上，而小民羸瘠於下。則富者愈貪利而不肯為義，貧者日犯禁而不可得止，是世之所以難治也。

——董仲舒《春秋繁露・度制》

釋文 如今國家放鬆了調節和限制，使臣民放縱欲望。欲望是無止境的，所以世人各自放縱恣肆。當官的擔心財用不足，老百姓貧窮困苦。如此，富人更貪利而不肯行義，窮人常犯法卻難以遏止。這就是國家難以治好的原因。

點評 國家的作用是調節和限制民眾的欲望，應當收放有度，因勢利導。

王者塞天財，禁關市，執準守時，以輕重御民。豐年歲登，則儲積以備乏絕；凶年惡歲，則行幣物；流有餘而調不足也。

——桑弘羊，見《鹽鐵論・力耕》

釋文 國家應該控制自然資源，管理邊境關市，掌握平衡物價的權力，根據時勢，用輕重之勢來管理民眾。豐收年，就積貯東西以備饑荒；災荒年，就發放錢幣和積貯的東西，使有餘的地方和不足的地方，互相流通調劑。

點評

桑弘羊從封建地主階級的國家和法權觀念出發，認爲山林川澤等自然資源，在法律上歸國家所有，因此必須加以管制。要求國家運用行政和經濟的手段來調節物資的供求和價格水準。

古之立國家者，開本末之途，通有無之用。市朝以一其求，致士民，聚萬貨，農商工師，各得所欲，交易而退。《易》曰：「通其變，使民不倦。」故工不出，則農用乏；商不出，則寶貨絕。農用乏，則穀不殖；寶貨絕，則財用匱。故鹽鐵、均輸，所以通委財而調緩急。罷之，不便也。

——桑弘羊，見《鹽鐵論・本議》

釋文

古代建立國家的人，開闢發展農業和工商業的途徑，溝通物資有無。透過市場統一解決各方面的需求，招來四方百姓，聚集各種貨物，農夫、商人、工匠都可以在這裡得到各自需要的東西，交易後各自回去。《易經》說：「貨物流通交換，百姓就不會懈怠。」因此，沒有手工業生產，農業用具就會缺乏；沒有商業流通，錢幣、貨物就得不到供應。農具缺乏，糧食就不會增產；錢幣、貨物不能供應，財富消費就會顯得不足。所以推行鹽鐵官營，實行均輸，正是爲了流通積壓的貨物，供給急切的需要。廢除它是不行的。

點評 士、農、工、商四業相輔相成、相生相養，不可或缺。善治理國家者，不在揚此抑彼，而需理順它們之間的關係，使之各出其力以利於國家和百姓。而「理順」必須靠行政手段。均輸和鹽鐵官營也是一種國家宏觀調控手段。

糴甚貴傷民，甚賤傷農；民傷則離散，農傷則國貧。故甚貴與甚賤，其傷一也。善為國者，使民毋傷而農益勸。

——班固《漢書・食貨志》

釋文 買進糧食的價格太高則會傷害百姓，價格太低又會傷害農民利益。百姓受到傷害容易離散，農民受到傷害則會導致國家貧困。所以糧價太貴與太賤，所帶來的危害是一樣的。善於治國的人，能夠使百姓利益不受傷害，同時又使農民受到鼓勵。

點評 這段話強調了合理的糧價關係到國家興衰，治理國家不可掉以輕心。制定糧食價格應該考慮到保護農民的基本利益，勿使農傷，同時也要保證普通消費者不受傷害，使糧價處於一個合理的水準。

此六者（指鹽、酒、鐵、名山大澤、五均賒貸、錢布銅冶），非編戶齊民所能家作，必印於市，雖貴數倍，不得不買。豪民富賈，即要貧弱，先聖知其然也，故斡之。

——《漢書・食貨志》

釋文

鹽、鐵、酒的生產，名山大澤的經營，五均賒貸和煉銅鑄造貨幣，這六項活動不是一般老百姓可以在家中自製或者由個別家庭私自經營得了的，它們必須透過市場來取得。因此，即使價格上漲了好幾倍，老百姓也不得不買。而那些有能力生產、經營這些東西的豪強之人和富有的商賈總是以此要挾貧弱之人，從中獲取暴利。先前的聖人都很明瞭這個道理，所以主張應由政府來掌握調停。

點評

這段文字是王莽採取「六管」措施的依據。所謂「六管」就是指政府直接參與經濟活動的六個方面的生產經營。王莽認爲這六類經濟活動對經濟、社會的發展至關重要。一般百姓沒有能力經營，必須透過市場交換來取得。如果政府不直接參與其中，那些有能力生產經營的豪強富商便會趁機要挾、魚肉百姓，這勢必造成嚴重的後果，危及社會穩定。唯一的解決辦法便是利用國家政權參與管理。儘管國家直接參與生產經營也不一定——事實上也經常如此——能專門爲百姓利益著想，也不一定能經營得很好，但是它主張把那些私人無法舉辦或者關係國計民生的經濟事業交由國家直接經營管理，還是值得借鑑的。

山海有禁而民不傾，貴賤有平而民不疑。縣官設衡立準，人從所欲，雖使五尺童子適市，莫之能欺。今罷去之，則豪民擅其用而專其利。

——桑弘羊，見《鹽鐵論・禁耕》

釋文

山海由國家管理，人們就不能去爭奪；貨物有平價制度，人們對價格貴賤就不疑慮。國家規定平準法，人人都能滿足欲望，即使讓小孩子到市場去買賣東西，也沒有人欺騙他。現在你們要廢除鹽鐵官營和平準政策，就會使豪強富商霸占山海的財富，獨得其利益。

點評

市場調劑物價固然有其長處，但國家宏觀調控之權不可放，爲使那些富可敵國的豪強不能操縱物價，國家有必要參與市場管理，以平準物價，甚至直接經營一些有關國計民生的物資。

往者郡國諸侯各以其方物貢輸，往來煩雜，物多苦惡，或不償其費。故郡國置輸官以相給運，而便遠方之貢，故曰均輸。開委府於京師，以籠貨物。賤即買，貴即賣。是以縣官不失實，商賈無所貿利，故曰平準。平準則民不失職，均輸則民齊勞逸。

——桑弘羊，見《鹽鐵論・本議》

釋文

過去各地諸侯，用各地特產作爲貢物運往京城，來往既困難又麻煩，多數物品質量低

劣，有的東西本身的價値抵不上它的運費。因此，在各郡國設置均輸官，來調配運輸，便於遠處交納貢物，所以叫「均輸」。在京城設立物資貯存倉庫，搜集各地貨物。物價賤時，就買進來；物價貴時，就賣出去，以此平衡物價。這樣官府控制著實物，商人也不能牟取暴利，所以稱爲「平準」。有了「平準」，物價較穩定，百姓就對自己的工作不懈怠；有了均輸，運輸較合理，百姓勞逸就會均等。

點評

民以食爲天，物價問題是老百姓最爲關心的事。故要使百姓安居樂業，必須對物價加以嚴格管理，防止富商大賈趁機牟取暴利，這樣人心才能安定，生產也能發展；同時又需對各地的商品加以調控，互通有無，保持市場穩定。其控制的方法，是由官方出資買賣，干預市場，而不是單純的行政手段。「平準」法，實爲符合市場規律的方法。

> 交幣通施，民事不給，物有所倂也。計本量委，民有飢者，穀有所藏也。智者有百人之功，愚者有不更本之事，人君不調，民有相妨之富也。此其所以或儲百年之餘，或不厭糟糠也。民大富，則不可以祿使也；大強，則不可以罰威也。非散聚均利者不齊。故人主積其食，守其用，制其有餘，調其不足，禁溢羨，厄利途，然後百姓可家給人足也。
>
> ——桑弘羊，見《鹽鐵論・錯幣》

釋文

錢幣流通交換有無，而百姓的需要供給不足，這是因爲有人把財物藏起來了。根據農業收入計量支出，百姓還是有挨餓的，這是因爲有人把糧食囤積居奇。聰明人有以一頂百的能力，愚笨者連老本也收不回，朝廷如果不加以調節，人們中就會出現互相損害別人利益以致富的現象。這就是有的人積蓄了百年以上的糧食，有的人總是吃糟糠的原因。百姓的錢財太多了，國家就不能以俸祿來驅使他；勢力太強盛，就不能用威力制服他。不分散積蓄、平均利益，人們的生活水準就不能相齊。所以朝廷儲備糧食，以待後用；限制有餘的，周濟不足的；禁止過分盈利，限制取利途徑，這樣，百姓就家家戶戶不愁吃穿了。

點評

這一段話的中心是國家要利用行政手段防止兩極分化，更要打擊那些巧取豪奪牟取暴利者，唯如此才能使國家政權穩定，不至於發生動亂。

夫奢則以爲榮，儉者以爲辱，不顧家之有亡，汲汲以從俗爲事者，民之常情也。是故，爲之禁令，地媺收多，則用之豐；地惡收少，則用之省。如此，民皆知惜費矣。虧下以益上，貪功以求賞，不恤人之困乏，皇皇以言利爲先者，吏之常態也。是故爲之鉤考，雖器械、六畜、山林、川澤，必知其數，如此，吏不敢厚斂矣。

——李覯《李覯集・國用》第八

釋文

以奢靡爲榮耀，以儉樸爲恥辱，不顧家裡有沒有錢，熱衷於跟從俗規辦事，這是老百姓的常情。所以應當制定禁令，如果土地肥沃收入多的，則允許用得多一點；如果土地貧瘠收入又少的，則要求他們用得節省一些。這樣老百姓就懂得愛惜費用了。損害老百姓以有益於層峰，貪冒功績以求賞賜，不顧人民的困乏，冠冕堂皇地說什麼「以利為先」，這是一般官吏的常態。所以應當經常對官吏和實情進行考察，即使那些器械、六畜、山林、川澤之類物資，必定知道其確實的數量。這樣官吏就不敢厚斂了。

點評

掌權的人一定要體恤民情，但體恤民情需要瞭解情況，這些情況包括民俗習慣、官吏的「常態」、各地的物產等，只有這樣才能正確管理，監督官吏，移風易俗，官吏不敢欺壓百姓，百姓也不為奢靡的習俗所困擾。

今將救之，則莫如明立制度。其用金銀，上下有等，多少有數，匹庶賤類，毋得僭越，則金不可勝用也。

——李覯《富國策第三》

釋文

現在要糾正這些弊端，則不如公開建立法令制度：各種人用金銀，上下之人有等級，用的數量多少有定數，普通老百姓，不得超出規定的範圍而濫用金銀，則金銀就多得用不完。

點評

這段話是李覯針對北宋中期社會上出現的錢幣用量不夠而說的，這裡提出的辦法是控制錢幣以免浪費，具體措施是減少不正當之用途。這一點對我們財政金融管理有啓迪，治標需先治本，杜絕浪費則要先消滅浪費之源。

蓋平糴之法行，則農人秋糴不甚賤，春糴不甚貴，大賈蓄家不得豪奪之矣。而官之出息常什一二，民既不困，國且有利，茲古聖賢之用心也。然其所未至，則有三焉：數少也，道遠也，吏奸也。……今若廣置本泉，增其糴數，則蓄賈無所專利矣；倉儲之建，各於其縣，則遠民可以得食矣；申命州部，必使廉能，則奸吏無以侵刻矣。

——李覯《富國策第六》

釋文

實行了平糴法，那麼農民秋天賣糧價格不會十分低賤，春天買糧亦不會很貴，大商賈們不能巧取豪奪。官府賣糧取息常常是十分之一二，老百姓既不陷入困境，國家又有利，這是自古以來聖賢的用心。但是實行平糴法有三樣沒有考慮到的：平糴糧數量少，運糧的道路遠，管糧的官吏奸猾。……現在如能多準備糧款，增加糴米的數量，則蓄糧的商賈們就不能獲取專利；在各縣建立倉儲，則遠方的老百姓也可以得到糧食；再三命令州縣官吏，必定使其廉潔能幹，則奸官無從貪污侵吞。

點評

這段話分析了古代常平倉之法的利弊，並提出了改善管理的措施。民以食爲天，管好糧食是治國之大業，手中有糧，心中不慌，李覯提出的方法主要是擴大常平倉規模和改善其方法，實質是擴大和改善宏觀調控。

莫若勸誘上户富商巨賈俾之出錢，官差牙吏於豐熟去處販米豆各歸鄉里以濟小民，結局日以本錢還之。……若鄉人不願以錢輸官而願自糴者聽，官不抑價。利之所在，自然樂趨。富室亦恐後時而爭先發廩，則米不期而自出矣。

——董煟《救荒活民書・勸分》

釋文

不如勸誘那些富裕的人家以及錢財很多的商人，讓他們拿出一些現錢來，由政府派專人前往糧食豐收的地方去收購米豆並運回本地來救濟百姓，等這些糧食出售完後就把本錢歸還原主。……如果有人不願出錢給政府而願意自己開倉售糧的，政府應當聽其自由，而且不需抑低他們的糧價。這樣做對有糧食可供出售的人是有利的，他們自然很樂意。於是，那些富有人家也因恐怕錯過最佳時機而爭先出售自己的糧食，這樣，糧食就自動地出現在市場上了。

點評

這是董煟為解決災區市場糧食供應不足而設計的一種管理措施。實行這種辦法，可以保證災區的糧食供應。值得注意的是，這一措施是建立在經濟規律之上的，採用的是經濟手段，而不是單純依靠行政命令來干預。這是今天進行宏觀經濟調控時值得借鑑的地方。

常平之法專爲凶荒賑糶。穀賤則增價而糴，使不害農；穀貴則減價而糶，使不病民，謂之常平。

——董煟《救荒活民書・常平》

釋文 常平倉這個制度就是爲了在發生災荒時賑濟飢民而專門設立的。當糧價過低時，政府就出面以高於市價的價格購進一部分，保證農民不會（因價格太低而）遭受損失；當糧價過高時，政府就出面以低於市價的價格拋售一部分糧食，保證人們不會（因價格太高而）有所損害。這就是所說的常平（意即保持糧價穩定不變）。

點評 常平是董煟在《救荒活民書》中主張的主要救荒措施。他主張在發生災荒的地方，國家應拋售一部分糧食，以此解決災區市場糧食匱乏的問題。常平法把救荒的政策目的與市場的價格運動相結合，依賴後者的作用來實現前者。這種做法對今天國家的減災救荒管理也有一定的啓示。

夫錢刀重則穀帛輕，穀帛輕則農桑困，故散錢以斂之，則下無棄穀遺帛矣。穀帛貴則財物賤，財物賤則工商勞，故散穀以收之，則下無廢財棄物矣。斂散得其節，輕重便於時，則百貨之價自平，四人之利咸遂。雖有聖智，未有易此而能理者也。

——白居易《白氏長慶集・平百貨之價》

釋文　貨幣的價值高，會使穀帛的價格下跌，從而使經營農桑的人受損失。因此需要投放貨幣以收購穀帛，使得民間無遺棄的穀帛。當穀帛的價格高時，又會使手工產品的價格下跌，導致經營工商的人受損失，此時需投放穀物來收購，使得民間無廢棄的手工產品。根據市場價格的高低，適時地調節收購和投放，就能平抑物價，使得各階層的利益都得到保障。即使是智慧極高的人，沒有能離開這種調節方法，而能夠治理得好的。

點評　此段論述了國家調節物價的重要性，涉及到貨幣的調節作用。成書於戰國、西漢時期的《管子》也有類似的理論，但其目的是爲了取得商業利潤。而此段則是維護民生，使各階層安居樂業，以保持國家穩定，因而其眼光比較遠大。中國古代有許多關於宏觀調節的理論及實踐，這其中的經驗、教訓，值得後來者吸取。

夫以義理天下之財，則轉輸之勞逸不可以不均，用途之多寡不可以不通，貨賄之有無不可以不制，而輕重斂散之權不可以無術。

——王安石《乞制置三司條例司》

釋文　用道義理天下之財，那麼轉運傳輸的勞逸不可不平均；財物用途的多少不可不溝通，貨物買賣的有無不可不加控制，而錢幣之輕重、聚斂、投放不可以沒有一定的辦法。

點評　國家對商品貨物加以控制、調節是王安石的一貫思想。即使處於較成熟的市場經濟條件下，國家控制之大權也不可完全放棄。

市之説昉於《周官・泉府》，糴之説昉於李悝平糴。然其初立法也，皆所以便民。方其滯於民用也，則官買之、糴之；及其適於民用也，則官賣之、糶之。蓋懋遷有無，曲為貧民之地，初未嘗有一毫徵利富國之意焉。後世則爭商賈之利，利民庶之有矣，豈古人立法之初意哉？

——丘濬《大學衍義補・制國用・市糴之令》

釋文

政府參與買賣物品的記載最早見於《周官・泉府》，政府在市場上買賣糧食的做法肇始於李悝的平糴（即政府在豐年收貯糧食以待荒年拋售來穩定市場糧價的做法）。但是政府最初規定這樣做的目的都是為了方便人們的買賣。當市場上的糧食和其他物品供過於求時，政府便出面買入；反之，供不應求時，政府又出面大量拋出。政府的這種買賣行為完全是為了人們的利益，絲毫不曾想利用它來增加國家財政收入。可是後來政府卻以此與商賈爭利，並以此來謀取老百姓的一部分財富。這難道是古代人立法的本意嗎？

點評

丘濬在經濟管理方面整體指導原則是「各得其分」、「各遂其願」，即自由放任主義，反對國家干預。上述這段話就反映了這個原則，體現了「聽民自市」的主張，反對國家參與市場交易以謀取私利。丘濬認爲在人類之初，買賣純粹是商人的領域，國家取得收入是透過「任土作貢」（因地徵稅，即按土地的肥瘠和生產等情況確定賦稅的種類和數量）的財政制度，根本不參與市場買賣。即使後來政府以官買、平糴的形式參與市場交換，其目的也不是爲了增加國家的財政收入，而是爲了方便人們交易，穩定市場價格。丘濬認識到平糴之類的政府參與還是必要的，因此他並不絕對反對政府的市場買賣行爲。他反對的原因是國家憑藉特權壟斷條件牟取收入，也就是說競爭要平等。這種市場管理的主張是有一定道理的。

錢鑄於官，毋鑄於私。貨出於市，毋出於官。貨出於市則便，出於官則不便。

——湯鵬《浮邱子・醫貧》

釋文

錢幣要由官府統一鑄造，不要由私人鑄造。商品要由商人經營，不要由官府經營；商品由商人經營對民眾有利，由官府經營就不便利於人民。

點評

貨幣問題對經濟影響很大。貨幣的幣值、幣材、發行等都直接影響著商品的交換和流通。因此，湯鵬提出要由官府統一鑄造錢幣，不能由私人鑄造，以免擾亂正常的流通。交換關係應建立在自由平等交換基礎上。如果政府介入，就難以保證平等的交換，並容易滋生多種弊病。所以湯鵬主張民間經營，以便利國利民。

如果不用國家的力量來經營，任由中國私人或者外國商人來經營，將來的結果也不過是私人的資本發達，也要生出大富階級的不平均。

——孫中山《民生主義》

點評

孫中山先生這裡之所以主張國家經營，限制私人或外商經營，主要是爲限制私人資本、發展國家資本的「節制資本」目的服務的。按照其特定目的，我們應對私營企業和外商獨資企業進行嚴格的控制管理，否則一方面造成貧富分化局面，會出現社會問題，另一方面富裕階級的分配不均又會造成相互傾軋，降低社會效益。

要把電車、火車、輪船以及一切郵政、電信、交通的大事業都由政府辦理，用政府的大力量去辦理那些大事業，然後運輸才是很迅速，交通才是很靈便。

——孫中山《民生主義》

點評

這是孫中山先生講到四種經濟進化時關於「運輸與交通事業收歸公有」的論述。這是值得深思的，在國有大中型企業改革之際，這些關係國計民生的行業如何經營需要有一個通盤的考慮。

中國的管理智慧
微觀篇

天有時，地有氣，材有美，工有巧。合此四者，然後可以爲良。

——《周禮·冬官考工記》

釋文

順應天時，適應地氣，材料上好，工藝精巧。這四個條件加起來，才可以造出精良的器物。

點評

上面這段引文說明了先秦時代人們對優質產品的見解和要求。他們認爲除了材美、工巧之外，還要顧及天時地利，其論見頗有啓發。書中歷舉了鄭國的刀、宋國的斤、魯國的削、吳粵的劍等精良產品，燕地的牛角、荊州的弓干、妢胡的箭干、吳粵的銅錫等上等材料來說明天時地氣與優質產品的關係。由於各地的環境不同，氣候規律不一樣，水土條件也各異，由此形成了各地特定的生物種群和資源分布，這些因素又直接影響到當地原材料的特點和生產工藝傳統的形成發展，這是手工業產品都具有地方特色的根本原因。

會計當而已矣。

——孔丘，見《孟子·萬章下》

釋文 會計工作最主要的是處理得當。

點評 孔子當過管理倉庫財物出入的小官，對會計工作有著切身的體會。以上言論，言簡意賅，這裡的「當」字有多種含義，如遵守制度、準確清晰地記帳核算、選人得當等等。

凡戰者，以正合，以奇勝。故善出奇者，無窮如天地，不竭如江河。

——《孫子·勢》

釋文 大凡作戰，都是以正兵對敵，以奇兵致勝，因此，善於出奇制勝者，就像天地一樣變化無窮，像江河一樣源源不斷。

點評

經營管理頗有類似之處。管理應當有一套完整的規範，但還需要根據情況靈活運用。市場競爭，各種公關策略、營銷策略等都需要不斷更新，才能出奇制勝。

人有賣駿馬者，比三旦立市，人莫之知。往見伯樂曰：「臣有駿馬，欲賣之，比三旦立於市，人莫與言，願子還而視之，去而顧之，臣請獻一朝之費。」伯樂乃還而視之，去而顧之，一旦而馬價十倍。

——《戰國策・燕策二》

釋文

有一個賣駿馬的人，連續三個早晨站在市場上，卻沒有人過問。他去見伯樂說：「我有一匹駿馬，想賣掉它，接連三個早晨站在市場上，沒有人同我搭話，希望您繞著馬看一看，離開後再回頭看一看，請允許我給您一個早晨的費用。」伯樂於是就繞著馬看了看，離開後又回頭看了看，一個早晨馬價竟上漲了十倍。

點評

蘇秦爲燕國游說齊王，先見淳于髡，自喻爲千里馬，稱頌淳于髡爲伯樂，希望淳于髡將他引見於齊王。上面這段話就是蘇秦所說的故事。用今天的話來說，這個故事牽涉到名人做廣告的策略。賣馬的人一連三天立於馬市而無人問津，說明別人對他的馬不瞭解，有顧慮，不肯貿然購買。於是賣馬的人唯一要做的事就是作宣傳，如何宣傳，用什麼人宣傳，這是很關鍵的。上面故事中的賣馬人請相馬能手伯樂來「現身說法」，使得馬價一個早上漲了十倍，可見非常成功。其原因在於賣馬人深知買者心理，選擇了最有說服力的人和方式，打消了買者的顧慮。這個故事未必真有其事，然道理卻是顯而易見的。

樂觀時變，故人棄我取，人取我與。

——《史記・貨殖列傳》

釋文 滿懷信心地考察市場變化，因此可以做到別人不要的東西我就買入，別人需要時我就拋出。

點評 市場上的商人總是以市場爲導向，這裡提出的卻是獨特的經商原則。在別人不需要時以低價位買入，而在別人需要時以高價位拋出，從而獲取高額利潤。因此需要「善觀時變」，能充分作好商情預測。

財幣欲其行如流水。

——《史記・貨殖列傳》

釋文 資金貨幣要讓它們像流水一樣不斷運轉。

點評 提高資金的投資報酬率已成爲現代金融業的生存基礎和操作原則，同時也已成爲現代企業管理的一項基本原則。而提高資金投資報酬率最重要的操作手段之一，就是絕不讓它閒置下來。兩千年前的這段名言至今仍有其光彩。

夫纖嗇筋力，治生之正道也，而富者必用奇勝。

——《史記・貨殖列傳》

釋文 人們要依靠勤儉力一類的方式（主要是從事農業、手工業等體力勞動），作為維持生活的正道，但是若想發財致富的人，還必須採用出奇制勝的方法才能達到目的。

點評 在司馬遷看來，只有靠勞動致富才是正道。經商如打仗，都有風險，而且利潤越高，風險也越大，更加需要人們以自己的聰明才智，和以獨一無二的經營方式在競爭中獲勝。

積著之理：務完物；無息幣；以物相貿，易腐敗而食之貨勿留；無敢居貴。

——《史記・貨殖列傳》

釋文 經商獲取盈利的原則是：努力提高商品的質量；決不讓貨幣資金在流通中停頓下來；在商品交換中，不要留存容易變質而招致損失的貨物；不要過分貪求高昂的價格。

點評 商業經營有許多靈活的手段，但某些基本的原則已在兩千年前范蠡的這段名言中表達得很清楚了。商品質量、資金利用以及合理利潤，迄今仍是商業經營中的法寶。《史記》中這段話記作「計然曰」，但史學界對是否有「計然」這人仍說法不一。有人以為「計然」是范蠡所著書名。

必功致為上，物勒工名，以考其誠。工有不當，必行其罪，以窮其情。

——《呂氏春秋・孟冬紀》

釋文

必須以精工細做作為高等級，產品上刻上工匠名字，以便考察他工作的努力。工作上發現問題，一定要加以罪罰，以使工匠都能竭盡全力工作。

點評

這是歷史上較早關於質量管理的論述。「物勒工名」頗有點質量管理的個人責任制的味道。此處只強調責罰而無獎勵，則與其處在封建社會早期有關。

物豐者民衍，宅近市者家富。富在術數，不在勞身；利在勢居，不在力耕也。

——桑弘羊，見《鹽鐵論・通有》

釋文

產物豐富的地方百姓富裕，靠近市場的人家有錢。富裕在於會做生意，不在於勞累身體；獲利在於處在好的地理位置，不在於努力耕作。

點評

桑弘羊在此提出了經營手段、商業選址對於商業經營的重要性。「術數」在此處當指經營策略、手段以及相關的計畫、預算和核算等。至於商業選址則大多數商人都有本能的認識。

用貧求富，農不如工，工不如商，刺繡文不如倚市門。

——《史記・貨殖列傳》

釋文 由貧窮追求富裕，務農不如務工來得迅速、有效；務工又不如經商；從事刺繡手工業不如靠著街門賣笑更容易致富。

點評 這段話是司馬遷《史記・貨殖列傳》中的語句。在私有制的條件下，司馬遷認爲追求財富是人們共同的理想，正所謂是：「富者，人之情性，所不學而俱欲也。」《史記・貨殖列傳》尤其是對於那些處於貧窮之中的人來說，務工和經商都是一條快速致富的途徑，那些懂得商品經營而由此致富的人更值得讚揚。不過從事倚門賣笑的生涯則是微賤之道，不足爲取。

陰且盡之歲，亟賣六畜、貨財，以益收五穀，以應陽之至也。陽且盡之歲，亟發糴，以收田宅、牛馬，積斂貨財，聚棺木，以應陰之至也。此皆十倍者也。

——《越絶書・計倪內經》

釋文 糧食豐收的年份將要過去時，應該賣掉牲畜和各種其他財產，以便收買大量的糧食，應付糧食歉收年份的到來。糧食歉收年份將要結束時，應該賣掉買進的糧食，以便收

購田地、房屋、牲口，囤積各種非糧食的財產甚至包括喪葬用品，以應付糧食豐收年份的到來。這樣做，可以獲得十倍的利息。

點評

這是春秋後期越國范蠡的思想。這段名言要求根據市場需求來調節商品的購銷，以便在最有利的市場價格變化中獲取最大的商業利潤。同時，這裡也提出了預測在市場經營中的重要性。

倉廩充盈，隨便露積，舊者未盡，新者轉加，歲月漸深，耗損增甚。

——陸贄《請減京東水運收腳價於沿邊州鎮儲蓄軍糧事宜狀》

釋文

倉庫裡的糧食裝滿了，就隨便把它們堆積在露天裡；舊的尚未運完，又加上新的儲存，年深日久，損耗更加嚴重。

點評

倉庫是物資的儲備基地，要合理利用倉儲並促進物資的有效利用，就必須加強倉儲管理：要及時調整庫存量，從而減少浪費；經常檢查庫存品狀況，注重商品養防，防養結合，保證其質量；調整適宜的入出庫時間，控制合理的庫存等等。陸贄在此提出了封建社會最重要的糧食的積存問題，並在後文中要求大量調出和糴進，解決積壓浪費的矛盾。

世儒恥及簿書，獨不思伯禹作貢成賦，周公制國用，孔子會計當，《洪範》八政首食貨，孟子言王政亦先制民產、正經界，果皆可恥乎？

——陸九淵《陸九淵集・與趙子直書》

釋文

世間儒生對涉獵簿記帳冊感到羞恥，但卻未考慮到大禹作《禹貢》確定賦稅，周公制定國家財政管理方法，孔子做會計以合理爲準則，《尚書・洪範》中提到的八項政事第一件就是食品生產和商業往來，孟子談到王政時也先談規定民眾的產業，確立井田的邊界，這些果然都是可恥的嗎？

點評

陸九淵反對世儒的鄙薄簿書，引用了大量史實，來論證經濟活動的重要性。上述史實，可以讓管理者瞭解到儒家在中國經濟管理史上的地位。

生民之本，要當稼穡而食，桑麻以衣。蔬果之蓄，園場之所產；雞豚之善，塒圈之所生。爰及棟宇器械，樵蘇蠟燭，莫非種植之物也。至能守其業者，閉門而爲生之具已足，但家無鹽井耳。

——顏之推《顏氏家訓・治家》

釋文

民眾生活的根本，主要在於種莊稼提供食品，種麻養蠶提供衣著。蔬菜水果的積蓄，由園林農場生產；雞、豬肉等精美食物，在雞舍豬圈中生長；乃至房屋器械、燒火和照明用的東西，全都是由種植獲取的。對於能守家業的人，關了門就已有了生活所需

的各種物品，只是家裡沒有鹽井罷了。

點評

這裡描述了一幅封建時代自給自足的家庭經濟的圖畫，對瞭解中國古代的經濟管理思想不無意義。

若以爭訟所費，雇工植木，則一、二十年之間，所謂材木不可勝用也。

——袁采《袁氏世範・桑木因時種植》

釋文

如果以法律訴訟所用去的花費來雇工植樹，則一、二十年之間，可以說木材都來不及使用了。

點評

這是很有經濟頭腦的認識，在現代經營管理中仍有參考價值。經營中遇到法律糾紛，並不都要上法庭，應當斟酌利害再定決策。在日常經營中，儘可能避免會產生法律糾紛的交易活動，無疑是上上之策。

家法，政事也。田產，土地也。雇工人及佃户，人民也。

——張履祥《張楊園先生全集・補農書下》

釋文

執行家庭管理的規章制度，相當於國家的政治管理。家庭的田地產業，相當於國家的領土。所雇用的人員以及田地出租的對象，相當於國家的人民。

點評

封建社會的地主家庭管理，是國家宏觀管理的一個縮影。封建家庭同時也有企業的某些特點。這段話對現代企業管理者而言仍是值得回味的。

典當貿易權子母，斷無久而不弊之理。始雖乍獲厚利，終必化爲子虛。惟田產、房屋二者可恃以久遠，以二者較之，房舍又不如田產。

——陸遇霖，見張英《恆產瑣言》

釋文

開典當鋪、商行，經營金融業，絕沒有持久而不產生弊病的道理。開始雖能初獲厚利，最終必然化爲子虛烏有。只有田產、房屋這兩項，可以憑藉而長久擁有。比較這兩者，房舍又不如田產。

點評

將田地、房屋等固定資產看得高過金融貿易，這是封建社會最典型的想法。在現代管理中，金融貿易對復甦經濟意義更爲重大。

男勝耕，悉課農圃，主人身倡之。女勝機，悉課蠶織，主婦身先之。風土氣候必乘，種性異宜必審，種植耕耨必深，沃瘠培灌必稱，芟草去蟲必數，壅溉修剪必當必時，程督必詳，勤惰必察。

——許相卿《許云村貽謀》

釋文

男子善於耕作，全部安排種植糧食蔬菜，男主人親自領頭；婦女善於紡織，全部派去紡紗織絹，女主人親自帶頭；要善於利用土壤氣候、氣象變化；農作物的性質差異與

適合條件要搞清楚；翻耕土地要深；土壤的肥瘠與栽培施肥要相稱；除草捉蟲要經常進行；培土澆灌與修枝要適量適時；操作管理規章的監督要詳盡；操作人員的勤勞、懶惰要勤加考察。

點評

這是傳統家庭農業管理的經驗總結，是中國古代微觀經濟管理的一個有特色的方面。其中大部分經驗雖然有專業分工的區別，但其一般原則，如用人之長、充分利用客觀條件、掌握時機和程度，以及「勤惰必察」，「程督必詳」等，仍有其參考價值。

僉家業殷實者爲礦甲，熟知礦脈者爲礦夫。所獲礦銀以十分爲率，三分爲官課，五分充雇辦費，二分歸之甲夫人等，用酬其勞，則彼此皆畢力於礦而所獲自倍矣。

——郭勛，見《明世宗實錄卷》卷一百九十四

釋文

挑選家產富有的人當礦長，熟悉礦藏情況的人當礦工。採礦所得的利潤分成十份，三份作爲國家的稅收，五份充當管理費用、成本，二份屬於礦長、礦工等人，用作酬報他們的勞動。這樣，大家都會爲採礦而盡力，而所得的收入也可以大大增加了。

點評

這是明朝嘉靖十五年（一五三六年）武定侯郭勛所提出的一項改革管理體制的方案，可以叫做官僉民辦制。當時的官營金銀礦依靠國家權力部門的強制措施來管理，效率

低下，問題很多。這個方案明確規定了工作人員可以根據企業經營的實績增加收入，因此，有利於提高管理者和生產者的積極性。這種部分承包的方式在當時提出是很有價值的，即使在現在，也有某些值得參考的地方。

所謂占先者，一埠焉人未往我先往，一貨焉人未運我先運，一物焉人未售我先售，前知億中，合節合符。獨爭天下之先，不落他人之後。

——陳熾《續富國策・商書・糾集公司說》

釋文

所謂市場競爭中占先問題，就是說，某一個地方的市場在別人占領之前自己要先占領，某一種貨物在別人運到之前自己要先運到，某一種商品在別人出售之前自己要先出售，早早瞭解市場情況，進行合理推測，使所瞭解、所推測的結果與市場實際相符合。這樣才能爭取到領先地位，不會落在別人的後面。

點評

這段話充分強調了商業經營必須注意市場競爭。進入市場前，要多方瞭解情況，儘可能準確地進行行情預測，把握市場動向，然後迅速採取行動，在別人還未行動之前，首先占有市場，這就爲自己爭得了主動，爭得了優先地位，從而爲在競爭中取得成功創造了條件。這是競爭浪潮中，作爲商業企業的經營者必須十分注意的。

百工之事，遷地為良。

——陳虬《治平通議・變法十三》

釋文　各行各業的產品，要販運買賣才能更好地實現其價值。

點評　在自給自足自然經濟條件下，商業受到限制，雖然有「用貧求富，農不如工，工不如商」的古訓，但對商業功能的認識仍十分簡單。陳　所指「遷地」重在對外販運，同時在文中對貿易機構做了系統的籌劃。應該說他具有了較完備的商業貿易知識，他的名言也因其言簡意賅而流傳甚廣。

財力既厚，故能以大而併小，以近而奪遠。

——陳虬《治平通議・變法十三》

釋文　財力雄厚，所以能夠憑藉實力吞併小的勢力，奪取遠處的財富。

點評　這一言論是陳　對西方能夠在中國掠奪原因的探索。不獨西方，秦皇漢武時期文治武功的基礎也在於國家財力的雄厚。一個企業規模大、人員多、歷史長，並不表示其就不會被兼併，關鍵還在於它的經濟實力。

分廠限於機器，有餘勇而無可賈。假如添錠一萬四千枚，除加監工幾人外，一切可以因仍，計其費用遞增十之一二，而熟貨可溢十之三五。合所溢出之貨，攤連帶而增之費，平均輕便。

——張謇《張季子九錄・實業錄・大生崇明分廠十年事述》

釋文 分廠由於機器的限制，有生產的餘力而不能使出來。如果再增加一萬四千枚紗錠，除了增加幾名監工以外，其他投資可以照舊，這樣總計費用增加了百分之十至二十，而產品卻可增加百分之三十至五十。合計所增加的產品和因此而增加的費用，平均成本就低了。

點評 張謇在這裡講的類似規模經營的情況。這主要指在生產能力還未充分發展，潛在生產能力作為一種浪費時，應該擴大生產規模，重新分布生產。這樣在一定限度內，產出增長快於總費用增長。平均每個產品成本下降，規模經營效益顯著，企業活力增強。

留心訪察各處年成豐歉，如上年底價高昂，本年出產較旺，則宜少買，只須存一月之用，以待市價之疲，陸續採買。倘上年底價低平，本年出產不豐，宜乎盡力廣收，多備數月半載存貨，宜隨時斟酌。

——經元善《居易初集・上楚督張制府創辦紡織局條陳》

釋文 注意調查各地年成的好壞，如果上年收成較差而價格比較高，而本年收成較好，就應該少購進一些原料，只要夠一個月用就可以了，應該等待市場價格慢慢變低，從而一批一批地購買。如果上一年年底價格比較低，而本年出產的又不多，則應該竭盡全力，廣泛收購，多備幾個月或者半年所需的原材料，應根據時間行市的不同進行分析定奪。

點評

這裡是經元善對購買原材料棉花的經驗總結，其中包含著豐富的關於訊息和預測方面的思想。他重視商業訊息及在訊息基礎上的理性預測。這些思想是源於價值規律的，具有科學的依據，對我們當今社會主義市場經濟建設也頗有啓示。

泰西各國，興辦各項公司，無不招集股本，群策群力，積微成巨，故能長袖善舞，所向有功。

——經元善《居易初集·上楚督張制府創辦紡織局條陳》

釋文

西方各個國家，興辦各種商業經營公司，全都要招集股金，以籌集資本，大家共同出謀劃策，貢獻己力，積少成多，所以能夠輕鬆自在地經營，所經營的項目也沒有不成功的。

點評

這裡經元善主張一改中國傳統的公司經營制度，推崇西方的股份制。儘管這裡他只看到了股份制的優點，而忽視了其弊端，然而他提出了股份制，這是具有劃時代意義的，也是符合經濟發展趨勢的，這對於我們當今的現代企業制度的建立和深化企業的改革，都有重要的借鑒作用。

惟逢星期自宜休息，人無貧富，總有家庭私事，七日一歇，則此六日中，可以專心致志。若無此一日之停，則終歲皆存偷閑之念矣。

——經元善《居易初集・上楚督張制府創辦紡織局條陳》

釋文 每遇到星期天自然應該休息，人無論貧富，總有家庭私事，若七天之中歇一天，那麼這六天便可以專心致志地工作。若沒有這一天的休息，那麼一年到頭都會存有偷閑的念頭。

點評 這是經元善有關組織管理的論述。他主張每星期讓工人休息一天，讓他們辦理家庭私事，以有利於在工作的日子裡能夠專心致志。這種組織管理思想在當時社會裡是相當可貴的。社會發展到當今，每週有休息一天、一天半、兩天甚至三天的國家和地區，這是時代進步和生產力發展的必然趨勢。

其次曰織紝之利。織紝必以機器爲先，事半而功倍，巧捷異常，而其利無窮。

——王韜《弢園文錄外編・興利》

釋文 其次講紡織的利益。講紡織必須首推使用機器，用機器事半功倍，速度不比尋常，從中才能獲取無窮利益。

點評 進行競爭就必須講求競爭的有效性，而競爭手段的選擇則對於有效競爭又起著至關重要的作用。王韜在此強調要採用機器生產來提高紡織業的生產效率。在中國近代，這

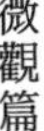

確實是對外有效競爭的重要手段。

彼務賤，我務貴；彼務多，我務精；彼之物於我可有可無，我之物使彼不能不用，此《孫子》上駟敵中，中駟敵下，一屈二伸之兵法也。

——鄭觀應《盛世危言・商戰上》

釋文

別人追求價格低，我們便追求價格高；別人追求數量多，我們追求質量精；他們的貨物對我們可有可無，我們要使他們對我們的貨物不能不用，這是《孫子》中用上等馬對敵人中等的馬，用中等馬對敵人下等的馬，一匹失敗而二匹勝利的兵法。

點評

這是一個典型的對策理論。鄭觀應強調避免與對手進行硬碰硬的較量，而要善於避實擊虛，採取迂迴戰術，著重全局。在實際操作中，我們應切忌因小失大，要敢於犧牲局部的利益以奪取全局性的勝利。

考察彼之何樣貨物於我最為暢銷，先行照樣仿制，然後更視其必需於我者，精制之而貴售之。

——鄭觀應《盛世危言・商戰上》

釋文

首先考察一下外國的哪些貨物在我國市場上最為暢銷，照其原樣進行仿製，然後更要注意他們對我們叩上貨物是必需的，然後精心製造並高價出售給他們。

點評

這裡鄭觀應論述的是一個訊息與對策理論。他主張在商戰中，應搞清楚雙方相互的供需狀況，然後分別採取不同的對策，對於我需的，力求自製，對於他需的，我力求供給。在當今市場經濟下，這個理論的作用尤為明顯。

綜計每年出礦若干，銷售若干，提出官息稅銀及支銷各項，此外贏餘，以若干存廠，以若干均分，以若干酬贈執事，以若干犒賞礦丁，按結報明，張貼工廠，使內外咸知。

——鄭觀應《盛世危言・開礦上》

釋文

綜合計算每年出礦數量，銷售的數量，提取出應交的利潤和稅收以及其他企業管理費用，另外所剩利潤，以一部分存入廠內，一部分平均分配，一部分獎賞管理工作人員，一部分獎賞礦工，按照結算張貼公告，使廠內外人員都知道。

點評

這裡強調企業利潤的分配問題。他主張在廠內計算出盈利後，應提撥工人和辦事人員的獎金，並且出示公報，以加強監督。這種做法，在我們現在的企業管理中尤值得借鑒。作為企業領導，必須注重企業紅利的分配，注重企業發展基金、獎勵基金、福利基金的建設，以穩定企業發展，調動職工積極性，加強發展後勁。

俸給日用飲食，一成而不易者，儉無可儉。地方應酬雜項，游移而無定者，可省即省。

——張謇《張季子九錄・實業錄・大生崇明分廠十年事述》

釋文

供給工人的工資和日常生活必需品，是一成不變的，想節省也無法節省。地方上各種雜項的應酬費用，可多可少不是不可以變動，能節省就應該儘量節省。

點評

張謇在這裡強調爲了提高企業效益，應注意節儉。他注重保證工人的薪俸和基本生活資料，而把地方上雜項應酬費用作爲節儉的重要方面，這是正確的。一個企業，無論利潤怎麼高，如不注重節約，最後也會喪失殆盡。在我們現代企業管理中，一定要注意控制不必要的管理費用。

不怕無資本，只怕無生意，一有生意，資本雖大，暫時可以清償，平地青雲，赤手成家，非幻想非運氣，自有至理存焉。

——朱志堯，見《朱志堯事跡》

釋文

不怕缺乏資本，只怕沒有生意可做，一旦有生意可做，所需資本即使很大，暫時也可以進行融通，平步青雲，白手起家，並非是幻想和運氣，自然有其道理存在。

點評

這裡是一種有關市場或機遇的理論。朱志堯認爲，做生意，最重要的是有市場，有生意可做，缺乏資本時，可以透過借款籌資來解決問題。企業或公司的經濟決策管理人員必須注意市場調查，須具備善於抓住機遇、控制訊息、合理預測、果斷決策的素質。

機器之制與運也，豈有他哉？惜時而已。惜時與不惜時，其利害相去，或百倍，或千倍，此又機器之不容緩者也。時積而成物，物極而值必落，於是變去舊法，別創新物，以新而救積。

——譚嗣同《仁學上》

釋文

機器的製造與運用的利益價值是什麼呢？縮短時間而已。能否節約時間，效益所得會相差百倍，甚至於千倍，這也是機器工業迫切性之所在。在一定時間內生產產品，到產品周期末價格下跌，於是就改進舊方法、創造新產品，以產品的換代來求發展。

點評

這裡指明了機器工業生產中，提高勞動生產率的重要意義，而縮短勞動時間，加快機器和產品的更新換代，是提高產品競爭力的根本途徑。

一人之識未周，不若合眾議，一人之力有限，不若合公股，故有大會、大公司，國家助力，力量易厚，商務乃可遠及四洲。

——康有為《上清帝第二書》

釋文

一個人的見識不可能周全，不如聚合眾人議論；一個人的力量有限，不如集結眾人的股份，這就是爲什麼有大會、大公司的道理；如果國家出面扶植商業的發展，財力雄厚，商務就能遠及世界各地。

點評

這段話借眾人之力勝一個人的簡單道理，說明了國家扶植商業會使商業迅速發展壯大。康有為要求清政府出面組織並扶植民族工商業的發展，從而能憑藉國家的財力來發展國有工商業。

擁資愈多，去之也愈多；愈貪錢，也是愈失錢。然而，陳李濟、黃祥華、王老吉的商業，卻常存不敗。

——廖仲愷《中國實際的現狀和產業落後的原因》

釋文

他們擁有資產越多，賠本也愈大；越是想賺錢，就越會失去錢。然而，陳李濟、黃祥華、王老吉的商業，卻常存不衰。

點評

廖仲愷分析了一些企業的失敗和那些中藥商長存不敗的原因，並在文中指出，中國人深信中藥，若此心理不變，則這些商業可以長存。這對我們有借鑒作用。我們企業應注重產品信譽的創造，開發一些有自身特點的產品以從心理上吸引顧客。

因為實業的中心要靠消費的社會，所以近來世界上的大工業，都是照消費者的需要來製造物品。

——孫中山《民生主義》

點評

孫中山在分析漢冶萍公司虧本原因時，講了這段話。為了發展生產，提高效益，不得不注重消費對生產的影響。有消費，就有生產的對象；有消費，就有發明創造的對象。

在商業經營中更是如此，消費狀況良好的產品，就是商業經營的主要目標，善於經營的企業公司，必須注重市場調查研究，根據人們消費需求進行生產、經營、創新。

由此以觀，地勢形便，工料減省，消（銷）路廣達，其利不可勝言！

——徐潤《徐愚齋自敘年譜》

釋文

由此看來，如果地理位置、地形上交通運輸便利，勞動力與生產所用原材料價值便宜，生產的產品銷售渠道廣闊通暢，那麼經營所獲利潤將會多不可言。

點評

這裡主要論述了考察一個地方，預測其經濟價值時應注重的幾個因素。這對於我們現代投資經營具有戰略指導意義。爲了對某一地區的經濟潛力、發展前景作出恰當的預測，必須注重對該地區特定行業經營環境的外部條件的分析：交通運輸是否便利，勞動力資源是否充裕，生活費用是否低廉，原材料價格是否合理，銷售市場是否具有潛力。在當今經濟迅速發展之際，一定要善於合理地分析預測，靈活地運用上述投資策略，避免盲目投資。

凡爲弓，各因其君之躬志慮血氣。豐肉而短，寬緩以荼，若是者爲之危弓，危弓爲之安矢。骨直以立，忿勢以奔，若是者爲之安弓，安弓爲之危矢。其人安，其弓安，其矢安，則莫能以速中，且不深。其人危，其弓危，其矢危，則莫能以願中。

——《周禮・冬官考工記》

釋文

凡製弓，各依所用的人的形體、意志、血性氣質而異。長得肥胖矮短，意念寬緩，行動舒遲，像這樣的人要爲他製作強勁、急疾的弓，並製柔緩的箭配合強勁、急疾的弓。剛毅果敢，火氣大，行動急疾，像這樣的人要替他製作柔軟的弓，製急疾的箭配合柔軟的弓。人若寬緩舒遲，再用柔軟的弓、柔軟的箭，箭行的速度就不快了，自然不易命中目標，即使射中了也無力深入。人若剛毅、果敢、性情急躁，再用強勁、急疾的弓，剽疾的箭，自然不能穩穩中的。

點評

優化設計向來是人們追求的目標之一，也是生產和科技管理的一個重要方面。優化設計的最終目標在於提高產品的使用價值，使之達到最佳狀態。優化設計包括的內容很多，其中一個重要方面就是要充分考慮使用者的因素，適合使用者的特點。上面所引的實例就是這方面的典型，要求製弓時充分考慮使用者的特點。按文中說明，人可按性格分爲安、危兩類，弓、箭也可按剛、柔分爲兩類，這樣人、弓、箭在數學上的組合可以有八種。《考工記》有關製弓的要求排除了兩種最差的搭配，選擇的是兩種最佳組合，是優化設計思想的典範。

凡溝防，必一日先深之以爲式，里爲式，然後可以傳眾力。

——《周禮・冬官考工記》

釋文 凡修築溝渠堤防，一定要先以匠人一天修築的進度作爲參照標準，又以完成一里工程所需的匠人及日數來估計整個工程所需的人工，然後才可以調配人力、實施工程計畫。

點評 《考工記》這篇文章滲透著原始系統思想的原則，不但表現在社會的宏觀分析上，也表現在一些微觀的工作規劃作業上。上面這段引語就是這方面的實例，要求在工程實施之前對生產率作出準確的評估預測，以便作出總體規劃設計，可以看作是系統工程方法的萌芽。

用石灰等泥塗之制：先用粗泥搭絡不平處。候稍乾，次用中泥趁平。又候稍乾，次用細泥，爲襯上施石灰。泥畢，候水脈定，收壓五遍，令泥面光澤。

——李誡《營造法式・泥作制度・用泥》

釋文 用石灰等材料粉塗的操作程序是：首先是用顆粒較粗的泥土塡平那些低窪之處。待到粗泥稍乾之後，則用比粗泥稍細一些的中泥塡平第一遍過後留下的不平之處。待到中泥也稍乾之後，然後用細泥和上石灰粉塗在表面。最後，等到表面滲出水分後，再用泥具壓磨五遍，使表面呈現出光澤。

點評

這段話是李誡《營造法式》爲保證工程建築質量而規定的施工操作規範。這裡規定的是泥塗的規範操作程序，一環接一環，有嚴格的先後順序，不能隨意變動。這樣規定有其科學的道理。先用粗泥，後用中泥，再用細泥和石灰，可以節約石灰等材料，降低工程成本。施工操作程序規範化是《營造法式》進行質量管理和監督的一個重要特點，它也是現代社會工程施行中質量管理應特別注意的地方。

凡構屋之制，皆以材爲祖。材有八等，度屋之大小，因而用之。

——李誡《營造法式・大木作制度一・材》

釋文

一切建房的規制都是以木材的使用爲根本。木材一共可以劃分爲八個等級，人們應該根據所建房屋的規格大小來選擇使用。

點評

這裡是關於房屋建築施工中木材管理的主張。木材是古代房屋建築的主要材料，所以規定木材的使用方法是保證工程質量的重要方面。李誡把木材根據長短、粗細、質地等標準劃分爲不同的八個級別，每個級別有相應的用途，不得越級使用。大材小用會浪費材料，小材大用無法保證工程質量。爲了既降低成本費用，又保證建築質量，必須加強材料使用的管理，要根據房屋的不同規格、不同要求來合理使用。

功分三等，第爲精粗之差；役辨四時，用度長短之晷。

——李誡《營造法式・進新修營造法式序》

釋文

記功分爲三等，依次區別精粗要求不同的工作；勞動量的大小隨四季的變化而異，以此區別不同季節勞動日的長短之差。

點評

《營造法式》很注意工程成本尤其是勞動成本的計算管理。以上就是它在計功方面的管理辦法。首先按件計功，根據精粗的不同要求劃分爲高低有差的三個等級；其次按時計功，由於不同季節白晝長短不一，所以必須根據實際情況對勞動日長短加以調整。這是一種嚴格的勞動成本管理辦法，這有利於提高工人積極性、降低工程成本。

凡開基址，須相視地脈虛實，其深不過一丈，淺止於五尺或四尺。

——李誡《營造法式・壕寨制度・築基》

釋文

凡開掘地基時，必須仔細檢查該處地質軟硬虛實情況，最深不超過一丈，最淺也不能

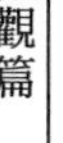

淺於四、五尺。

點評

這段文字是李誡在《營造法式》中要求營造建築標準化的一個例子。為了保證建築物的質量，李誡對基址的選擇和地基的深淺都有詳細規定。他要求選擇基址時必須十分注意其地質的堅硬程度，以此確定其承載力的大小，進而決定地基挖築的標準。規定這些建築規格、標準的目的是讓工人在施工時心中有數，做到科學施工，減少施工中的任意性，從而確保工程質量，而且也便於對工程質量的檢查驗收。

凡材植，須先將大方木可以入大料者，盤截解割。次將不可以充極長極廣用者，量度合用名件，亦先從名件就長或就廠解割。

——李誡《營造法式・鋸作制度・用材植》

釋文

凡是從原木截取木料，必須首先從那些大方木中截取大件木料。然後，從那些長度或寬度不夠充作大件木料的原木中，根據小件木料的規格進行截取。截取小件木料時，也必須先考慮那些長度或寬度尺寸較大的。

點評

這段文字表面上似乎只是講如何從原木中獲得所需的木料，實際上它反映了《營造法式》注重工程成本核算的管理思想。它規定截取木料的原則是優先考慮那些長、寬尺寸較大的，然後才考慮較小的。這就是要求大材大用，小材小用，避免大材小用。

用人

無常安之國，無宜治之民。得賢者安存，失賢者危之，自古及今，未有不然者也。

——《大戴禮記・保傅》

釋文 沒有永世太平的國家，也沒有容易管理的百姓。有賢明人士，國家就太平生存，沒有賢明人士，國家就有危險甚至滅亡，從古到今，沒有不是這樣的情形。

點評 這裡所強調的是賢明的人士對治理國家的作用。同樣，在管理中，人才也是一個起關鍵作用的因素，所謂「管理有方」實際上正是以人才爲基礎的，沒有人才，不可能有科學有效的管理。

今王公大人有一衣裳不能制也，必藉良工；有一牛羊不能殺也，必藉良宰。故當若之二物者，王公大人未知以尚賢使能為政也。逮至其國家之亂，社稷之危，則不知使能以治之。

——《墨子・尚賢中》

釋文

現在的王公大人，有一件衣裳不能製作，必定要藉助好的工匠；有一隻牛羊不能宰殺，必定要藉助好的屠夫。所以遇著上面這兩種事情，王公大人也未嘗不知道以崇尚賢人使用能人辦事。而一到國家喪亂，社稷傾危，就不知道崇尚、使用賢能的人以治理國家。

點評

墨子在這段話裡批評了王公大人這些在位者不知尚賢是為政之本的道理，所用譬喻很有說服力。墨子所處時代，宗法貴族制度雖日趨瓦解，但尚未完全消滅，文中所說王公大人即這種勢力的代表，墨子多次抨擊了他們的思想觀念和所作所為。

自貴且智者為政乎愚且賤者則治，自愚且賤者為政乎貴且智者則亂。是以知尚賢之為政本也。

——《墨子・尚賢中》

釋文

由高貴而聰明的人去治理愚蠢而低賤的人，那麼國家便能治理好；由愚蠢而低賤的人去治理高貴而聰明的人，那麼國家就會混亂。因此知道崇尚賢能是為政的根本。

點評

墨子提出「尙賢」是「爲政之本」，並以上述這段話概括了這個命題的理由。「貴且智者」爲賢，「愚且賤者」爲不賢，這是賢能與否的標準。聰明愚蠢指的是「才」；高貴，低賤不是指門第血統或社會地位，依據墨子在「尙賢」篇中反覆論述的人才思想，指的是「德」。因此，墨子所認爲的賢人是德才兼備的人。

賢者舉而之上，富而貴之，以爲官長；不肖者抑而廢之，貧而賤之，以爲徒役。是以民皆勸其賞，畏其罰，相率而爲賢者，以賢者衆而不肖者寡，此謂進賢。

——《墨子・尚賢中》

釋文

凡是賢人便選拔上來使其處於高位，給他富貴，讓他做官長；凡是不賢能之人便免去職位，使他貧賤，讓他做奴僕。於是人民相互勸賞而畏罰，爭相做賢人，所以賢人多而不賢的人少，這便叫進賢。

點評

墨子在「尙賢」篇中較全面地闡述了崇尙賢能的人才思想。這一段話說的是尙賢所產生的社會效應。只有真正崇尙賢者，抑退不賢者，並在社會地位與經濟待遇上予以兌現，才能樹立尙賢風氣，激勵百姓爭相爲賢，做到「進賢」。下文，墨子還提出了「事能」的概念，即對選拔出來的賢者進行考核，授予相應的官職。

諸侯之劍，以知勇士爲鋒，以清廉士爲鍔，以賢良士爲脊，以忠聖士爲鐔，以豪傑士爲夾。此劍，直之亦無前，舉之亦無上，案之亦無下，運之亦無旁；上法圓天以順三光，下法方地以順四時，中和民意以安四鄉。此劍一用，如雷霆之震也，四封之內，無不賓服而聽從君命者矣！

——《莊子・說劍》

釋文

諸侯的劍以智慧勇敢的人作爲劍鋒、以清白廉潔的人作爲劍刃、以賢良的人作爲劍脊、以忠誠聖明的人作爲劍環、以英雄豪傑的人作爲劍把。這種劍，使用起來一往無前不可阻擋，舉起來沒有東西可在它上面，按下去也沒有東西可在它下面，運轉起來旁若無物。向上取法圓形的天空以順應日月星三光，向下取法方形的大地以順應春夏秋冬四時，中央順乎民意而安定四方。這種劍一旦使用，就好像雷霆的震撼，四方邊界之內沒有不賓服而聽從君王命令的人了。這就是諸侯之劍。

點評

怎樣才能成爲一方的諸侯，成功的諸侯依靠許多賢能之士的輔佐。賢明的諸侯輔之以能人巧匠，當然可以君臣一體，天下無敵。在激烈的競爭中，勝利源於人才的充分運用，而失敗則源於用人不當。

知者無不知也，當務之爲急。仁者無不愛也，急親賢之爲務。堯舜之知而不偏物，急先務也；堯舜之仁不偏愛人，急親賢也。

——《孟子・盡心上》

釋文

聰明的人沒有不明白的，所以必須揀應該先做的事做。仁厚的人沒有不充滿愛心的，最要緊的是親近賢人。堯舜明智而不知偏頗，是因爲他們選擇應當先做的事做；堯舜仁義而不偏愛任何人，是因爲他們親近賢人。

點評

俗話說：「識時務者爲俊傑。」明智之人不但能通曉透徹紛紜的世事，更能洞察人事變遷。他們知道何時何地用何人去做何事，這很重要。

得賢人，國無不安，名無不榮；失賢人，國無不危，名無不辱。先王之索賢人，無不以也，極卑極賤，極遠極勞。

——《呂氏春秋・求人》

釋文

得到賢能的人，國家沒有不安定的，名聲沒有不榮耀的；失去了賢能的人，國家沒有不危亡的，名聲沒有不受辱的。古代的國家管理者爲了得到有才能的人，是無所不用的：他們可以對賢能的人極其謙卑，可以舉用極爲卑賤的人，可以到很遠的地方去尋找，並且可能付出極大的辛勞。

點評

在古代，由於社會發展緩慢，經濟對國家管理的決定作用不易被人們所覺察，而人才的盛衰與國家管理的成敗關係則容易見到。

夫鳥同翼者而聚居，獸同足者而俱行。今求柴胡、桔梗於沮澤，則累世不得一焉。及之

睪黍、梁父之陰，則卻車而載耳。夫物各有疇，今髡賢者之疇也。王求士於髡，譬若挹水於河，而取火於燧也。髡將復見之，豈特七士也。

——淳于髡，見《戰國策・齊策三》

釋文

那翅膀相同的鳥類聚居在一起生活，足爪相同的獸類一起行走。如今若是到低濕的地方去採集柴胡、桔梗，那世世代代採下去也不能得到一兩，到睪黍山、梁父山的北坡去採集，那就可以滿車裝載。世上萬物各有其類，如今我淳于髡是賢士一類的人。君王向我尋求賢士，就譬如到黃河裡去取水，在燧石中取火。我將要再向君王引薦賢士，哪裡只是七個人。

點評

齊宣王起用賢士淳于髡，淳于髡一天之內向齊宣王引薦七個人，齊宣王很不以爲然，認爲沒有這麼多賢能之士。淳于髡爲了說明其中道理，說了上面這番話。淳于髡以鳥、獸、植物爲例，說明天下物以類聚，人以群分，賢能之士相聚，自然相與引進了。這裡涉及用人之道，歷代有爲帝王都很重視。

君子用法制而至於化，小人用法制而至於亂。均是一法制也，或以之化，或以之亂，行之不同也。

——仲長統《昌言・損益》

釋文

君子運用法制使國家得到治理，小人運用法制而使國家陷於混亂。同樣是一個法制，有的人用它達到了治理，有的人用它使國家混亂，這是由於施行的不同。

點評

仲長統處於東漢末年動盪紛亂的時代，親身經歷使他明白了要改革政治，理順經濟，挽救危在旦夕的東漢政權，關鍵在於發現和使用人才。上述這段話裡，他以君子和小人用相同法制導致不同結果的事實說明：天下治亂維繫於用人。為此他主張自下而上選拔人才，對擇優選拔的人才加以考核任用，並強調「厚祿養廉」的必要性，抨擊「任人唯親」的危害性。這種人才觀是有積極意義的。

丁壯十人之中，必有堪為其什伍之長，推什長已上，則百萬人也。又十取之，則佐吏之才已上十萬人也。又十取之，則可使在政理之位者萬人也。以筋力用者謂之人，人求丁壯；以才智用者謂之士，士貴耆老。充此制以用天下之人，猶將有儲，何嫌乎不足也？故物有不求，未有無物之歲也；士有不用，未有少士之世也。

——仲長統《昌言・損益》

釋文

十個壯丁之中，一定有能夠勝任什長、伍長的人，這樣推算什長以上的人就有一百萬了。又在他們當中十個人取一個，那麼堪任屬吏的人才就有十萬了。再十個取一個，那麼可以讓他居於治政位置的就有一萬人。靠勞力供使用的人叫做民，民要選取少壯男子。靠才智供使用的人叫做士，士以年老資深為貴。充分運用這種選才制度來任

用天下的人，人才還可供儲備，怎麼會嫌不夠呢？所以從來只有物類不被取用的時代，而不存在沒有物類的時代。從來只有人才不被任用的情況，而不存在沒有人才的社會。

點評

仲長統認爲天下安危，國家治亂，關鍵是用人。在該篇中他提出了十六條治國之策，其中一條是「益郡長以興政理」，可見當時國家急需大批人才來強化行政。如何選拔人才呢？仲長統提出了這個在全國範圍內自下而上普選人才的主張，而且強調「士有不用，未有少士之世也」。在中國古代管理思想體系中，人才管理是一個重要分支，而如何發現人才一直是歷代有爲的君王所關心的問題。仲長統在當時的條件下能提出這樣具體而有創見的主張，是難能可貴的，即使在今天仍有積極的意義。

用士不患其非國士，而患其非忠；世非患無臣，而患其非賢。

——王符《潛夫論・論榮》

釋文

採用人才，不要擔心他不是本國的人士，而應該考慮他是否忠誠，不必擔心找不到臣子，而應該考慮他是不是賢明。

點評

這裡作者提出了用人的標準：忠和賢，即要求所用之人既要忠誠可靠，又要精明能幹。這個標準對於中國社會數千年盛行的裙帶關係所造成的嚴重後果無疑是一劑良方。作者在選拔人才之時，不僅拋棄了狹隘的家庭及血緣關係，而且主張超出諸侯國的限制，在社會上物色最優秀的人才。甚而，對曾與自己爲敵的人，也可以量材而用。這種超出一切偏見的用人原則，即使對於今天，也很有啓發。

夫教之、養之、取之、任之，有一非其道，則足以敗敵天下之人才，又況兼此四者而有之？則在位不才、苟簡、貪鄙之人，至於不可勝數，而草野閭巷之間，亦少可任之才，固不足怪。

——王安石《上仁宗皇帝言事書》

釋文

（對人才）教育、撫養、招取、任免，其中只要有一樣不符合正確的原則，就足以摧殘天下之人才，更何況這四樣都有呢！那麼，在位的人缺乏才能，苟且倨傲、貪鄙的小人到了不可勝數的地步，而民間草野之中，也缺少可任用的人才，這一切都不足爲怪。

點評

得天下之英才而育之是一快事亦一難事。古今中外，一切競爭說到底是人才的競爭。故談管理，也需講教育管理人才。人才管理不外乎教之、養之、取之、任之四方面，如四者皆合乎科學，則不愁天下英才不能育成，天下英才不爲我所用。

三法者，得其人緩而謀之，則爲大利；非其人急而成之，則爲大害。故免役之法成，則

農時不奪，而民力均矣；保甲之法成，則寇亂息，而威勢強矣；市易之法成，則貨賂通流，而國用饒矣。

——王安石《上五事書》

釋文

這三個法（免役、保甲、市易），得到適當人選慢慢計議，就能獲得大利；如果找不到恰當的人反而匆忙行事，則要造成大的危害。所以，免役法實行了，則能不違農時，民力就能協調使用；保甲法實行了，則敵寇就能平息，國勢就強盛了；市易法實行了，則貨物與錢幣流通，國家的財用就豐富了。

點評

好的政策法規必須有好的人選去貫徹，並且須有恰當的實施方法。王安石變法失敗原因是多方面的，不得其人，行之太急即是十分重要的原因。

大臣不以薦士為德，而士一失矣；師儒不以教士為恩，而士再失矣；長吏不以舉士為榮，而士蔑不失矣。

——王夫之《宋論・太祖》

釋文

為大臣的不以推薦士人為有德之事，那麼這是第一次失士；作老師的不以教育培養士人為有恩之事，這是第二次失士；而當官吏的不以選拔士人為光榮，則士沒有不失去的。

點評

這裡談的「士」指的是有見識之知識分子，亦即「人才」。萬事靠人去做，故人才的選拔、人才之管理教育應當置於國家大事中重要的位置。失此則不足談治國平天下。豈不聞「得士者昌」？

人主之職，簡大臣而大臣忠，擇師儒而師儒正，選長吏而長吏賢，則天下之士，在岩穴者以長吏爲所因，入學校者以師儒爲所因，升朝廷者以大臣爲所因。如網在綱，以群效於國，不背其大臣而國是定，不背其師儒而學術明，不背其長吏而行誼修。

——王夫之《宋論・太祖》

釋文

皇帝的職責在於：擢拔大臣，大臣要忠信；選擇老師，老師要正直；選拔官吏，官吏要賢能。那麼天下的讀書人，隱居的靠官吏的推薦，入學校的靠老師的推薦，在朝廷的靠大臣的推薦。那麼，如網在綱繩的掌握之中，這些讀書人共同效力於國家，不背棄大臣而國家大計方針能定下來；不背棄那些老師們而學術文化昌明；不背棄那些官吏而能加強自身的修養。

點評

如何得士、如何養士，是人才管理的一大難題。要使每一位有才智之讀書人甘心爲國效勞，必須使之前有所趨後有所逼，賞罰並舉，如何不使天下有才之士失去，則從大臣至教師、小官吏皆須重視，因爲人才之得失，實爲國家之要務。

從古帝王之治天下，皆言理財、用人。朕思用人之關係，更在理財之上，果任用得人，又何患財之不理、事之不辦乎？

——愛新覺羅・胤禛《上諭內閣》

釋文

自古以來帝王治理國家，都說要重視理財、用人。我看用人的重要性，更在理財之上。如果用人合適，又何必擔心管不好經濟、辦不好事呢？

點評

雍正不算清朝最有作爲的皇帝，但這段話卻言之成理。用人是管理中的要務。一切管理活動都是由人來進行的。

惟賢者乃能進賢，得賢者爲進賢之人，使各舉所知，所以引其類也。惟知賢者乃能用賢，得知賢者爲用賢之人，使擇決眾之所舉，所以用其長也。具斯二者，用賢之道無遺矣。

——唐甄《潛書・主進》

釋文

只有賢能的人才會推舉賢才，有賢能的人來推舉賢才，使他們各自推舉所瞭解的人，透過這樣來吸引他們的同類。只有能瞭解賢能的人才能起用他們，擁有能瞭解賢能的人來選拔人才，讓他們從眾人推舉的人中挑出合適人選，藉由此舉來發揮他們的長處。具備這兩點，用賢之道就沒有遺漏了。

點評

在選拔使用人才這個問題上，知賢、進賢、用賢互爲關聯，對領導者來說至關重要。

明主勞於求賢而逸於任人。

——顧炎武《日知錄・保舉》

釋文 聖明的君王總是花大力氣尋求賢人，而任用了人才就可以安逸放心了。

點評 這是說人才開發的重要性。人事管理中對人才的工作，第一步就是要發掘人才，選拔人才，把人的智慧和能力作爲一種巨大的社會資源來開掘和利用，然後才能談得上合理安排和使用人才。挖掘人才是前提、是基礎，任用人才是進步發展。

人才盛衰由於運會，而拔取振作全在知人者之權衡。

——左宗棠《左文襄公全集・書牘》

釋文 人才的盛衰多由於時運與機會，而選拔與激勵人才全在管理者的權衡。

點評 人才選拔與人才激勵既是人事管理的基礎，又是事業成功的保證。在左宗棠的管理思想中，關於人才問題的論述占有十分重要的位置，而且也是相當系統與深刻的，諸如人才的使用、培養以及選拔標準等無不涉及。

中國人才本勝外國，惟專心道德文章，不復以藝事爲重，故有時獨形其絀。

——左宗棠《左文襄公全集・書牘》

釋文

中國的人才原是比外國強的，只是因爲潛心道德八股後，不再講求技藝，所以才在科技方面落後了。

點評

左宗棠是洋務派的代表人物之一。在創辦洋務企業的過程中，他看到了中、西文化間的深刻差異在於：中國重義理輕藝事，西方則反之。因此，他得出上述結論，並由此而提出當時中國培養人才的方向，應該像西洋人那樣重藝事輕義理。爲此他多次提出派生徒出國學習的問題，希望培養出一批掌握現代科學技術，適合洋務運動需要的有用人才。

爲政首在得人，則求才宜亟矣！

——左宗棠《左文襄公全集・奏稿》

釋文

治理國政，首先要有一批通達時務、勇於變革的人物，因此，尋求與培養精通洋務、善於權變的人才，則是中國目前最爲急迫的事情！

點評

這是左宗棠爲中國達到自強、自主而求才的強烈呼聲。他認爲，中國如果有了大批精通洋務，對於權變的人才，洋人將無所挾以傲我，凌弱氣焰將因此有所收斂；而選拔有真才實學之士，講求科學技術的研究和推廣，可使中國「省虛文而收實效」，這是中國得以自強的關鍵。正是在此認識基礎上，左宗棠求才若渴，他特別不滿於八股取仕的道路，主張用人求實，廣開才路，把實踐中技藝精良、有才能的人士提拔到領導或管理崗位。左宗棠這種不拘一格、不務虛名的用人主張，無疑是對中國傳統舊人才觀念的猛烈沖擊，表現了他在人才選拔上的求實精神。

自古帝王勵精圖治，不敢憚勞，知天下事不能有利而無弊，要在得不得人耳。

——張培仁《洋務運動・論勵精圖治之益—為洋布局而發》

釋文 自古以來成功的帝王都能勵精圖治，不辭辛勞，因爲他們知道天下的事情沒有只有利而無弊的，關鍵在於所任用的人是否得力。

點評 用人問題在中國古代管理思想中一直是至關重要的，人們總是希望臨朝的君主賢德英明，爲臣的官吏公正廉潔，這種要求說明了在法制不健全的管理體制下，人才選拔是否得當對治理國家具有決定性的作用。

得人則興，失人則敗，故欲事之興，惟在得人而已。

——鄭觀應《盛世危言後編・致津海關道鄭玉軒觀察書》

釋文 得到精明強幹的專門人才，事業就興旺發達，失掉此類人才就勢必失敗，所以要想事業興旺發達，只在於得到合適、有用的人才。

點評

人力資源是企業進行有效運轉的最大關鍵，也是企業最重要的資產。鄭觀應作爲近代傑出的企業管理者，十分重視用人對企業發展所起的重要作用。

中國果欲發憤自強，則振百工以民用，其要端矣。欲勸百工，必先破去千年以來科舉之學之畦畛，朝野上下，皆漸化其賤工貴士之心。是在默窺三代上聖人之用意，復稍參西法而酌用之，庶幾風氣自變，人才日出乎！

——薛福成《庸庵海外文編・振百工說》

釋文

中國果真想要發憤自強，那麼發展近代工業以促進商品生產是重要內容。要創辦近代工業，就必須先破除千年以來科舉取仕的局限，舉國上下都逐漸淡化賤工貴士的觀念。遵循三代以上聖人的古訓，再參考西洋技術而斟酌應用，如此社會風氣將自然改觀，人才也將層出不窮。

點評

破除千餘年來八股取仕的束縛，淡化人們貴士賤工的腐朽傳統，發展中國近代企業，這些制度與思想觀念的變革主張順應了社會進步的時代潮流，它對於造就近代新式人才、扭轉社會陳腐風氣、提高科技水準、發展中國社會生產力起著不可忽視的重要作用。

商戰須從學問上講求。既需船械，要精製造；既精製造，要識駕駛。所謂有人才而後可與人爭勝也。

——鄭觀應《盛世危言後編·致招商局盛督辦書》

釋文

商業上的競爭就要遵循科學原則。既然需有輪船機械就要精通造船原理；不僅要精通造船原理，還要掌握駕駛技術。這就是說，必須要先具有訓練有素的人才，然後才可保證在競爭中取勝。

點評

這是鄭觀應在治理、整頓上海輪船招商局時，爲改善其經營管理而提出的主張。他針對當時招商局船隻長期由洋人駕駛的怪現象，強調必須要積極培育自己的駕駛人才。爲此他身體力行地安排教練船，組織並訓練學員學習駕駛方法，繼而還專門成立了駕駛學堂。培養具有本部門專業知識的技術人員，是企業管理的重要內容，對於在激烈競爭中謀求發展的近代企業，這一內容顯得尤爲重要。

專以講明機器學理化學爲事，悟新理，變新式，非讀書士人不能爲，所謂智者創物也。

——張之洞《勸學篇·外篇·農工商學第九》

釋文

專門講解機器學、物理、化學知識的事，瞭解科學原理，變革新的制度，只有知識分子才能去做，這就是有才智的人創造物質財富的道理。

點評

人才對於組織管理具有重要意義。而科學技術作爲第一生產力，掌握了科學技術的先進知識分子對產業的貢獻就成了最主要的一個因素。在科學技術日新月異的時代裡，要求他們能以深厚的學識修養與全新觀念，爲國家創造更多的物質財富。

故教育有道，則天無枉生之才；鼓勵以方，則野無鬱抑之士；任使得法，則朝無幸進之徒。

——孫中山《上李鴻章書》

釋文

所以教育培訓得法，那麼天下就沒有無用之人；引導激勵機制得法，那麼民間就沒有抑鬱苦悶的人；任用選拔制度得法，那麼朝廷內就沒有因僥倖當官或升職的人。

點評

這是孫中山先生的整個一套人事制度設想的三要素：教育、鼓勵與任使，即從人才的培養到激勵機制到合理任用。管理的核心是人，如何充分發揮人的積極性，提高其素質和本領，是決策層、管理層的重要任務。爲提高其素質，就必須建立一套切實可行的制度，從制度上保證各類人員的素質能夠穩定地提高。

朝夕納誨，以輔台德。若金，用汝作礪；若濟巨川，用汝作舟楫；若歲大旱，用汝作霖雨。啓乃心，沃朕心。若藥弗瞑眩，厥疾弗瘳；若跣弗視地，厥足用傷。惟暨乃僚，罔不同心，以匡乃辟。俾率先王，迪我高後，以康兆民。

——《尚書・說命上》

釋文　早晚接納教誨，以提高我的品德。如果是金，就用你作磨金的礪石；如要過河，就以你爲船；如果旱災之年，就以你爲甘雨。打開你的思想，培養我的智力。如果用藥不當就治不好病；如果赤腳不看地面行走就會弄傷腳。你和你的同僚同心同德扶助我，使我遵循先王的道路，按先祖的方法治理國家，使百姓安居樂業。

點評　一個領導者能真誠依靠下屬，接納諫言是難能可貴的，恐怕沒有一個屬下會對上司如此一番陳詞無動於衷的。

君子謂祁奚能舉善矣。稱其仇，不爲諂；立其子，不爲比；舉其偏，不爲黨。《尚書》曰：「無偏無黨，王道蕩蕩。」

——《左傳・襄公三年》

釋文　君子認爲祁奚這樣做能夠推舉有德行的人。稱道他的仇人而不是諂媚，安排他的兒子而不是勾結，推舉他的副手而不是結黨。《尚書・洪範》說：「不偏私，不結黨，君王的仁義之道真浩蕩。」

點評　晉國大臣祁奚向國王推薦賢人，外不避仇，內不避親，任人唯賢。君子稱讚祁奚的這種品質。看來在人才選拔問題上，不僅有一個標準問題，還有一個態度問題，值得爲政者深思。

居儉動敬，德讓事咨，而能避怨，以為卿佐，其有不興乎！

——《國語．周語下》

釋文

居處節儉，行動恭敬，品德謙讓，遇事咨問，而且還能夠遠避怨恨，這樣的人作為國家的輔佐大臣，國家還能不興旺發達嗎！

點評

這裡說的是管理思想中的傳統觀念，對人才選用要求的關注焦點是人的品德。

釣者之恭，非為魚賜也；餌鼠以蟲，非愛之也。吾願主君之合其志功而觀焉。

——《墨子．魯問》

釋文

釣魚的人恭著身子，並不是對魚表示恭敬；用蟲子作為捕鼠的誘餌，並不是喜歡老鼠。我希望主君把他們的動機和效果結合起來進行觀察。

點評

魯國國君告訴墨子，他有兩個兒子，一個好學，一個樂施。他問墨子哪個堪任太子。墨子認為單憑這些表面現象難以作出判斷，於是說了上面這段話，強調考察人必須將動機和效果結合起來。其實，考察太子是如此，考察一切人都應遵循這個原則。

若以翟之所謂忠臣者，上有過，則微之以諫；己有善，則訪之上，而無敢以告。外匡其邪，而入其善。尚同而無下比，是以美善在上，而怨仇在下；安樂在上，而憂戚在臣。

——《墨子．魯問》

釋文

我所說的忠臣卻是這樣：國君有過錯，則伺察機會加以勸諫；自己有好的見解，則上告國君，不敢告訴別人。匡正國君的偏邪，使他納入正道，崇尚同一，不在下面結黨營私。因此，美善存在於上級，怨仇存在於下面，安樂歸於國君，憂戚歸於臣下。

點評

魯陽文君告訴墨子說，有人說所謂忠臣，就是俯仰聽令，呼之即應。墨子不贊成這種說法，他認爲這樣做譬若國君的影子和回聲，對國君有害無益。然後墨子闡述了自己對忠臣的看法，說了上面這段話。他認爲忠臣應是主動積極的，而不應是消極被動的，重要的是匡正國君的偏邪，勸諫國君的過錯。墨子對忠臣的理解雖有一點理想主義的色彩，但對爲臣者的品質素養來說，有一定的啓發作用。

故言必有三表。何謂三表？子墨子言曰：有本之者，有原之者，有用之者。於何本之？上本之於古者聖王之事；於何原之？下原察百姓耳目之實；於何用之？廢以爲刑政，觀其中國家百姓人民之利。

——《墨子．非命上》

釋文 所以言論有三條標準，哪三條標準呢？墨子說：「有溯源的，有推究的，有實踐的。」向何處溯源？要向上溯源於古時聖王事跡。向何處推究呢？要向下考察百姓耳聞目睹的事實。如何實踐呢？把它用作刑法政令，從中看看國家百姓人民的利益。

點評 《非命》篇的主旨爲反對命定思想，這段話主要是墨子針對那些誤國誤民的命定言論而提出的檢驗言論的三條標準，這就是考察歷史，考察現實，並在實踐中加以檢驗。這三條標準無疑是正確的，對爲政者來說極有裨益。

巧言令色，鮮矣仁。

——《論語・學而》

釋文 花言巧語，以虛僞的樣子討好別人的人，很少能真正做到「仁」的。

點評 這裡提出了對人的品行要求，即要求表裡一致，不要表面講仁講義，頭頭是道，而實際上卻不腳踏實地。同時也提出了一個選拔人才的標準，告誡管理者警惕那些口頭說得好聽，特別能討你喜歡，而骨子裡卻是虛僞透頂，不仁不義的人。「仁」，是儒家的一種含義極廣的道德範疇，可以說是孔子學說的核心。簡單地說，「仁」就是人與人相處的道德準則，要求人們相容、相愛、和睦共處，「仁者人也，親親爲大。」（《禮記・中庸》）孔子關於仁的內容包括恭、寬、信、敏、惠、智、勇、忠、恕、孝、悌等。

故其知慮足以治之，其仁厚足以安之，其德音足以化之。得之則治，失之則亂。

——《荀子・富國》

釋文

所以愛護民眾的國家管理者的智慧足以管理民眾，他的仁厚的德行足以安撫民眾，他的道德聲望足以感化民眾。得到了仁德的人，國家就能管理好；失掉了仁德的人，國家就會動亂不定。

點評

得天下之道在於得其民，得其民之道在於得民心。因此國家必須選拔仁德的官吏，有了這樣的管理人才，國家才能太平，人民才能安定。

故相形不如論心，論心不如擇術。形不勝心，心不勝術。術正而心順之，則形相雖惡而心術善，無害爲君子也；形相雖善而心術惡，無害爲小人也

——《荀子・非相》

釋文

所以，觀看人的容貌體態不如研究人的思想，研究人的思想不如選擇正確的方法。人的外貌比不上人的思想重要，人的思想比不上他所選擇的方法重要。方法正確並且人的思想順應這正確的方法，那麼人的容貌體態雖然醜陋，而他的思想和選取的方法都是好的，這樣並不妨礙他成爲品德高尚的君子；容貌體態雖然漂亮，但他的思想和選

取的方法都不好，這樣的人總免不了成爲小人。

點評

《非相》篇批判了古代所謂根據人的體態容貌來判斷人的貴賤、吉凶、禍福的相術。荀子指出，人的外貌與人的品德、智力、成就等沒有必然的聯繫。在當代，對於管理者而言，荀子的思想也具有很大的啓示作用。在選拔、培養、使用人才方面，是注重外表而帶有傾向性，還是看重其品德和實際工作能力，不同的用人標準會帶來不同的結果。即便是到了東漢末年，劉備這樣的當世英豪，也曾因龐統相貌醜陋而棄之不用。可見，一個管理者、領導者在用人時決不能以貌取人。

夫觀士也，居則視其所親，富則視其所與，達則視其所舉，窮則視其所不爲，貧則視其所不取。

——李克《韓詩外傳》

釋文

考察士人，在日常生活中要考察他所親近的人，在獲得財富後要考察他所幫助的人，在地位顯貴後要考察他所舉薦的人，在處於困境時要考察他所堅持不做的事，在窮困時要考察他所不肯接受的。

點評

良好的個人修養，是成功管理者的基本素質之一，從道德水準的角度，用古人的標準去衡量，成功的管理者應該是一位君子。一個人總有一些做人的基本原則，是在任何情況下都要堅持的。無論是在顯貴、優越的條件下，還是在貧窮、困難的情況下，都要堅持自己的信條。只有這樣，才能始終如一，矢志不渝。

昔者堯見人而知，舜任人然後知，禹以成功舉之。夫三君之舉賢，皆異道而成功，然尚有失者，況無法度而任己直意用人，必大失矣。故君使臣自貢其能，則萬一之不失矣。

——伊尹，見《說苑·君道》

釋文

過去堯見到人就能瞭解他，舜讓人擔任工作然後瞭解他，禹根據人擔任工作後的業績來推舉他。這三位君主的舉拔賢才，方法不一樣而都成功了，但仍然還有失落的人才未用，何況沒有制度方法而由著自己隨意用人，那就必然失落很多賢才。因此，君王應該讓大臣自己貢獻自己的才能，這樣就很少失落人才了。

點評

堯、舜、禹是上古的聖明君王，他們的見人、任人、以成功舉人可以看作是用人的三部曲。而讓大臣自己談自己的能力也未嘗不是辦法。所有這些，較之不加考察、隨意用人確要強上許多。

士之爲人當理不避其難，臨患忘利，遺生行義，視死如歸。有如此者，國君不得而友，天子不得而臣。大者定天下，其次定一國，必由如此人者也。故人主之欲大立功名者，不可不

務求此人也。賢主勞於求人，而佚於治事。

——《呂氏春秋・士節》

釋文

士人的爲人，只要合乎事理就不避危難，面臨禍患忘卻私利，捨生行義，視死如歸。有如此行爲的人，諸侯很難得到他作爲朋友，天子很難得到他作爲自己的臣下。大到安定天下，其次安定一個諸侯國，只有任用這樣的人，才能做到。所以君主要想建功立業，不可不花力氣去尋求這樣的人才。賢明的君主要把主要精力花費在尋求人才上，這樣治理國事就安逸了。

點評

此處從人才的節操的角度來論述人才的重要性，因此要想管理好一個國家，領導者應該把尋求能爲國、爲事業獻身的人才當作頭等大事。

故人之欲多者，其可得用亦多；人之欲少者，其得用亦少；無欲者不可得用也。人之欲雖多，而上無以令之，人雖得其欲，人猶不可用也。令人得欲之道，不可不審矣。善爲上者，能令人得欲無窮，故人之可得用亦無窮也。

——《呂氏春秋・為欲》

釋文

所以，欲望多的人，可以使用的地方也就多；欲望少的人，可以使用的地方也就少；沒有欲望的人，就不可能被使用了。人的欲望雖多，但是君主沒有辦法來引導他們，人們雖然得到他的欲望，但還是不可能被使用的。因此，使人能滿足欲望的途徑，不可以不仔細研究啊！善於當君主的人，能使人們不斷產生無窮的欲求並滿足他們，這樣，人的使用效率也就無窮了。

點評

追求自己欲望的滿足是人的共性，管理者如何因勢利導去進行管理是一個值得重視的問題。只有順應民眾的天性，不斷地使他們的欲望得到滿足，才能調動和發揮他們生產和工作的積極性。

故明主不取其污，不聽其非，察其爲己用。故可以存社稷者，雖有外誹者不聽；雖有高世之名，無咫尺之功者不賞。是以群臣莫敢以虛願望於上。

——姚賈，見《戰國策・秦策五》

釋文

所以英明的君主不取他人的污點，不聽他人的謬論，只考慮那些於自己有用的地方。所以只要可以使國家得以保存的，哪怕外國有人說他們的壞話也決不聽信；雖然有高出世人的名聲，但卻沒有建立尺寸功勞的也不予以賞賜。因此，群臣們沒有誰敢不建立功勞就向君主索取獎賞的。

點評

秦國的姚賈帶著百車千金遍訪各國，粉碎了楚、吳、燕、代聯合攻秦的陰謀，得到了秦王的重用。韓非卻在秦王面前誹謗姚賈利用秦國的權勢和珍寶，在外結交諸侯以謀私利，還特別指出他是看門人的兒子，曾做過盜賊。秦王為此責問姚賈。姚賈據理力爭，列舉太公呂望、管仲、百里奚、中山大盜為例，說明他們都出身低微，有過劣跡惡名，後都被明主起用，成就了大業。然後對秦王說了上面這段話，強調用人旨在利於國家，不必顧及所用之人出身及過去的作為；強調英明的君主要敢於大膽起用有爭議的人，不論虛名而重實績。講究出身門第，注重社會聲譽，歷來是封建社會用人的重要標準，姚賈提出了不同的見解，有它的進步意義。

有大略者，不可責以捷巧；有小智者，不可任以大功。

——《淮南子・主術訓》

釋文

有雄才大略的人，不要讓他去做輕而易舉的事；只有小聰明的人，不能讓他肩負重任。

點評

只有小聰明的人，自然不會放心讓他肩負重任，因為小聰明既不能說明這個人的才智，又不能代表他的能力。然而，有雄才大略的人是否不該做一些輕而易舉的事呢？

玉石之相類者，唯良工能識之。

——《淮南子・修務訓》

釋文

寶玉和石頭是非常相像的，只有高明的工匠才能分辨出來。比喻人才有好有壞，關鍵在於挑選人才的用人者是否能高明地進行識別。

寶玉和石頭都是天然存在著的，但若是沒有高明的匠人對它們進行鑒別，並一一分門別類，那麼寶玉和石頭也就沒什麼區別了。所以說：「世有伯樂，然後有千里馬。」同樣道理，有才能的人也是客觀存在著的，只是淹沒在人群中，難以發現而已。領導者此時就應起「伯樂」的作用。

仁莫大於愛人，知莫大於知人。

——《淮南子・泰族訓》

釋文

仁德沒有比愛護別人更重大的了，智慧沒有比知道別人更重要的了。

一般知識分子總愛感慨「知音難覓」。明智的領導者對於這些懷才不遇之士是絕不會輕易放手的。雖說世上沒有人是相同的，人與人之間的交往也風格迥異，但只要誠心去溝通，相互之間還是可以理解的。

一曰問之以言，以觀其詳；二曰窮之以辭，以觀其變；三曰與之間諜，以觀其誠；四曰明白顯問，以觀其德；五曰使之以財，以觀其廉；六曰試之以色，以觀其貞；七曰告之以難，以觀其勇；八曰醉之以酒，以觀其態。八徵皆備，則賢不肖別矣。

——《六韜・龍韜・選將》

釋文

第一，向將才提問，觀察他的知識範圍；第二，對他的回答反覆追問、駁詰，看他的應變能力；第三，派人予以試探，觀察他的忠誠；第四，問一些重大原則問題，觀察他的道德傾向；第五，讓他管理財物，考驗他的廉潔；第六，用女色引誘，看他是否忠貞；第七，告知有重大艱險的任務，觀察他是否勇敢；第八，用酒灌醉，看他醉後的姿態。這八個方面都搞清楚了，將才的優劣就完全能區別了。

點評

姜太公以「八徵」選將，這對現代管理者如何選拔獨當一面的管理人員也有參考價值。當然，這「八徵」不能樣樣都去實際使用，要考慮到古代與現代價值觀念的不同，同時也必須尊重被測試者的人格。但用類似的原則，管理者卻不妨發展一些自己的獨特方法。如果從別的途徑瞭解到這八個方面，那對於判斷管理人員的素質，當然仍是有價值的。

以世俗之所譽者爲賢，以世俗之所毀者爲不肖，則多黨者進，少黨者退。若是則群邪比周而蔽賢。

——《六韜・文韜・舉賢》

釋文

把世俗言論所讚譽的人當作賢能的人，把世俗言論所詆毀的人當作不賢的人，那麼善於拉關係的人就會受到提拔，反之則會受到貶退。果真如此，品德不良的人就會結黨營私，而真正賢能的人就會被遮蓋、排擠了。

點評

不拘一格選拔人才，敢於從世俗言論的反對中提拔人才，是高明的管理者之大手筆。這當然也有助於高層管理者不被周圍的關係網所蒙蔽。

富之而觀其無犯；貴之而觀其無驕；付之而觀其無轉；使之而觀其無隱；危之而觀其無恐；事之而觀其無窮。

——《六韜・文韜・六守》

釋文

讓他富起來而看他是否不至於隨意侵犯；讓他尊貴而看是否並不驕傲；付托給他事情看他是否不會投機取巧；派他辦事看他是否沒有隱瞞；讓他處於危險中看他是否不害怕；以事情變化來試他看他是否能應變無窮。

點評

這是考察人才的方法，其中包括了對道德、才幹、勇氣、忠誠等多方面的內容，確實極有價值。

三公在三載之後，宜明考績黜刺，簡練其材。其有稷禼，伯夷、申伯、仲山甫致治之效者，封以列侯，令受南土八鑾之賜；其尸祿素餐，無進治之效，無忠善之言者，使從渥刑。是則所謂明德慎罰。

——王符《潛夫論・三式》

釋文

三位公爵在三年任期後，應該公開考定他們的政績進行賞罰，選擇有才能的人。其中像稷卨、伯夷、中伯、仲山甫這樣治政有效的賢才，封他們爲侯，賜給他們南方的土地。對於那些受俸祿不盡職守、不能進忠言、又無政績之人，要嚴加懲罰。這就是所說的崇尚德教而慎用刑罰。

點評

作者堅決反對官員的終身制，主張對官員進行定期考核，優勝劣汰，這無疑是有積極意義的。也只有這樣，才能使自三公以下各級官吏，兢兢業業於他們的本職工作，爭著爲國家出力。作者還提出對官吏考察要有一定的期限，官吏的更換也不能過於頻繁。

凡南面之大務，莫急於知賢。知賢之近途，莫急於考功。功誠考，則治亂暴而明；善惡信，則直賢不得見障蔽，而佞巧不得竄其奸矣。

——王符《潛夫論·考績》

釋文

凡帝王的大事，沒有比瞭解賢才更緊急的。而瞭解賢才的捷徑，沒有急過考察官吏功過的。功過考察確實，那麼管理的好壞就暴露明白了；善惡分明了，則正直的賢才就不會處處遇到障礙，而逢迎拍馬的人就沒法施展他們的奸詐了。

點評

王符在此明確地要求「考功」。實際上，這是他《考績》一文的主要觀點。在管理中，考核已成爲一項主要的控制手段。建立適當的考核制度，並嚴格實行之，防止流於形式；以考核功績爲主，根據考核情況提拔賢才，如此等等。有了這些，管理系統將大大提高其效率。

臣聞知臣莫若君，知子莫若父。父不能知其子，則無以睦一家；君不能知其臣，則無以齊萬國。

——魏徵《貞觀政要·論擇官》

釋文

我聽說，瞭解臣子的莫過於國君，瞭解兒子的莫過於父親。父親不能瞭解他的兒子，就無法使一家人和睦；國君不能瞭解他的臣子，就無法使天下協調一致。

點評

這是貞觀十四年魏徵向唐太宗所上奏疏中的一段話，強調了知人善任的重要性。大至國家，小至家庭，管理者都應該對被管理者有充分的瞭解，這樣才能做到「因人制宜」、「知人善任」，使人人都各得其所，發揮出各自的才智。

人才以用而見其能否，安坐而能者，不足恃也；兵食以用而見其盈虛，安坐而盈者，不足恃也。

——陳亮《上孝宗皇帝第一書》

釋文

人才只有在任用了以後才能看出他是否真有才能，光坐著自吹而不實幹者不值得依靠。武器糧草只有在使用了以後才能判斷是否充足，只是口頭說說兵食充盈的是不可依賴的。

點評

「世有伯樂，而後有千里馬。」要想成爲伯樂是相當不易的，起碼心裡得有一個有效的千里馬的標準。只看表面或只聽口頭的，而不看重實際行動顯然是不行的。

得人之道，在於知人；知人之法，在於責實。

——蘇軾《東坡全集・議學校貢舉狀》

釋文

獲得人才的途徑是要瞭解人才；瞭解人才的方法是要根據他的真才實學。

點評

蘇軾寫這段話的目的是要求統治者在選拔人才時要根據個人的真才實學、實際能力，不要僅以詩賦策論定賢愚。他認爲文章雖華靡，但如無用於政事，也應該拋棄，即「雖工必黜」。實際上，作者是對當時的考試制度不滿，認爲有必要加以改革，以趨利除弊。

力勤而願者爲上；多藝而敏者次之；無能無樸者又次之；巧詐而好欺，多言而嗜懶者，斯爲下矣。

——張履祥《張楊圓先生全集・補農書下》

釋文

努力工作而忠心耿耿的最好；技術全面而聰明好動的人其次；能力差但爲人樸實的又次一點；而那些爲人奸詐、喜歡欺騙的人，那些話很多卻懶惰的人，是最差的。

點評

這是張履祥對農民和雇工的分類，其中的「願」一般解釋爲老實，顯然，這是傳統農業社會中保守的用人觀。對於依靠新技術和新創意來立身的現代企業，「多藝而敏者」也許是最佳選擇，但這需要管理者的更高水平，有吸引他們的具體措施。否則，人才跳槽也許會成爲非常令人頭痛的事。

廉者必使民儉以豐財，才者必使民勤以厚利。舉廉舉才，必以豐財厚利爲征。若廉止於潔身，才止於決事，顯名厚實歸於己，幽憂隱痛狀於民，在堯舜之世，議功論罪，當亦四凶之次也，安得罔上而受賞哉？

——唐甄《潛書・考功》

釋文

廉潔的人必定使人民透過節儉來增加財富，有才能的人必定使人民透過勤勞獲取豐厚的利益。起用廉潔有才能的人，一定要用這條標準來衡量。假如廉潔僅限於獨善其身，有才只限於例行公事，名望厚祿則都自己享用，老百姓卻承擔著難以言狀的苦處，在堯舜的時代，如果討論功罪，這種事應該算是四凶的罪狀，怎麼能欺騙君王而得到獎賞呢？

點評

無論清廉還是有才幹，都應該表現在管理的效果上。否則，任何一種品質都不是管理者所要求的品質。在挑選各級管理人員時，都應考察其實績，而不是空洞的清廉、有才或其他什麼。

不知人之短，不知人之長，不知人長中之短，不知人短中之長，則不可以用人，不可以教人。用人者，取人之長，避人之短；教人者，成人之長，去人之短也。惟盡知己之所短而能去人之短，惟不恃己之所長而能收人之長。

——魏源《魏源集・默觚下》

釋文

不知道人的缺點、不知道人的優點、不知道人優點中的缺點和缺點中的優點，就不可以用人，不可以教人。所謂用人，是取人的長處而避開他的短處；所謂教人，是發展人的優點而克服他的缺點。只有完全瞭解自己的弱點的人，才能幫助克服別人的弱點。只有不因爲自己的長處而輕視別人的人，才能吸收別人的長處。

點評

這是知人、用人之法。任何人有長處也有弱點，而且長處中還有弱點，弱點中還有長處。明白這些情況，而且能夠注意克服自身弱點，並能正確對待別人的人，才能瞭解人、善於任人。

良弓難張，然可以及高入深；良馬難乘，然可以任重致遠；良才難令，然可以致君見尊。是故江河不惡小谷之滿己也，故能大。聖人者，事無辭也，物無違也，故能爲天下器。

——《墨子・親士》

釋文

良弓不容易拉開，但可以射得高且深；良馬不容易乘坐，但可以載得重行得遠；好的人才不容易駕馭，但可以使國君受人尊重。所以，長江黃河不嫌小溪灌注它裡面，才能讓水量增大。聖人勇於任事，又能對他人不簡慢，所以能成爲治理天下的英才。

點評

這段話以良弓、良馬爲喻說明了人才的特點。一是有真才實學；二是難以駕馭。然後又以江河爲喻勸誡君主要善於聽取他人意見，禮賢親士。在這段話前面，墨子強調「賢君不愛無功之臣，慈父不愛無益之子」。可見墨子是針對統治者的功利要求而提出的，是一種嶄新的人才觀。

舉直錯諸枉，能使枉者直。

——《論語・顏淵》

釋文

提拔正直的人來管理邪曲的人，能使後者變得正直。

點評

此處釋文與傳統解釋稍有不同。「錯」傳統解釋爲廢置，但邪曲之人除廢置外，亦應處於正直的人的管理之下，才能漸漸轉變爲正直的人。全句除強調要選拔合適正直的人才外，也著重說明了管理者的個人品質對被管理者的影響。

故凡明君之治也，任其力不任其德，是以不憂不勞，而功可立也。

——《商君書・錯法》

釋文

英明的國君在治理國家時任用人是以才幹為標準，而不是以德行為標準，這樣就不用發愁，也不會勞苦，而功業卻可以建立。

點評

法家的用人標準是才幹，這與儒家傳統的德行標準大相徑庭。這時強調的是管理者的才能，而不管他是否是有德之士。在商鞅的觀念中，只有才幹是有實效的，它可以保證辦事成功而不需要多傷腦筋又不需要多花力氣。

夫鄉邑老者而先受坐之士，子入而問其賢良之士而師事之，求其好掩人之美而揚人之醜者而參驗之。夫物多相類而非也，幽莠之幼也似禾，驪牛之黃也似虎，白骨疑象，碔砆類玉，此皆似之而非者也。

——《戰國策・魏策一》

釋文

那些鄉邑里先於眾人而坐的老者，您進去訪求其中賢良之士並以師禮相待，再找一些喜歡掩蓋別人優點而張揚別人缺點的人來參照檢驗他們。事物多似是而非，深色的狗尾草幼小時像禾苗，黑黃色的牛因有黃色而像虎，白骨往往被疑作象牙，碔砆與美玉相類似，這些都是似是而非的。

點評

西門豹被任命鄴令，向魏文侯辭行，並請教為政成功的方法。上面所摘之文即魏文侯告訴西門豹的治政之道。從引文來看，魏文侯特別強調選擇好地方上的「高參」，還要以師長的禮節來對待他們。很顯然，到一個新的地方任職，人生地疏，消息不靈，難以有效地行政。而一旦有地方上享有威望的賢士助你一臂之力，幫你出謀劃策，情形就完全不一樣了。大概正因為這樣的人選事關重要，所以魏文侯認為要十分慎重，並以幽莠、黧牛、白骨、碔砆為例說明天下事往往似是而非，人也一樣。他指出的要找一些「好掩人之美而揚人之醜者」來檢驗所選出來的人選，很有獨到之處。

猿獼猴錯木據水，則不若魚鱉；歷險乘危，則騏驥不如狐狸。曹沫之奮三尺之劍，一軍不能當；使曹沫釋其三尺之劍，而操銚鎒與農夫居壟畝之中，則不若農夫。故物捨其所長，之其所短，堯亦有所不及矣。今使人而不能，則謂之不肖；教人而不能，則謂之拙。拙則罷之，不肖則棄之，使人有棄逐，不相與處，而來害相報者，豈非世之立教首也哉！

——魯仲連，見《戰國策・齊策三》

釋文

猿猴離開樹木居住在水上，那麼牠們就不如魚鱉；經歷險阻攀登危岩，那麼千里馬就不如狐狸。曹沫高舉三尺長的寶劍劫持齊桓公，一軍人馬都不如他的威力；假如曹沫放下三尺長劍，而拿起鋤草用具與農夫在田地中幹活，那麼他就趕不上農夫。因此做事捨其所長，用其所短，就是聖明的堯也有做不到的事情。如今讓人做他不會做的，做不來就認為他不才；教人做他做不了的，做不來就認為他笨拙。笨拙的就斥退他，不才的就拋棄他，假使人人驅逐不能相處的人，將來又要互相傷害報仇，難道不是爲世人立了一個教人報仇的首領嗎？

點評

齊國的孟嘗君有個舍人，孟嘗君覺得他無能而不喜歡他，要趕他走，游俠義士魯仲連得知後對孟嘗君說了上面這番話。這段話以猿猴居水不如魚鱉，騏驥攀崖不如狐狸，大將耕稼不如農夫爲例說明物各有所長，亦有所短，人更甚之。所以用人首先須識人，知人之長短，方能揚長避短，用得其實。接著魯仲連還強調若不能識人，勢必不能用人；不能用人，勢必不能容人。用人不當，要他做他所不能做的，自然做不好，於是視其爲無能而斥退他，這樣做必然導致相互報復傷害的後果。魯仲連將識人、用人、容人聯繫起來闡述用人之道，很有見地。孟嘗君接受了他的勸告，打消了驅逐舍人的念頭，也是明智之舉。

其計乃可用，不羞其位；其言可行，而不責其辯。

——《淮南子·主術訓》

釋文

他的計謀可用，就不要鄙薄他低下的地位，並因之而放棄不用；他的意見可以施行，就不要責難他的言詞華巧，而拒絕聽取。

點評

善於抓住事物的本質，是每一位領導者、管理者所應具備的最基本、也是最關鍵的素質。一個好的意見並不會因爲提出建議的人的地位卑下或巧飾言詞而隨之一錢不值。人的尊卑優劣在於其道德的高下，而建議意見的好壞則在其實效性上。

修脛者使之跖钁，強脊者使之負土，眇者使之准，傴者使之塗。

——《淮南子・齊俗訓》

釋文

讓腿長的人去踩土挖土，讓脊背強勁的人去揹土，讓一隻眼睛的去測量地平，讓駝背去塗抹粉刷。

點評

一個管理者能想到讓一位腿長身高的人去踩土，讓一位體強力勁的人去背土，並不是非常之難事。但一位管理者能自覺地想到啓用獨眼、背駝等一些殘疾人，想到他們有的長處，然後再加以利用，那就非常不易了。而這樣的管理者，這樣的管理方式，才是真正明智的、科學的。

所謂五材者：勇、智、仁、信、忠也。勇則不可犯；智則不可亂；仁則愛人；信則不欺；忠則無二心。

——《六韜・龍韜・論將》

釋文

所謂五種素質是指：勇敢、智慧、仁愛、守信、忠誠。勇敢就不會受到任意侵犯；智慧就能遇事鎭定應付；有仁愛之心就能愛護人；有守信的品德就不會欺下瞞上；忠誠

的就不會離心離德。

點評

姜太公的選將標準對今天仍具有參考價值。對經營管理者而言，不屈服於壓力、處事鎮定有辦法、愛護被管理者、做生意講究信用、對企業忠誠不二……等等，有此「五材」大體上可稱得上優秀的管理者了。

凡舉兵師，以將為命。命在通達，不守一術，因能授職，各取所長，隨時變化，以為紀綱。故將有股肱羽翼七十二人，以應天道。備數如法，審知命理，殊能異技，萬事畢矣。

——《六韜．龍韜．王翼》

釋文

凡要建立軍隊，將帥是其核心。而將帥的主要要求是通達軍隊事務，並不在於精通某一方面的專門技能，要按照能力授予職務，每個人都取其所長，並可按照情況隨時變化，這就是組建軍隊的綱領。所以將有各種輔佐人員七十二人，以適合組織的需要。有了符合規定數目的人員，然後預測決策，以各自的特殊才能去經營，各種事情也就能完成了。

點評

姜太公此處所言是軍隊組織的事，可以推廣到一般組織。組織的核心人物應是管理方面的通才，不應拘泥於某一專門技能。組織中的核心人物的職能主要是選才授職，並隨時根據情況加以調整。核心人物身邊需要有各種輔佐人員，這些人物應當是具有特殊技能的專門人才。這樣一來，有效的組織就建立了。顯然，姜太公關於組織的一般原理是迄今仍有價值的。

上賢，下不肖。取誠信，去詐僞。禁暴亂，止奢侈。

——《六韜・文韜・上賢》

釋文 提拔賢能的人，撤掉違法亂紀的人。爭取誠實守信，去掉欺詐虛僞，禁止暴亂，停止奢侈。

點評 這是姜太公提出的治理國家的一般方法，其中把用賢人放在首位，意義深遠。用了賢人，然後才可以做後面各項。現代管理中，用人也是最重要的方面。

不仁不智而有材能，將以其材能輔其邪狂之心而贊其僻違之行，適足以大其非而甚其惡耳。

——董仲舒《春秋繁露・必仁且知》

釋文 沒有道德和智慧但卻擁有才能的人，必將會用他的才能掩飾他邪惡瘋狂的野心和不正當的行爲，這恰使他的罪惡變得更加深重。

點評 管理者愛才自然是件好事，但對於那些「以其材能輔其邪狂之心而贊其僻違之行」的

人卻不能掉以輕心。往往是這些「害群之馬」導致了一個集體的分崩離析，因此「伯樂」們在挑選「千里馬」時，一定要慎重，且側重於人品的高低。

人固不同。惠種生聖，痴種生狂；桂實生桂，桐實生桐。先生者未必能知，後生者未必不能明。是故聖主置臣不以少長，有道者進，無道者退。愚者日以退，聖者日以長，人主無私，賞者有功。

——計倪，見《越絕書・計倪內經》

釋文

人本來就不同。聰慧的人種生賢達的人，愚昧的人種生粗狂的人；桂樹的種子長出桂樹，桐樹的種子生成桐樹。先出生的人未必知理，後出生的人未必不明智。因爲這樣，所以聖明的君主起用輔臣不以年紀大小爲依據，有德行的人進，沒有德行的人退，愚昧的人逐漸引退，賢達的人逐漸增加，爲人主者無偏無私，任人唯賢，賞賜的人必定是建功立業的人。

點評

該篇記載了先秦時越王勾踐向計倪請教國事的談話。在交談過程中，越王問計倪：「爲什麼你年紀這麼小，對事理卻那麼通達？」上面這段話就是計倪的回答。在他看來，是否通達事理與人的素質有關，與年紀大小沒有必然聯繫。他認爲聖明的君王用人不論少長，而看道行，這裡的「道」包括人的學問、操行、才能等綜合素質，從中反映了計倪對人才的見解。至於「桂實生桂，桐實生桐」，雖不能絕對地看，卻有一定的根據，是我國古代人才思想中較流行的觀點。

天下萬事，不可備能。責其備能於一人，則賢聖其猶病諸！設一人能備天下之事，則前後左右之宜，遠近遲疾之間，必有不兼者焉。苟有不兼，於治闕矣。

——《尹文子・大道》

釋文

天下萬事，個人不可能樣樣精通。要求一個人如此，那就是賢者、聖人也做不到。假定有一個人真能精通天下所有的事，那麼，在其相應的前後左右，以及在遠近快慢之間，一定也會有暫時顧不到的。只要有顧不到的，管理上就有了缺口。

點評

本段主旨是強調對人才不可求全責備，因爲沒有人能精通天下萬事，即使真有人能如此，也不能真要求他承擔一切。因此，善於識別人才，適當地使用人才，就成爲管理中的一個關鍵課題。

智者棄其所短而採其所長，以致其功。明君用士，亦猶是也。物有所宜，不廢其材，況於人乎？

——王符《潛夫論・實貢》

釋文

聰明人捨棄他的短處，發揮他的長處，以使他的事業得以成功。聖明的君主任用人才，

也該這樣。凡事物都有它的用途，不可以隨便浪費，何況對於人才呢？

點評

作者指出用人必須遵循揚長避短的原則，使每個人都能有合適的位置，儘量發揮他們的才幹。相反，以為物色人才必須找無所不能的通才和毫無缺陷的美才，是一種不現實的態度。所謂「通才」、「美才」只具有相對的意義。主張量才錄用，不要對人才要求過於苛刻，才不失為一種面對現實的態度。

若必廉士而後可用，則齊桓其何以霸世！……唯才是舉，吾得而用之。

——曹操《求賢令》

釋文

假如必定是廉潔有操守之士才可以用，那麼齊桓公憑什麼稱霸天下？……只要是有才能之人，我得到了就要用他。

點評

「唯才是舉」是所有明智君王和官吏應當奉行的一個法則，一個高明的管理者在用人之時萬不可求全責備，唯有這樣，天下之才，才能為我所用。

夫有行之士，未必能進取，進取之士，未必能有行也。陳平豈篤行，蘇秦豈守信邪？而陳平定漢業，蘇秦濟弱燕。由此言之，庸可廢乎！有司明思此義，則士無遺滯，官無廢業矣。

——曹操《敕有司取士毋廢偏短令》

釋文

那些有操行的人，不一定能有所作爲，有作爲的士人，不一定有操行。陳平豈是忠誠老實之人？蘇秦豈能守信用？但是，陳平能協助漢高祖平定天下，蘇秦能拯救弱小的燕國，由此看來，豈可以人的操行廢人才？主管官吏如果能淸楚地想到這個道理，那麼，士人中無遺漏不用之才，當官的也不會廢棄自己的事業。

點評

金無足赤，人無完人，避其所短，用其所長，此魏武所以能用人處。此一原則亦當爲後世管理者所運用。但曹操不顧思想品德而只重才能的看法，在後世卻屢有爭論。要之，此類人應能有效控制之，然後才能使用。

自古帝王多疾勝己者，朕見人之善，若己有之。人之行能，不能兼備，朕常棄其所短，取其所長。人主往往進賢則欲置之懷，退不肖則欲推諸壑。朕見賢者則敬之，不肖者則憐之，賢不肖各得其所。人主多惡正直，陰誅顯戮，無代無之，朕踐阼以來，正直之士，比肩於朝，未嘗黜責一人。自古皆貴中華，賤夷、狄，朕獨愛之如一，故其種落皆依朕如父母。此五者，朕所以成今日之功也。

——李世民，見《資治通鑒・唐紀十四》

釋文

自古以來，帝王大多嫉妒超過自己的人，而我見到別人的長處，就像是自己的一樣高興。人的才能有限，不可能面面俱到，我經常不計較他的弱點而只用他的優點。做帝王的人往往拉攏有才能的人幾乎要擁入懷抱，而斥退不才的人則幾乎要推入深淵。我見到有才能的就尊敬，對不才的則同情關心，這樣有才無才的都可各得其所。帝王常常厭惡正直的人，或明或暗地加以殺害的事，歷史上哪一個朝代都有。我從登上皇位以來，正直的大臣在朝廷上有一大批，從未有人被任意責罰。自古以來都重視中原，鄙視邊遠地區的少數民族，我對他們同樣愛護，因此四方的少數民族都像對父母一樣真心地依戀我。以上這五條，就是我得到今天的成就的原因。

點評

上述名言是唐太宗在貞觀二十一年時所作的管理經驗的總結。「貞觀之治」是備受推崇的中國封建社會的管理典範，有許多管理經驗值得學習。李世民這一段話的關鍵是如何待人、用人，甚至其中最後一條，也可看作是平等地對待來自不同民族、地區的人。李世民如此總結他的經驗並非偶然，因為管理總是人的管理和對人的管理。管理依賴於人，依賴於人才。

> **為政之要，惟在得人，用非其人，必難致理。今所任用，必須以德行、學識為本。**
>
> ——李世民，見《貞觀政要・崇儒學》

釋文

掌管政事的關鍵，在於得到人才。用人不當的話，必然難以達到治理。現今用人，必須以道德品行、學問見識為根本。

點評 這是唐太宗對侍臣所說的一段話。管理的中心是人：其決策者、執行者與接受者都是人。因此管理成功的關鍵就在於「得人」，且要任用德才兼備的人。

今所以擇賢才者，蓋爲求安百姓也。用人但問堪否，豈以新故弄情？凡一面尚且相親，況舊人而頓忘也！才若不堪，亦豈以舊人而先用！

——李世民，見《貞觀政要・公平》

釋文 現在之所以選拔賢德有才的人，正是爲了求得安定百姓。用人只能看他能不能勝任職務，怎麼能因爲是新認識的人，或是老部下就態度不一樣？凡是見過一面的人尚且覺得互相親近，何況是老部下，能一下子忘記嗎？但是才能如果不能勝任職務，又怎麼能因爲是老部下就優先任用？

點評 這是唐太宗對大臣房玄齡所說的一段話，這段話表現了唐太宗任人唯賢的用人原則。對於一國而言，官吏的選拔與設置是爲了發展國家，安定百姓；對於一個企業而言，管理人員的選拔則是爲了更好地促進企業的發展。這樣的目的要求用人必須以才智能力爲標準，而力避任人唯親的現象。

不以求備取人，不以己長格物。

——吳兢《貞觀政要・任賢》

釋文 吸收人才時不求全責備，不用自己的長處去衡量別人。

點評 這是吸取人才的基本態度，也是待人接物的基本要求。人總有所短，求全責備就會失落人才。而以自己的長處衡量別人，則會把所有的人都看扁了。

聞人有善，若己有之。明達吏事，飾以文學，審定法令，意在寬平。不以求備取人，不以己長格物，隨能收敘，無隔卑賤。

——吳兢《貞觀政要・任賢》

釋文 聽到別人有優點，就如自己有的一樣。明瞭熟悉公文事務，又用文辭修飾，審查或制定法令，注意寬緩平和。用人不求全責備，也不用自己的長處去衡量別人，總是按照才能的高低或功績的大小來錄用或獎勵，不嫌棄出身低微的人。

點評 這是《貞觀政要》中評論房玄齡的一段話，表現了這位一代名相的人才管理方式。一個領導者本身必須德才兼備，而在用人時又應該做到寬以待人、任人唯賢而不苛求一律，以達到人盡其才的目的。

世有伯樂，然後有千里馬。千里馬常有，而伯樂不常有。故雖有名馬，只辱於奴隸人之手，駢死於槽櫪之間，不以千里稱也。馬之千里者，一食或盡粟一石，食馬者，不知其能千里而食也。是馬也，雖有千里之能，食不飽、力不足、才美不外見，且欲與常馬等不可得，安求其能千里也。策之不以其道，食之不能盡其材，鳴之而不能通其意，執策而臨之曰：天下無馬。嗚呼，其眞無馬邪？其眞不知馬也。

——韓愈《昌黎先生集・雜說四》

釋文

世上有了伯樂，然後才有千里馬。千里馬常有，而伯樂不常有。因此雖有好馬，卻只能在養馬的人手中受辱，接連地死在馬圈中，無法被稱爲千里馬。馬中能日行千里的，吃一頓也許要一石粟，餵馬的人，不知道它能日行千里而餵得那麼多。這樣的馬，雖然能日行千里，卻因吃不飽而氣力不足，內在的才能無法在外面表現出來，即使要像普通馬那樣跑都不可能，怎麼能要求牠日行千里呢？不按照牠的特性去鞭策，不按照牠的才能去餵牠，不知道牠鳴叫的意思，於是拿著鞭子說：「天下沒有千里馬。」嗚呼，是真的沒有千里馬嗎？不知馬才是真的。

點評

這是關於伯樂與千里馬的論述中最妙的一篇，全文照錄。其意義很明顯，如果要發現千里馬，就需要懂馬。如果要發現人才，就必須懂得人才，知道其具體的特點、要求，否則，根本就無法獲得人才，真正的人才很可能被埋沒。顯然，與千里馬相比，對人才的瞭解需要有更多的知識，因而這是一項更複雜的工作，需要很高的才能。能識別、使用人才的伯樂，確是非常難做的，而管理者卻應該是一個知人、識人的伯樂。

方今取之既不以其道，至於任人，又不問其德之所宜，而問其出身之後先；不論其才之稱否，而論其歷任之多少。以文學進者，且使之治財。已使之治財矣，又轉而使之典獄。已使之典獄矣，又轉而使之治禮。是則一人之身，而責之以百官之所能備，宜其人才之難爲也。

——王安石《王文公文集・上仁宗皇帝言事書》

釋文

如今選拔人才不用正確的方法，至於任用官吏，又不問其品德是否相宜，只問他當官的先後；不講他的才能是否與官職相稱，只講他歷任官職多少。靠文學取官的，又使他去理財；已經派他理財的，又轉而派他去典獄；已使他典獄的，又轉而使之治禮部之事。所以要求一個人具備百官所具備的能耐，這確實也使人才難做了。

點評

金無足赤，人無完人。用人之道在用人所長，棄其所短，這樣，天下之才就能爲我所用。求人才品德爲上，出身、資歷僅供參考罷了，豈能作爲擢拔官吏之條件？至於人才不可能是「全才」，不能求全責備，也不能頻繁變動，必須使其發揮某一方面長處。

爲政之要，莫如得人，百官稱職則萬務咸治。然人之才性各有所能，或優於德而嗇於才；或長於此而短於彼，雖皋夔稷契，止能各守一官，況於中人，安可求備？是故孔門以四科論士，漢室以數路得人，若指瑕掩善，則朝無可用之人，苟隨器授任，則世無可棄之士。

——司馬光《司馬溫公文集・乞以十科舉士札子》

釋文

爲政最重要的，莫過於得到人才，百官稱職那麼萬事皆能處理妥當。但是，人的才性各有不同，有的人德優而才幹差一些；有的人這方面有長處，另一方面則又有短缺，即使皋、夔、稷、契這些古代的大賢人，也只能各守一種職務，更何況中等水平的人，豈可求全責備？所以儒家以德行、言語、政治、文學四科論士，漢室以各方舉薦得人。如果抓住別人缺點而抹殺其長處，則滿朝沒有可用之人，假若按人的不同特長授以官職，則天下沒有可丟棄的士人。

點評

用人所長是得人的關鍵。術業有專攻，以今日言之，各門學科分類細密，難覓通才。故居於領導地位者需挖掘潛力，充分調動每個人的積極性，發揮某一方面特長，使各路人才爲我所用。

全材實難，貴在量能器使，用當其才則可奏功，用違其才亦足僨事。

——左宗棠《左文襄公全集・奏稿》

釋文

全能的人才實在難得，貴在能量才錄用，用才得當則可有所成就，用才不當也足以因此壞事。

點評

這是左宗棠的人才管理思想。左宗棠不僅主張人才選拔要打破八股取士的傳統，不拘一格，廣開才路，而且主張在人才的使用上也要「盡其長」、「適其用」。他認爲不論什麼人才都有所長，也有所短，關鍵在於管理者的知才善任。只有識才準確，使用得當，才能充分發揮其專業所長以成就事業。他還特別強調對人才要大膽使用，不要過多限制，以充分發揮其主觀能動性。

習其器，守其法，心能解，目能明，指能用，所謂巧者述之也。

——張之洞《勸學篇・外篇・農工商學》

釋文

能夠做到熟悉機器設備，遵守操作規則，明瞭其工作原理，察看出細致之處，並能實際操作，這樣的人即是所謂能工巧匠，熟練技術工人方可達到。

點評

對熟練技工的要求，與科技人員的創造相映成趣。現代或近代工業化的發展，不僅要求具有創造力的知識分子，還要求配備能把技術設計轉化爲現實產品的操作工人，這是人員管理的內容之一。

起有功者，類無不出其愛力，公心以相護持，則其國無私政。

——唐才常《孟子言三寶為當今治國要務説》

釋文 起用有功的人，各類人沒有不貢獻自己的力量和爲公之心來相互幫助以維護國家的發展。那麼這個國家就沒有私政了。

點評 這是唐才常在講機構任用人員時，一定要任用有功勞的人。如果任用無功之人而有功之人受到冷落，其他人員也就沒有爲國效勞、爲國建功立業的效力，這樣各個機構便營私舞弊，國家上下一片私政。

薦舉之權宜用眾，不宜用獨；宜用下，不宜用上。

——馮桂芬《校邠廬抗議・廣取士議》

釋文 推薦選拔人才，要聽取大多數人的意見，不要一人獨斷專行；要聽取下層人們的意見，不要只聽上面的意見。

點評 馮桂芬對歷史上選拔人才的方法作了一定的分析，提出了廣取士的觀點，主張選拔人才，要以多數人和下層人們的意見爲主。這個觀點是有道理的。因爲集多數人的看法，會比一個人的看法更全面。下層人們會看到上層人士所看不到的另一面。這就是說，選人要注意全面考察，兼聽則明，偏信則暗。

選將之道，貴新不貴陳，用賤不用貴。且外夷戰備日新，老將多恃舊效，昧於改圖，故致無功。

——康有為《上清帝第二書》

釋文

選將的原則，起用新人比老將好，應當起用出身低賤的將領，而不用出身豪門的將領。而且外國的戰備每天都在變化，老將們多愛沿用舊的作戰方法，不善於改用新的辦法，往往不能取得勝利。

點評

這段話揭示了用將的道理。康有為針對當時清軍屢敗的狀況，提出自己的用將之道。這種起用新人、偏重寒門出身的將領的做法確是一種卓有成效的方法。

夫爵以建事，祿以食爵，德以賦之，功庸以稱之，若之何以富賦祿也！

——《國語・晉語八》

釋文

職位是建功立業的標誌，俸祿是由職位來確定的，有才有德才有高職位，功績應與俸祿相稱，怎麼可以用富裕作爲俸祿定級標準呢！

點評

報酬應以其付出的勞動和實績作爲標準，而不是諸如富裕程度、地位高低等其他因素，以上提出的原則，與當今的「多勞多得」有所相似。

故當是時，以德就列，以官服事，以勞殿賞，量功而分祿。故官無常貴而民無終賤。有能則舉之，無能則下之。舉公義，避私怨，此若言之謂也。

——《墨子·尚賢上》

釋文

所以在這裡，根據德行高低而安排一定的職位，根據官職給予任事的權限，根據功勞定賞，衡量各人功勞而分封俸祿，所以做官的不會永遠富貴，而民眾不會永遠貧賤。有能力的就舉用他，沒有能力的就罷黜他。舉公義，避私怨，說的就是這個意思。

點評

墨子所生活的時代是在春秋戰國之交，當時宗法貴族奴隸制已趨瓦解，而新興的封建制度正在形成。因而墨子提出了一系列平民政治的理論，「尚賢」作為一種嶄新的人才思想是墨子政治主張的一個重要方面。他提出「官無常貴而民無終賤」，主張打破血統界限，從各階層中選拔真才實學之人，「有能則舉之，無能則下之」。在上文，墨子還特別強調「雖在農與工肆之人，有能則舉之」，這是難能可貴的。

爵位不高，則民不敬也；蓄祿不厚，則民不信也；政令不斷，則民不畏也。故古聖王高予之爵，重予之祿，任之以事，斷予之令。夫豈為其臣賜哉？欲其事之成也。

——《墨子·尚賢中》

釋文

爵位不高，人民就不尊敬他；俸祿不厚，人民就不信服他；不能按政令斷事，人民就

不懼怕他。所以古代聖王給他高的爵位，增加他的俸祿，任用他來辦事，授予他決斷的權力。這難道是給臣下的賞賜嗎？爲的是要把事情辦成呀！

點評

「尙賢」是墨子思想的一個重要方面，主張打破血統界限，不拘一格，任人唯賢。在這段話裡，墨子指出了任用賢人的三條根本法則，亦即給予較高的地位、較豐的俸祿、較大的權力，並指出這樣做的必要性。墨子的尙賢主張是很徹底的，在當時七國紛爭、天下動亂的歷史條件下，具有一定的現實意義。

德必稱位，位必稱祿，祿必稱用。由士以上，則必以禮樂節之，眾庶百姓，則必以法數制之。

——《荀子・富國》

釋文

品德必定要同職位相適應，職位必定要同俸祿相適應，俸祿必定要同作用相適應。士以上地位的人就必須用禮樂來約束自己，民眾百姓則必須用法律和規章制度來管理他們。

點評

這裡所說的德、位、祿、用相稱，就是適材適用，祿用相宜。對不同的管理對象，使用不同的方法，是管理中的一派觀點。對等級制的管理系統，這種方法可能是必要的。荀子自然是爲了維護封建等級制社會的穩定性，但也不無參考價值。

所養者非所用，所用者非所養，此所以亂也。

——《韓非子‧顯學》

釋文 國家所供養的人不是所要使用的，要使用的人又不是平時供養的人，這就是國家混亂的原因。

點評 一般的獎賞原則是論功行賞。獎賞的目的是為了鼓勵手下的人更忠心地為自己效力。但事實情況往往並非如此。一些利用不正當手段獲取上面垂青的人一邊享受著恩寵，一邊嘲笑努力工作的人；而忠誠盡職的手下非但得不到上司好的待遇，還要受人奚落。結果必然是忠臣遭排擠，賊人當道，天下怎有不亂之理。

且夫人主於聽學士也，若是其言，宜布之官而用其身，若非其言，宜去其身而息其端。

——《韓非子‧顯學》

釋文 君主聽取意見的時候，如果贊同他的話，就應該在官府中公布實行，並且任用他；如果否定他的話，就應該拋開他，並在他的言論剛出來的時候就加以禁止。

點評 每一個進諫者的目的都是想讓自己的見解主張成為眾人行動的指南。所以，一旦上面採納了他的意見，就應該執行下去，並且肯定進諫者的功績，以期他提出更多更好的建議。相反，上面不贊成的意見一定不能讓它形成氣候，左右民心。

夫上所以陳良田大宅，設爵祿，所以易民死命也。

——《韓非子・顯學》

釋文

君王所以準備了肥沃的土地、寬敞的住宅，設置了爵位俸祿，爲的是以此來換取人們爲國拚命盡力。

點評

在人才流動極其頻繁的當今社會，對人才的爭奪也愈加激烈。近些年來全國大量人才湧向深圳、上海、廣州等沿海開放城市，原因之一是：在那裡可以得到更多的利益回報。但是，僅僅把眼光停留在物質利誘上面並不是吸引人才的長久之計。想方設法爲人才提供發揮其才能的環境是非常值得思考的。

爲人臣者陳而言，君以其言授之事，專以其事責其功，功當其事，事當其言，則賞；功不當其事，事不當其言，則罰。

——《韓非子・二柄》

釋文

做臣下的陳述他的主張，上級根據他的言論來委派事務，然後專門以此事來考察功效，功效符合所做的事，所做的事又符合所說的言論，就給予獎賞；如果功效不符合所做的事，所做的事又不符合所說的言論，就給予處罰。

點評

這裡提出了上級管理下級的「三段論」：言論、事務、功效，是下級要保持一致的，是辨事過程；功效、事務、言論是上級要保持一致的，是檢驗過程。當則賞，不當則

罰。

賢不可威，能不可留。杜事之於前，易也。

——《管子・侈靡》

釋文 於賢明的人，不能用強力壓制他；對於能幹的人，不能埋沒而不用他。防患於未然還是容易做到的。

點評 這段話指出領導者必須積極、妥善地任用有德行又有才幹的人，這樣做能防止不必要的麻煩發生。起用有用的人，一方面能使這些人本身不產生怨恨情緒，感受到自己沒有被埋沒、被壓制，同時又可以利用他們來做很多事。

君之所審者三：一曰，德不當其位；二曰，功不當其祿；三曰，能不當其官。此三本者，治亂之源也。

——《管子・立政》

釋文 君王所要明察的問題有三方面：一是群臣的品德與其地位是否相稱；二是群臣的功勞與其俸祿是否相稱；三是群臣的才能與其官職是否相稱。這三個根本問題，是國家治亂的根源。

點評 《管子・立政》篇論述了宏觀經濟的國家控制系統有三大功能：一是「治國有三本」；

二是「安國有四固」；三是「富國有五事」。「治國」、「安國」、「富國」是國家控制所要達到的社會穩定和經濟繁榮的管理目標，「三本」、「四固」、「五事」則是達到以上目標所採取的戰略措施和國家管理功能。此處的「三本」，即是《管子》所論國家控制系統的三大功能之一。應該指出，在位之人是否有品德，受祿之人是否有功績，爲官之人是否有才能，這確是國家管理系統中人事控制的重要內容，但這絕不是國家治亂的根源。在階級對抗的社會裡，國家動亂的根源只能是階級壓迫。

公曰：「致天下之精材若何？」管子對曰：「五而六之，九而十之，不可爲數。」

——《管子・小問》

釋文

怎樣才能招來天下的精英之才呢？有五分才能的，你就給他六分的回報；有九分才能的，你就給他十分的回報，不要因爲回報不夠而失去人才。

點評

人才是管理的關鍵，這裡指出應採用優惠的人才政策來招取並留住人才。給予豐厚的報酬是留住人才的一個很好的途徑，同時又能收到越來越多的效益。如果因爲報酬不足而失去人才，那將是很不明智的舉動。

將相分職，而各以官名舉人，按名督實，選才考能，令實當其名，名當其實，則得舉賢之道也。

——《六韜・文韜・舉賢》

釋文

將相職能分開，各自按官名來選拔人才，根據確定的要求衡量實際水平，選拔考察有才能的人，使得所用人才與其職位職能相當，這就是掌握了選拔賢能之士的原則。

點評

這段話實際是指在確實的組織中選拔各級職能人員的原則，即必須使所選人員與其所承擔的職能相適應。每個職位有合適的人，每個所用的人有其合適的職位，這就是最有效的用人原則。

天積眾精以自剛，聖人積眾賢以自強；天序日月星辰以自光，聖人序爵祿以自明。

——董仲舒《春秋繁露・立元神》

釋文

天聚積了宇宙的精華而自成剛強，聖人聚積了眾人的才華而自成堅強；天排列日月星辰而自現光芒，聖人安排爵祿而自顯尊崇。

點評

事情往往是這樣的，管理者個人的力量終歸是渺小的，倘若能將眾人的才能聚積起來，並進行適當合理的調整和綜合運用，那麼他的能量將是巨大無比的。其實這正是管理的實質：集眾人之力而攻之。

世主之於貴戚也，愛其嬖媚之美，不量其材而授之官，不使立功自托於民，而苟務高其爵位，崇其賞賜，令結怨於下民，懸罪於惡，積過既成，豈有不顛隕者哉。

——王符《潛夫論・思賢》

釋文

君王對於皇室宗親，過於喜愛，不衡量他們的才能而授予官職，不使他立功獲得人民的信賴。而一味抬高他的爵位，大加賞賜，就會使民眾怨恨於他，而他的罪過實在太多，哪有不垮台的呢！

點評

作者從反面提出訓誡：濫賞無功會導致亡國！君王選拔人才，一定要因功而論賞。出於對親戚之愛而賞於他，那麼真正的有識之士便得不到任用，而受賞之人，亦因此會日益驕奢淫逸，國事會日益傾危。如果君王真的愛親戚，那就應該讓他們建功立業，論功行賞，才會使民眾畏服，天下大治。這種教訓即使是對於今天，也是應該值得注意的。

古之祿也備，漢之祿也輕。夫祿必稱位，一物不稱，非制也。公祿貶，則私利生。私利生，則廉者匱，而貪者豐也。夫豐貪生私，匱廉貶公，是亂也。

——荀悅《申鑒・時事・問祿》

釋文

古時候的俸祿相當豐厚，而漢代的俸祿卻很微薄。官吏的俸祿必須與其職位相稱，若有不相稱的對象，俸祿制度就不是完善的制度。如果官吏俸祿過低，他就會私下求利。一旦如此，則清廉的人就會窮困，貪贓枉法的人反而可以富裕。貪污可以致富就會導致私利的產生，清廉只得貧窮就會喪失公正，這都將招致禍亂。

點評

荀悅在這裡等於提出了吏治管理的措施：高薪養廉。他認為如果官吏的俸祿過低就會使他們產生為己謀私利的動機，這進而會導致腐敗和社會不穩定。既然「倉廩實知禮節，衣食足知榮辱」，若做不到衣食足，他們就會不惜冒險去求利，更何況讓他們守護、掌管很多的財富。綜觀當時俸祿確實過低的事實，以及高薪和廉潔之間的特殊關係，荀悅的吏治管理措施有其合理性，在今天也有借鑒意義。

先王為官擇人，必得其材，功加於人，德稱其位，人謀鬼謀，百姓與能，務順以動天地如此。

——王符《潛夫論．思賢》

釋文

先代君王選擇政府的官員，一定要使才具相當，能建功於百姓，品德與官位相稱，民心和民意認可，得到百姓擁戴，務必使舉措得當以感化天地才行。

點評

選擇得力的助手或下屬是管理者的一件大事。選對了，事半功倍，選錯了，則反之。

一個人的力量畢竟是渺小的。一個孤獨的領導者，即使再能幹，也會是英雄無用武之地。因此，善於選兵擇將是很重要的。

附法以寬民者賞，克法以要名者誅。寬民者賞，則法不虧於下，克民者誅，而名不亂於上，則民必安矣。

——傅玄《傅子・安民》

釋文

依據法令而能寬待百姓的官吏，應當受到獎賞；執法偏激以邀功求名的官吏，應當受到懲處。獎賞寬待百姓的官吏，執法時就不會虧待百姓，懲處苛待百姓的官吏，那些邀功求名的人就不能惑亂朝廷，這樣百姓必可安定。

點評

這是傅玄在西晉初建之時爲安民而提出的改革吏制的主張。他強調，西晉王朝必須要加強對官吏的管理，要制定實際標準檢查並衡量他們的工作實績，利用嚴明的獎懲制度來激勵他們努力工作，並認爲這樣才能保證人民生活與國家政權的穩定。

重親民之吏，而不數遷；重則樂其職，不數遷則志不流於他官；樂其職，而志不流於他官，則盡心恤其下；盡心恤其下，則民必安矣。

——傅玄《傅子・安民》

釋文

要重視與百姓親近的官吏，不要頻繁調動他們的職務。如果受到重視，他們就會安於職守；不輕易調動職務，他們就不會見異思遷，改任其他官職。安於職守，不思改任他官，他們就會盡心撫恤百姓；盡心撫恤百姓，百姓勢必可以安居。

點評

人事安排是否得當，關係整個工作能否順利有效的進行。當組織決策目標擬定以後，領導人員尤其成爲實現目標的決定性因素。給予領導人員相對穩定的職務崗位和工作環境，有助於激勵其工作熱情，提高其工作效率。傅玄強調要重視在第一線工作的基層官吏，不要頻繁調動他們的職務，其道理和益處就在於此。

吏祿不重，則夷叔必犯矣。夫棄家門委身於公朝，榮不足以庇宗人，祿不足以濟家室，骨肉怨於內，交黨離於外，仁孝之道虧，名譽之利損，能守志而不移者鮮矣。

——傅玄《傅子・重爵祿》

釋文

給官員的俸祿不多，那麼像伯夷叔齊那樣抱節守志的人也會犯禁的。一個人離開家庭爲朝廷效勞，但他得到的榮譽不夠保護其親戚同宗，俸祿不夠養活一家，那麼家裡人一定會怨聲不絕，朋友也會棄之而去。仁義孝順之道有所欠缺，名譽地位上又有所損失，能夠這樣而不動搖志向的人太少了。

點評

傅玄早已指出了高薪養廉的主張，這實際上也是協調組織內部關係的手段。

祿依食，食依民，參相澹，必也正食祿，省閑冗，與時消息，昭惠恤下，損益以度可也。

——荀悅《申鑒・時事・問祿》

釋文

制定政府官員的薪金水準要參照國家的經濟富裕程度，而國家的經濟富裕程度取決於民眾的生活水平如何，這幾個方面相互制約。必須糾正機構內部的貪污受賄行爲，並減少機構裡面的閒散人員。隨著時勢的變化考慮官員薪金的增減，真正做到昭示恩惠、體恤官員。

點評

從這一段話中可以看出，荀悅主張將政府官員的薪金水準的制定與社會現狀結合起來考慮，只有在百姓安居樂業、過上較爲富裕的生活時，官員領取高薪報酬才是合適的。而政府機構必須是一個精簡、廉潔的整體，真正成爲百姓的父母官，國家發給他們的薪金多少關鍵是要從基本國情出發，並充分表現「安撫百姓，體貼官員」的原則。

夫祿必稱位，一物不稱，非制也。公祿貶，則私利生；私利生，則廉者匱，而貪者豐也。

——荀悅《申鑒・時事・問祿》

釋文

政府官員薪金水準的高低必須和他所擔任的職位高低相對稱，如果二者不能互相匹配，那麼就是制度不夠完善。降低政府官員的薪金，會導致損公肥私行爲的產生；損公肥私行爲的滋長則會使那些廉潔奉公的官員生活貧困而貪官污吏卻過著豐裕的生活。

點評

這一段話提出，應該拉開政府官員薪金水準的層級，所就任職位越重要，薪金水準越高。如果人爲地壓低官員的薪金，則會導致政府機構社會風氣的敗壞，不利於構造一套廉潔奉公的領導班子。

開其道路，察而用之，尊其位，重其祿，顯其名，則天下之士，騷然舉足而至矣。

——甯戚，見《說苑・君道》

釋文

打開人才進見的道路，觀察其才能用到合適的崗位上，尊重他們的地位，使他們的俸祿豐厚，宣揚他們的名聲。這樣一來，普天下的有知識、有才能的人，都會急急忙忙趕來了。

點評

齊桓公希望在管仲之後仍有大量人才，甯戚就說了以上的話。使用人才，先要量才而用，而後則應使其有相應的地位、榮譽和報酬。有此幾點，人才就會蜂擁而至。

致治之本，惟在於審。量才授職，務省官員。故《書》稱：「任官惟賢才。」又云：「官不必備，惟其人。」若得其善者，雖少亦足矣。其不善者，縱多亦奚爲？

——李世民，見《貞觀政要・擇官》

釋文

使國家達到治理的根本，只在於明察。衡量人的才能高下，授予適當的官職，務必減少職官的定員。所以《尚書》說：「任用職官，惟在選用賢才。」又說：「官員不一定要齊備，要緊的是在於任用有德之人。」假如得到賢能之士，人數雖少，也足夠了。那些不學無術的，縱然多又有什麼用？

點評

這是貞觀元年唐太宗對臣子房玄齡等人說的一段話，表現了他務實的用人思想。封建王朝常常會形成一個龐大的文官集團，人浮於事，缺乏效率。裁減冗員，精簡機構，使人各司其職，充分發揮作用，才能形成一個高效率的運作系統。

勖之以公忠，期之以遠大，各有職分，得行其道。貴則觀其所舉，富則觀其所養，居則觀其所好，習則觀其所言，窮則觀其所不受，賤則觀其所不爲。因其材以取之，審其能以任之，用其所長，掩其所短。

——魏徵，見《貞觀政要．擇官》

釋文

用大公無私、忠心爲國來勉勵他們，用遠大理想來要求他們，使他們各有職責，就能施行自己的主張。顯貴時要觀察所舉薦的人，富有時要觀察所積蓄的物，平居時要觀察所喜好的事，慣常時要觀察所說的話，貧困時要觀察所不願接受的東西，卑賤時要觀察所不願做的事。然後按他們的才幹擇取，審查他們的能力來任用，用他們的長處，避開他們的短處。

點評

這是貞觀十四年魏徵上疏中的一段話，表現了一種積極的人才訓練和考核思想，以及靈活有效的用人方法。給人以理想的教育及激勵，並在各種不同環境中觀察其表現，從而做到「知人」；而揚長避短，因人而用，則是「善任」。

任之雖重，信之未篤，則人或自疑；人或自疑，則心懷苟且；心懷苟且，則節義不立；節義不立，則名教不興；名教不興，而可與固太平之基，保七百之祚，未之有也。

——魏徵，見《貞觀政要・君臣鑒戒》

釋文

委給他們的責任雖然重，對他們的信賴卻不深，就使人有時產生疑慮；人生疑慮，就會抱著得過且過的態度；內心有得過且過的想法，就不會樹立臣子的節操義行；節操義行不樹立，那麼等級名分和禮教也不會振興；等級名分和禮教不能振興，而要與他們一起鞏固太平基業，保持七百年的國統，是沒有這種事的。

點評

這是貞觀十四年魏徵向唐太宗所進奏章中的一段話。這段話闡述了用人不疑的重要性。作爲一個領導者，既已對下屬委以重任，就應該給予充分的信任，使之有發揮才幹的機會。如果心存疑慮而束縛其手腳，則會影響事業的發展。

若賞不遺疏遠，罰不阿親貴，以公平為規矩，以仁義為準繩，考事以正其名，循名以求其實，則邪正莫隱，善惡自分。

——魏徵，見《貞觀政要・擇官》

釋文

如果賞賜不遺漏疏遠的人，處罰不偏袒宗親貴臣，把公平作為衡量是非的標準，將仁義作為區別善惡的準繩，透過考察官吏的是非功過來確定他們任職的名分，按照所擔任的職務去瞭解官吏的工作實績，這樣，奸邪和正直都不會被隱瞞，好與壞自然分清。

點評

這是貞觀十四年魏徵上疏中的一段話。人才考核要不避親疏，有統一的衡量標準。實際工作的業績是考察一個人的智力、才幹的基本點，也是賞罰、升遷的基本依據。

夫馬太肥則陸梁，太瘠則不能任重，策之急則駭而難馴，緩則不肯盡力。善為圉者，渴之、飢之、飲之、秣之，視其肥瘠而豐殺其菽粟。緩之以盡其材，急之以禁其逸，鞭策以警其怠，恩隱以馴其心，使之得其宜適而不勞，亦不使有遺力焉。其術甚微，得於心應於手，己不能傳之於人，人亦不能從己傳也，如此，故馬之材在馬，馬之性在我，雖悍戾何傷哉！

——司馬光《司馬溫公文集・圉人傳》

釋文

馬太肥了容易飛揚跋扈，太瘦了又不堪重壓；鞭打太急則害怕你而難以馴服，鞭打太緩則又不肯盡力。對於養馬的人，讓牠渴，讓牠餓，給牠喝水，餵牠飼料，根據馬的肥瘦增加或減少餵養的飼料。要求牠走得慢一些以盡其材力，要求牠跑得快一些防止牠偷懶，鞭打牠以示警誡牠懈怠，給牠一些關心以馴服牠的心，使牠得到適當的餵養而不感到困頓勞累，也不使牠有遺力。這些辦法是很簡單的，得於心而應於手，自己的辦法不能傳給別人，別人也不能從我這裡學去。這樣的話，馬的材力在馬，馬的性情的培養在我，即使驃悍難馴之馬又有什麼危害？

點評

這一段寓言式的議論，是司馬光執政的經驗，作為管理天下的宰相不懂得馭人之術是不行的，我們從中可窺得管理人才的一些訣竅。

臣願陛下虛懷易慮，開心見誠，疑則勿用，用則勿疑。與其位，勿奪其職；任以事，勿間以言。大臣必使之當大責，邇臣必使之與密議。才不堪此，不以其易制而姑留；才止於此，不以其久次而姑遷。言必責其實，實必要其成。君臣之間，相與如一體，明白洞達，豁然無隱，而猶不得雄偉英豪之士以共濟大業，則陛下可以斥天下之士而不與之共斯世矣。

——陳亮《陳亮集．論開誠之道》

釋文

我希望陛下虛懷若谷，開誠布公。用人要用之不疑，疑之不用。讓他在其位謀其職，交給他任務，但不要給予太多的建議或暗示。大臣必須讓他承擔重大責任，近臣則要讓他參與機密大事。才能不夠的，絕不因為他容易管理而留在官位上無所事事。才能

有限的，絕不因他久處次一等職位而予以升遷。說話必須要符合事實，重要的要幫助他有所成就。君臣親如一體，毫無間隙，沒有隱秘。如此這般仍沒有賢能之士輔助共濟大業的話，陛下就可以斥責天下之士不與您共患難治理這個國家了。

點評

陳亮所坦露的的確是為君治國用人之道，但要全部實施起來，其間還會有許許多多的實際問題和困難。

欲乞今後百官奉祿雜給，並循舊制，既豐其稍入，可責以廉隅。

——顧炎武《日知錄・隋以後刺史》

釋文

希望自今以後，各級官員的俸祿和雜項收入，全都遵循舊日的標準，使他們收入豐厚，然後才能要求廉潔奉公。

點評

職工與管理者的勞動報酬是激勵他們努力工作所採取的物質獎勵措施，同時，也是保證滿足其生活享受需要的要求，如此方可使之不致損公利己，杜絕公共財產被侵吞。古時謂「養廉」制度，即是在這樣一種指導思想下的防貪措施。

今日貪取之風，所以膠固於人心而不可去者，以俸給之薄而無以贍其家也。

——顧炎武《日知錄・俸祿》

釋文 如今貪污腐化的風氣，之所以牢固地根植於人心，是由於官吏的待遇微薄，沒有辦法養家糊口。

點評 財產管理的混亂，固然有其本質的原因，然而報酬的低下、待遇的菲薄、生活的貧困也不能不是間接的原因。對勞動者的工資，應包含其本人及家屬維持基本生活需要的費用，若不能滿足這一基本要求，那些掌握大小財權的有關人員就會動腦筋侵吞公產，造成資產流失的惡性循環。

前代官吏，皆有職田，故其祿重。祿重則吏多勉而爲廉。

——顧炎武《日知錄・俸祿》

釋文 前代的各級官員，都有國家授給俸祿的公田，所以俸祿很高。俸祿高就使得官員多加盡力而且廉潔奉公。

點評 中國古代士人常常提出「養廉」的設想，顧炎武就常以重祿的想法防貪。對各級人員以福利堵私欲，根本一條還是發展總體的生產力，以期水漲船高。

凡在局辦事久者，有利亦有弊。世人只知久於其任以資熟手，不知日久則弊生，而同事與其有密切關係者，不敢洩其私，而弊難除也。

——鄭觀應《盛世危言後編・稟北洋通商大臣李傅相條陳輪船招商局利弊》

釋文

在招商局長期工作的管理人員，有利也有弊。人們只知道長期從事某項管理工作有利於熟悉業務，卻不知由此也造成一系列弊端，而且與他關係密切的同事，不敢檢舉其錯誤，所以弊害就難以解除。

點評

在封建性濃厚的近代企業長期從事某項管理，確實易於拉幫結派、濫用權力。輪船招商局在初創時期，由於管理人員帶進不少官場習氣，因此，鋪排浪費、貪污中飽、營私舞弊、弊端叢生，在中外航運業的激烈競爭中處境危難。鄭觀應奉詔入局治理，他十分重視人事管理控制，並由此提出各招商分局總辦及總局經理宜定期更調的建議。但是，要改變近代企業中的封建人事關係不是鄭觀應所能解決得了的問題。而且，正是由於整頓人事使鄭觀應樹敵太多，此後在招商局中幾受排擠。

創非常之大業，欲責任事之人專精一致，必使之無內顧憂，否則必另營他業，分心外馳，何能收效？

——經元善《居易初集・上楚督張制府創辦紡織局條陳》

釋文　要想開創一番大事業，使所任用之人都能專心致志於己任，則必須使他們內心沒有顧慮和憂愁，否則他們會去經營其他事業，結果三心二意，如何能收到效果呢？

點評　這裡講的是如何從人事管理上加強控制，這種建立在激勵、監督基礎之上的控制思想不僅在當時，而且在現在都是一種先進的思維，對我們目前企業的人事管理，對於提高企業的向心力具有重大的參考價值。

夫久任則閱歷深，習慣則智巧出，加之厚其養廉，永其俸祿，而無瞻顧之心，而能專一其志。

——孫中山《上李鴻章書》，《孫中山全集》第一卷

釋文　任用人才時間長了就閱歷深，長時期的習慣就會生出智慧與技巧，再加上優厚的待遇，他們就沒有了後顧之憂，一心一意工作。

點評　這是孫中山先生介紹西方各國用人制度長處時的評價，他認爲人事制度應該使人才得以「久任」，逐漸培養技藝、磨練能力，並以優厚的報酬加以激勵，則既可調動積極性，又能產生效益與工作成果。這是用人的好方法，也是用人的最佳效果。

今使人於所習非所用，所用非所長，則雖智者無以稱其職，而巧者易以飾其非。如此用人，必致野有遺賢，朝多幸進。

——孫中山《上李鴻章書》，《孫中山全集》第一卷

釋文

現在使用人才時，其所學的東西並不是他所運用的東西，而其所運用的東西也不是他的專長，這樣即使有才智的人也不可能稱職，而那些投機取巧的人反而容易掩飾他們的無能。這樣的用人方法，必然導致外面有才能的人得不到利用，而又總會有許多無能的人被留在職位上。

點評

任何一個單位，一個部門，要想真正發揮人才的作用，必須使這些人學以致用，用其所長。

方法

四民者，勿使雜處，雜處則其言哤，其事易。

——《國語・齊語》

釋文

士、農、工、商四種職業的百姓，不要使他們混雜居處。混雜居處，就會出現各種雜亂的言論，而事情就容易變質。

點評

使民眾從分工到分處，從而造成民眾思想單純，易於管理，這也算是中國古代管理思想的一大流派，與孔丘的「民可使由之，不可使知之」異曲同工。這是一種管理策略。

政貴有恒，辭尚體要，不惟好異。

——《尚書・畢命》

釋文 政令貴在穩定持久，發布政令的言辭，貴在簡明扼要，不要標新立異。

點評 政令的穩定，政令文體的簡約，可以使人民易於遵循，這正是令行禁止、保持社會系統或管理系統穩定的基本條件。

居安思危，思則有備，有備無患。

——《左傳・襄公十一年》

釋文 安逸的時候要想到國家可能碰到的困難和危險，想到危難就會有所準備，事先有準備就可以避免災禍。

點評 這裡提醒我們做任何工作都要注意「有備無患」，既看到有利的條件，也看到不利條件，防患於未然，才能立足於不敗之地。

於所體之中，而權輕重之謂權。權，非爲是也，非非爲非也。權，正也。斷指以存腕，利之中取大、害之中取小也。害之中取小也，非取害也，取利也。

——《墨子・大取》

釋文 在事物的本體中，衡量它的輕重叫做「權」。權，並不是對的，也不就是錯的。權，是正當的。砍斷手指以保存手腕，那是在利中選取大的，在害中選取小的。在害中選取小的，並不是取害，而是取利。

點評

墨子在所處的時代中面對現實，提出了一些與儒學截然不同的功利主義政治觀。上面這段話論述了「權」的合理性，就是這種思想的表現。墨子認爲凡事要衡量利害得失，所以「權」是正當的，不能簡單地用對或錯來看待。他舉斷指保腕爲例肯定了利中取大、害中取小的合理性。墨子的這種思想在春秋戰國時代無疑具有積極意義，也符合治政的原則。

無欲速，無見小利；欲速則不達，見小利則大事不成。

——《論語・子路》

釋文

不要圖快，不要只顧小利；圖快就反而不能達到目標，只顧小利，大事就辦不成。

點評

這是廣爲流傳的名言。高明的管理者不能急功近利，應當有長遠的目標。但在具體的管理過程中，這又是很難做到的。在經濟管理中，如何協調速度與穩定，近利與遠利的關係，更是一門大學問。

凡守圍城之法：厚以高，壕池深以廣，樓撕揗，守備繕利，薪食足以支三月以上，人眾以選，吏民和，大臣有功勞於上者多，主信以義，萬民樂之無窮。不然，父母墳墓在焉；不然，山林草澤之饒足利；不然，地形之難攻而易守也；不然，則有深怨于於適而有大功於上；不然，則賞明可信而罰嚴足畏也。

——《墨子・備城門》

釋文

凡守城的方法：城牆厚而高，濠溝深而寬，修好望敵之樓，防守器械精良，糧草足以支持三月以上，防守的人多而經過挑選，官吏和民眾相互和睦，爲國家建立功勞的大臣多，國君講信義，萬民安樂無窮。或者父母的墳墓就在這裡；或者具備富饒的山林草澤；或者地形難攻易守；或者守者對敵人有深仇大恨而對君主有大功；或者獎賞明確可信，懲罰嚴厲可怕。

點評

春秋戰國之際，諸侯割據，互相兼併，戰爭頻繁，殺傷極大。墨子提倡「非攻」，反對戰爭，所以致力於研究戰爭中的戰術問題，爲中小國家抵禦大國進攻提供依據。上面這段話論述了守城的十四個條件，頗有價值，因爲除了軍事因素以外，還涉及政治、經濟、文化等諸多因素，重在地理、人和，充分表現了墨子在守城問題上反映出來的樸素的系統思想，值得重視。

工欲善其事，必先利其器。居是邦也，事其大夫之賢者，友其士之仁者。

——《論語・衛靈公》

釋文

工匠要做好他的工作，首先要準備好他的工具。居住在一個國家從事管理工作，應當選擇政府官員中的賢人去敬奉他，選擇士人中的仁人交朋友。

點評　孔子用這段話作比喻，認為從政、從事管理工作也要講究工具和方法，而其中主要的就是選擇工作環境，搞好人際關係。

名不正則言不順；言不順則事不成；事不成則禮樂不興；禮樂不興則刑罰不中；刑罰不中則民無所措手足。故君子名之必可言也，言之必可行也。君子於其言，無所苟而已矣！

——《論語・子路》

釋文　名稱、名分不確定，理論就講不通；理論上講不通，政事就難以辦成；政事辦不成，國家的禮樂制度就建立不起來；國家的禮樂制度建立不起來，刑罰的執行就不會適中；刑罰不適中，民眾就會無所適從。因此，君子確定事情的名稱、名分就一定可以加以理論解釋，理論解釋一定是可以實行的。君子對自己的言論，並不是隨隨便便的。

點評　「名不正則言不順」，是孔子被廣泛引用的一句名言，並且是作為管理的一般原則被引用。管理者對所從事的活動、所管理的企業、所處的職位職務等都要做到「正名」、「事出有名」。

上兵伐謀，其次伐交，其次伐兵，其下攻城；攻城之法，為不得已。

——《孫子・謀攻》

釋文

最高明的戰爭是在戰略上戰勝敵人，其次是依靠外交來戰勝敵人，再其次是進攻敵人的軍隊，最下之策是攻城。攻城的辦法，是不得已的。

點評

這段名言對經營管理很有啓迪。戰略、商業交往、公共關係，都是高明的經營管理者善於駕馭的經營手段。

知勝有五：知可以戰與不可以戰者勝；識眾寡之用者勝；上下同欲者勝；以虞待不虞者勝；將能而君不御者勝。

——《孫子・謀攻》

釋文

有五種情況可以預見勝利：充分瞭解情況、知道可以打或不可以打，就能勝利；懂得兵多兵少時的不同指揮、部署方法，就能勝利；上下同心協力的就能勝利；以充分準備來等待對手的疏忽無備，就能勝利；將帥有才能而君王不加以牽制的，就能勝利。

點評

這五種情況在經營管理中具有類似的意義。妥善決策、優化計畫、上下同心、充分準備及發揮各級管理人員的創造性和才能，顯然是經營管理中必須遵循的一般原則。文中「識眾寡之用」在戰爭中指兵力多少的不同部署，而在管理中則不妨理解爲對人力、財力、物力的合理調配和運用。

善動敵者，形之，敵必從之；予之，敵必取之；以利動之，以卒待之。

——《孫子・勢》

釋文

善於調動敵人的將領，以假象僞裝，敵人就會聽從調動；投其所好，敵人就會來奪取；用小利去調動敵人，用重兵等待它的到來。

點評

在市場競爭中，不無以假象、小利來迷惑、引誘對方的情況，經營管理者不能不謹慎對待。從主動的方面，調動對手不失爲一種具有戰略意義的方法。

善戰者，求之於勢，不責於人，故能擇人而任勢。

——《孫子・勢》

釋文

善於作戰的人，借助於態勢取勝，而不苛求於部屬，因此才能選到優秀人才，控制利用有利的態勢。

點評

高明的管理者與高明的將領一樣，透過戰略上的決策來造成一種獲勝的態勢，而並不把成功的希望寄托在每個人的拼命努力上。

兵者，詭道也。故能而示之不能，用而示之不用，近而示之遠，遠而示之近。利而誘之，亂而取之，實而備之，強而避之，怒而撓之，卑而驕之，佚而勞之，親而離之。攻其無備，出其不意。此兵家之勝，不可先傳也。

——《孫子・計》

釋文

用兵是一種詭秘的行爲。因此能行卻故意表現得不能行；要進行而故意表現得不要進行。去向近處而故意顯示去向遠處；去向遠處，而故意顯示去向近處。給對手以小利去引誘，使對手混亂而乘機攻取，對手實力雄厚須加以防備，對手強大須加以躲避決戰，對手憤怒時進一步擾亂他，對手卑謙時要使之驕傲，對手安逸時要使他疲勞，對手內部團結要設法離間。攻擊對手不防備之處，行動出乎對手的意料之外。這是軍事家取勝的秘訣，要根據具體情況作出反應，不能事先呆板規定。

點評

市場競爭常被看作是一種「商戰」，因此，此處所述的種種方法，也不妨偶一用之。但過於詭譎的方法，也須考慮商業道德的容許範圍及企業的長期形象。

善戰者，其勢險，其節短。勢如彍弩，節如發機。

——《孫子・勢》

釋文

善於用兵作戰的人，他造成的態勢險峻，他進攻的節奏短促。兵勢像拉弓，節奏似發射。

點評

孫子說的用兵作戰要造成一種可以壓倒敵人的迅猛之勢，並要善於利用這種迅猛之勢。這種勢頭就像可以漂起石頭的激流，就像一觸即發的拉滿的弓，就像圓石從千仞高山上滾下，有一種不可抵擋的力量。用這種力量打擊敵人，就能夠以一當十，所向無敵。

凡戰者，以正合，以奇勝。故善出奇者，無窮如天地，不竭如江河。

——《孫子・勢》

釋文 凡是用兵作戰，總是以正兵迎敵，以奇兵取勝。所以喜於出奇制勝的將帥，他的用兵方法像天地變化那樣運行無窮，像江河那樣奔流不盡。

點評 孫子認爲作戰的基本方法不過奇、正兩種，奇和正的配合、變化，卻是無窮無盡的。奇和正相互還會轉化。這一觀點表現了辯證法的思想，在軍事學術史和哲學史上都很有價值，在經營管理中也給我們很多啓發。

軍爭之難者，以迂爲直，以患爲利。

——《孫子・軍爭》

釋文 爭奪制勝條件的困難之處，在於把迂遠曲折的路變成近直的路，把不利變爲有利。

點評 孫子認爲，搶先占領戰場要地，爭奪制勝的有利條件，是作戰過程中最重要、最困難的事情。如果做到了這一點，就掌握了作戰的主動權，就可以變不利爲有利，從而獲得戰爭的勝利。

兵貴勝，不貴久。

——《孫子・作戰》

釋文 用兵打仗貴在速勝，不宜久拖。

點評 孫子認爲，出兵打仗要耗損國家大量的人力、物力、財力，拖久了就會使軍隊疲憊、銳氣挫傷、財貨枯竭，別的諸侯國會乘機進行進攻。

用兵之法，十則圍之，五則攻之，倍則分之，敵則能戰之，少則能逃之，不若則能避之。

——《孫子・謀攻》

釋文 用兵的法則，有十倍於敵的兵力就包圍敵人，有五倍於敵的兵力就進攻敵人，有兩倍的兵力就設法分散敵人，兵力相等就要善於戰勝敵人，比敵人的兵力少就要善於退卻，戰鬥力不如敵人就要避免與敵人作戰。

點評 兩軍相爭，很少遇到勢均力敵的情況，總存在一弱一強的局面。如何在這一對強弱關係中找到最有利於自己一方的位置就顯得十分重要。

善用兵者，避其銳氣，擊其惰歸，此治氣者也。

——《孫子・軍爭》

釋文 善於用兵作戰的人，要避開敵人的銳氣，當敵人怠惰和思歸時才去攻擊它，這是掌握士氣的方法。

點評 孫子的這一軍事名言對於指導作戰很有價值。他認爲指揮者在一場戰鬥中想取勝的話，除了要掌握「治心」、「治力」、「治變」等指導思想和方法外，很重要的一點就是「治氣」。藉由挫傷敵人全軍的士氣，動搖敵人將領的決心來使己方軍隊處於有利的位置。

盡信書，則不如無書。

——《孟子·盡心下》

釋文 相信書上所說的一切，還不如沒有書。

點評 管理的原則、方法、手段，不能完全依靠書本。把書上的一切都當作不能違背的教條，那就完全無法搞好管理。這段名言也適用於管理之外的各種場合。

欲觀千歲，則數今日；欲知億萬，則審一二；欲知上世，則審周道；欲知周道，則審其人所貴君子。

——《荀子·非相》

釋文 要想考察千年之前的事情，那麼就考察今日的事情；要想知道億萬件事情，那麼就分析一、兩件事情；要想知道上古時代的治國原則，那麼就分析周朝的治國原則；要想知道周朝的治國原則，那麼就要考察周朝的人所尊崇的君子。

點評

春秋戰國時代，孟子等人曾提出所謂「法先王」的主張，荀子卻針鋒相對提出「法后王」的主張。從以上的言論，我們可以得到這樣的啓示，要考察以前管理者成功的經驗和失敗的教訓，就要選擇距現在時間較近的案例。從最近的事情可以知道遙遠的事情，從一件事情可以知道千萬件事情，從事情的細小之處可以知道它的廣大，說的就是這個道理。

君子生非異也，善假於物也。

——《荀子・勸學》

釋文

君子並不是生性與別人有什麼不同，不過在於善於利用客觀事物而已。

點評

成功的管理者不僅要具備良好的自身素質，還要善於利用外界有利於自己成功的一切事物。只憑自己努力，不善於分析自己身邊的各種客觀事物、客觀形勢對自己的影響，很可能出現事倍功半的情況。根據自己與外界發生的各種關係，分析不同的事物所可能帶來的影響，才可能「老馬識途」，達到事半功倍的效果。

主道治近不治遠，治明不治幽，治一不治二。主能治近則遠者理，主能治明則幽者化，主能當一則百事正。

——《荀子・王霸》

釋文

君王治理國家的方法是：治理近處而不治理遠處，治理顯明的事不治理昏暗的事，治理主要的事不治理瑣碎的事。君王能把近處治理好，遠處自然也得到了治理；能把顯明的事治理好，昏暗的事自然也會發生變化；能治理好主要的事，所有的事也就有了正確的原則。

點評

作為高級管理者，他的主要職責在於挑選人才，公布一個統一的法規，明確一個主要的原則，用它來統帥一切。一個管理者不可能事必躬親，那樣會造成主次不清。這其中的道理其實也就是現在常談到的「分權」的思想。分權和集權是一對永恒的矛盾。當前世界範圍的科學進步日新月異，市場競爭空前激烈，為能使企業的行為具有更強的靈活性，則有更迅速的反應能力，在一定程度上，分權代表了一種趨勢。

事大眾而數搖之，則少成功；藏大器而數徙之，則多敗傷；烹小鮮而數撓之，則賊其澤；治大國而數變法，則民苦之。

——《韓非子·解老》

釋文

役使大眾卻屢次對之進行干擾，則成就功業者少；儲藏大器而多次對之進行遷移，則大多數會損壞；烹小魚而多次進行翻動，就會傷害它的表面光澤；治大國卻頻繁地改變法令，就會使人民受苦。

點評

一個國家的法令制度如果經常變換的話，人民必會覺得無所適從，而且日久天長人民會失去對國家制度的信任。

是以聖人不期修古，不法常可，論世之事因為之備。

——《韓非子・五蠹》

釋文

作為聖明的國家管理者，不應該照搬古法、墨守陳規舊俗，而應該根據當代的社會實際情況制定相應的管理措施。

點評

在韓非看來，變與不變，是途徑問題，治與不治是目標問題，途徑必須服從於目標。管理的目的是為了達到國家強大、社會安定、民眾富裕，因此必須根據不同時代的不同特點，採用相應的管理措施。

人主之大物，非法則術也。法者編著之圖籍，設之於官府，而布之於百姓者也；術者藏於胸中，以偶眾端，而潛御群臣者也。故法莫如顯，而術不欲見。

——《韓非子・難三》

釋文

國家管理者的要事，除了法律就是策略。法律是編成文本，由政府制定並公布於眾的；策略則藏在心中，用來檢驗各種情況並暗中駕馭下屬的。所以法律越公開越好，而策略是不希望表露出來的。

點評

這裡所說的法有兩層意思，首先它是成文法，具有客觀性，這與隨心所欲的人治是截然不同的；其次它是公布法，應儘量讓民眾知道，以免不知法而觸犯法律。

故善毛嬙、西施之美，無益吾面，用脂澤粉黛則倍其初。

——《韓非子・顯學》

釋文

因此，稱讚毛嬙、西施的美麗，對自己的容貌毫無益處，施用各種化妝品卻能比原先更加美麗。

點評

當我們發現自己在某一方面遠遠不如別人時，常常會感到沮喪和無可奈何，最終只能感嘆別人的卓越超群而嘆惜自己天賦或運氣不佳。其實，特別優秀的人畢竟爲數極少，如果我們以一種積極的態度對待這類問題，就像利用化妝品的力量爲自己增色的人一樣，努力在原來的基礎上提高自己，還是能證明自己優於大部分的人。

夫聖人之治國，不恃人之爲吾善也，而用其不得爲非也。恃人之爲吾善也，境內什數；用人不得爲非，一國可使齊。

——《韓非子・顯學》

釋文

聖人治理國家，並不憑藉人對我好，而是用法制使他不能夠任意妄爲。憑藉人對我好，這樣的人境內還不到十個；用人不能任意妄爲，一國的人都可以使他們統一行動。

點評 管理中用人是重要事務。如果只是用親善的人，會找不到合適的人選。而只要有合適的規章制度，那麼，任何人都可以合理使用。

無參驗而必之者，愚也；弗能必而據之者，誣也。

——《韓非子・顯學》

釋文 不對事物進行比較和檢驗就作出判斷，是愚蠢的；用不能確定的事來作依據，就是欺騙。

點評 這段文字表達了韓非以事實來檢驗認識和言論正確與否的方法，表現了樸素的唯物主義思想。從管理角度看，應當強調訊息的準確性、客觀性對管理決策的重要性。

毋先物動，以觀其則。動則失位，靜乃自得。

——《管子・心術上》

釋文 不要急於行動，要觀察事物運動的規律，盲目的行動會使領導者喪失他的地位，靜心觀察，指揮就能自然成功。

點評 本段對領導者提出了以靜取勝的要求。這「靜」包含不衝動、不盲目行動，靜觀事物的內部規律等待適當的行動機會。這一切都是一個成功的領導者所必須具備的條件。

上離其道，下失其事。毋代馬走，使盡其力；毋代鳥飛，使弊其羽翼。

——《管子．心術上》

釋文

居上位的人如果不堅守自己的崗位，居下位的就會忽視自己的職責。不要代替馬兒去跑，而要使馬兒盡力；不要代替鳥兒去飛，而要讓它充分運用牠的翅膀。

點評

本段指不論是領導者還是被領導者都應各司其職，發揮自己的作用。尤其是領導者應清楚地意識到自己的職責，讓手下的人充分發揮自己的才幹，不要事事都插手。管理者需要協調各分屬部門，只有這樣從上到下，從全局到部門都搞好了，才能稱得上是成功的管理。

將之所慎者五：一曰理，二曰備，三曰果，四曰戒，五曰約。理者，治眾如治寡；備者，出門如見敵；果者，臨敵不懷生；戒者，雖克如始戰；約者，法令省而不煩。

——《吳子．論將》

釋文

主將需謹慎對待的有五條：第一是管理；第二是準備；第三是果敢；第四是警戒；第五是簡要。管理是說治理大眾要像治理少數人一樣；準備是指一出門就像見到了敵人；果敢是說遇到敵人時絕不懷求生的念頭；警戒是指即使勝利了也要像剛開始戰鬥一樣；

簡要是說法令要簡略而不煩瑣。

點評

吳起提出主將謹慎對待的事，對管理者也一樣，除了不必準備隨時犧牲之外。這裡「治眾如治寡」的意思，實際上是指優秀的管理者是把一個多數人的群體看作是一個整體一樣來加以管理，而且透過管理，使這個整體的行爲統一得像一個人。

凡戰之要，先占其將而察其才，因形用權，則不勞而功舉。其將愚而信人，可詐而誘；貪而忽名，可貨而賂；輕變無謀，可勞而困；上富而驕，下貧而怨，可離而間；進退多疑，其眾無依，可震而走；士輕其將而有歸志，塞易開險，可邀而取。

——《吳子・論將》

釋文

凡是戰爭的關鍵，是先評價對方的主將，觀察其才能，根據情況隨機應變，則不需要過分興師動眾而獲得成功。對方主將愚蠢而輕信別人，可以用詭計引誘；貪心而不重視名譽的，可以用財物賄賂；忽視機變缺乏謀略的，可以擾亂他，使之疲勞不堪；上層富貴而驕傲，下層人員貧苦而怨憤，可加以離間；因多疑而進退難定，其士兵無所適從，可以使他們震驚而跑散；下級軍官輕視其主將而想離開，要塞的險阻容易打開，可以勸降而攻取。

點評

如果將商業競爭看作「商戰」，那麼上述各項對付敵手的方法都是頗有價值的。自然，使用起來尚需靈活。但最有價值的，應該是視不同對手採取不同方法的原則。另一方面，上述各項，如果是己方的弱點，則須迅速克服，否則，未免會讓競爭對手有機可乘。

萬物不同，而用之於人異也，此治亂存亡死生之原。故國廣巨，兵強富，未必安也，尊貴高大，未必顯也，在於用之。桀紂用其材而以成其亡，湯武用其材而以成其王。

——《呂氏春秋・異用》

釋文

世間萬物的性質都是不同的，各人運用的方法也不同，這些方法是國家治或亂、存或亡、死或生的根本所在。所以，國土廣大，兵力強盛，未必安定；地位尊貴崇高，未必顯赫，關鍵在於如何利用這些條件。夏桀、商紂利用這些條件，反而滅亡了；商湯、周武王利用這些條件而成就了他們的王業。

點評

在此強調管理者的策略必須以最適當的運用客觀條件為準則，否則就會失敗。

下比周，則上危；下分爭，則上安。王亦知之乎？願王勿忘也。

——《戰國策・楚策一》

釋文

在下位的人結黨營私，那麼居上位的人就危險；在下位的人互相爭奪，那麼居上位的人就安全。大王知道這個道理嗎？希望大王不要忘記。

點評

這是魏國人江乙在楚國時對楚宣王說的話。話的意思顯然涉及到權術，但在中國古代封建社會中，這是君主制約臣下的一種策略，「下分爭，則上安」，不能說沒有道理。然而事情總有兩面性，「下分爭」容易導致「政紛亂」，所以儒家還是主張君臣和諧、君子慎篤的。

夫無謀人之心而令人疑之，殆；有謀人之心而令人知之，拙；謀未發而聞於外則危。

——《戰國策・燕策一》

釋文

沒有謀算別人的想法，卻讓別人產生懷疑，很危險；有謀算別人的想法，並讓別人知道了，很愚笨；計謀還沒有實施，卻被外人覺察，就更危險了。

點評

上面這段話是蘇秦拜見燕昭王時所說的，當時燕昭王一心想報復齊國，事實上因國力懸殊勢不可行，但他的欲望企圖已明顯地暴露出來了，所以蘇秦用上面的話來提醒他。戰國紛爭，七國爭雄，遠交近攻，連橫合縱，君主有「謀人之心」是很正常的，在當時的形勢下有其合理性，無可厚非。從這段話裡反映出來的是一個訊息傳播問題，蘇秦對利害關係已說得很明白了。在競爭的環境裡作爲自身動向的情報訊息是非常重要的。必須非常謹慎，本無此心遭人懷疑固然會導致禍患，而機未發人已知就更危險了。

今有良馬而不待策錣而行，駑馬雖兩錣之不能進。為此不用策錣而御，則愚矣。

——《淮南子・修務訓》

釋文

好馬不用鞭策也跑得快；劣馬就是一再鞭打，也不往前跑。因此以爲御馬就不用鞭策了，那就太愚蠢了。

點評

世上的確有這樣看問題的人：片面、絕對而又缺乏邏輯。倘若還有這樣的人在你周圍，你不妨問問他——胖子不用吃飯也會長肉，瘦子吃得再多也還是骨頭一把，那吃飯又有什麼用呢？你又爲何要吃飯呢？

安寧則長庠序，先本絀末，以禮義防於利；事變多故而亦反是。是以物盛則衰，時極而轉，一質一文，終始之變也。

——《史記・平准書》

釋文

國家太平時就應興辦教育，重農抑商，用禮義道德來約束營利；但天下若遭逢戰亂，就必然要採用相反的措施。所以事物盛極必衰，物極必反，有時應該重視文彩，有時應該崇尚質樸，這些都是循環互變的。

點評

要想生，變則通，要有功，適則成，這說明管理國家的策略必須隨著社會的變化而改變。在國家得到整治而上軌道時，應把教育提上議事日程，在太平世道一味強調法制而忽略教育的作用，是淺陋之見。

積著之理，務完物，無息幣。以物相貿，易腐敗而食之貨勿留，無敢居貴。論其有餘不足，則知貴賤。貴上極則反賤，賤下極則反貴。貴出如糞土，賤取如珠玉。

——《史記・貨殖列傳》

釋文

從事商業，儲存貨物的方法是一定要買質量好的物品，不要在手中留太多的錢，提高資金的投資報酬率。買賣物品，容易腐爛的可食之物不能積存，也不要總希望漲價而按著物品不出手。要弄清市場的供需關係對物價變化的影響，求過於供，則物價貴；供過於求，則物價賤。當物價提高時，要及時抛出；物價降低時要及時買入。

點評

重視產品質量，優質產品既便於貯存，又能提高商業信譽，打開銷路。同時，明察市場的供需變化，見好就收，應轉則轉，「人缺我補」、「人無我有」、「人多我優」、「人廉我轉」這幾條策略值得借鑒。

以餌取魚，魚可殺；以祿取人，人可竭；以家取國，國可拔；以國取天下，天下可畢。

釋文 用魚餌捕魚，魚可被捕來殺掉；用利祿吸引人，人才可以全被引來；用家庭來瓦解國家，國家會失去根本；靠國家來征服天下，天下可以歸附。

——《六韜・文韜・文師》

點評 取得成功靠實力，然而有實力並非一定能達到目的。除了實力，韜略也是必須的。講求韜略，應著力於認清對象的性質，在最佳的時機，按最佳的方式達到目的。無數的事實證明，這是最高明的辦法。

勇而輕死者可暴也；急而心速者可久也；貪而好利者可賂也；仁而不忍人者可勞也；智而心怯者可窘也；信而喜信人者可誑也；廉潔而不愛人者可侮也；智而心緩者可襲也；剛毅而自用者可事也；懦而喜任人者可欺也。

——《六韜・龍韜・論將》

釋文 勇敢而輕視死亡的人容易被殺；心急而想圖快的人可用持久來戰勝；貪心而好利的人可用賄賂毀掉；仁慈而不殘忍的人可以讓他辛勞不堪；聰明而膽怯的人可以使他窘迫不安；誠實而容易輕信的人可以欺騙他；潔身自好而不愛人的人可以侮辱他；聰明而慢性子的人可以突然襲擊；剛毅而自以爲是的人可用小事煩他；懦怯而想依靠別人的人可以欺負他。

點評

姜太公把將分成了十類，每類人都有弱點，因而也可找到對付的方法。這對管理者無疑是一聲長鳴的警鐘。這些方法，大多還有應用的實際價值。而姜太公觀察人的方法，則有更多可學之處。

諸有陰事大慮，當用書不用符。主以書遺將，將以書問主。書皆一合而再離，三發而一知。再離者，分書爲三部。三發而一知者，言三人操一分，相參而不使知情也。此謂陰書。敵雖聖智，莫之能識。

——《六韜・龍韜・陰書》

釋文

凡是有秘密大事，應當用書信而不用兵符。君主寫信給將軍，將軍用信向君主請示。信都一分爲三，三信發出才知道一件事。三信由三人拿著，必須相互參照才能知道信中寫的是什麼。這就是所謂「陰書」。敵人即使是聖人智者，也無法識別單獨一信的內容。

點評

所謂「陰書」，其實即是密碼。此段講的是密碼使用方法。其編制方法雖簡單，但卻是較早的發明，值得在史書上記上一筆。管理中除了溝通之外，也需要有保密這一方面。

賂以重寶，因與之謀。謀而利之，利之必信。是謂重親。重親之積，必爲我用。有國而

外，其地必敗。

——《六韜・武韜・文伐》

釋文 給對手送去大量寶物，然後跟他一起謀劃。謀劃中讓他得利，得了利他就會十分信任你。這就是所謂「重親」。這種親上加親的積累，就能爲己方所用。有自己的國家卻還要與敵國合作而損害本國利益，這樣就必然失敗。

點評 與對手共同謀劃，讓他在謀劃中得利，這比赤裸裸地賄賂高明得多。對手陶醉於自己經營活動的成功之中，殊不知正好落入了圈套。這段話中特別有意義的是「有國而外，其地必敗」。以現代企業管理而言，其意思決非指跨企業經營，而是指損害本企業利益的對外合作，其具體內容可以是各種各樣的。高明的志向遠大的管理者應當慎之。

收其內，間其外。人才外相，敵國內侵，國鮮不亡。

——《六韜・武韜・文伐》

釋文 收買對手的內部管理人員，離間他的外派人員。這樣人才都爲外人服務，而敵人卻侵入到內部來，國家就很少有不亡的了。

點評 這也是姜太公文伐的高招。管理中講求上下溝通，目標一致。這一策略的要害就是使上下割離、目標分裂。這樣一來，組織就被破壞了。對抗之法，無非仍是重視溝通，重視用好人才。

輔其淫樂，以廣其志。厚賂珠玉，娛以美人。卑辭委聽，順命而合。彼將不爭，奸節乃定。

——《六韜・武韜・文伐》

釋文 幫助對手沉湎於遊樂，使其欲望越來越大。用珠寶玉器來賄賂他，用美女使他歡娛。經常講些謙卑、委婉的話給他聽，順從他的要求，合乎他的意願。這樣，對手就會失去競爭的意志，戰勝對手的計謀也就實現了。

點評 姜太公的這一計謀實在厲害，而且在歷史上屢試不爽。胸懷大志的管理者，應當刻意提防，防止在聲色犬馬、卑辭委聽中喪失自我。在施之於人時，這自然也非正道，應當有個界限。

親其所愛，以分其威。一人兩心，其中必衰。廷無忠臣，社稷必危。

——《六韜・武韜・文伐》

釋文 親近對手所喜歡的人，以便分割他的權威。一人有兩條心，他的忠誠就逐漸消退。朝廷中沒有了忠臣，國家也就危險了。

點評 這是姜太公文伐十二法中的第二條。這個方法無非是使對手成爲孤家寡人。現代商戰中常用此法來釜底抽薪，使對手無所依靠。如何管好、用好人才，防止人才流失，確是經營管理的一個根本大計。

因其所喜，以順其志。彼將生驕，必有好事。茍能因之，必能去之。

——《六韜・武韜・文伐》

釋文 順應對手所喜好的，以便合乎他的意願。這樣他就會產生驕傲自得的心理，此時就有好戲看了。如果能如此地順應對手，也就一定能除掉他。

點評 這是姜太公文伐十二法中的首選之法。用之似嫌過於奸詐，但用作管理者自身戒備之策，卻大有警鐘長鳴之效。

威在於不變；惠在於因時；機在於應事；戰在於治氣；攻在於意表；守在於外飾；無過在於度數；無困在於豫備；慎在於畏小；智在於治大；除害在於敢斷；得眾在於下人。

——《尉繚子・十二陵》

釋文 威信產生於不隨意變化決定；利益在於遵循時機；機會在於適應事物的變化；戰鬥在於培養鬥志；進攻在於出人意料；守備在於外部修整；沒有過失在於作好測度；不陷入困境在於預先有準備；謹慎在於害怕小事；智慧在於管理大事物；除害在於敢於決斷；得到人心在於能謙虛待人。

點評 這段文字提出了十二項管理中的重要問題，並提出了相應的對策，值得管理者逐項思索。其中的戰、攻、守等不必拘泥於戰爭。亦可用於如商戰及其他領域。

實事求是。

——《漢書・河間獻王傳》

釋文 要掌握充分的事實根據，然後從事實中找尋正確可靠的結論。這裡，「實事」就是客觀存在著的一切事物，「求是」就是探求客觀事物的內部聯繫，即規律性。

點評 提醒我們在企業管理改革中，一切要從實際出發。

時在應之，爲在因之。

——劉向《説苑・談叢》

釋文 要順應時代的需求，要根據具體實際情況辦事。

點評 這裡著重強調了客觀情況對事業成敗所起的關鍵作用。管理中最根本的一點就是在掌握實際情況後作出相應的決策，以發揮整體的最大效用，從而保證事業的成功。

憎人而能害之，有患而能處之，欲用民而能附之，一舉而三物俱至，可謂善謀矣。

——劉向《説苑・權謀》

釋文 憎恨人而能夠害他，有災患而能夠處理好，想用民力而能使它歸附，做一件事而能達到三個目的，這可稱得上「善謀」了。

點評

衛靈公不願與趙國結盟，被趙國使臣成何、涉他強制而按了手印。靈公要反趙，王孫商出主意，讓他下令每家出一女抵押到趙國。百姓憤恨趙國，靈公趁機號召百姓反趙。趙國聽到這種情況，殺了涉他，成何則逃走了。王孫商此招極其陰險狡詐，可謂權謀的典型之一。管理中行謀略雖不必如此毒辣，但綜合考慮謀略所需達到的多種目標，則是應當的。

知命知事而能於權謀者，必察誠詐之原以處身焉，則是亦權謀之術也。

——劉向《說苑・權謀》

釋文

懂得事物有可爲和不可爲兩方面而又工於權謀的人，一定會首先把判明事情的真相作爲自己的處世原則，這其實也是權謀。

點評

客觀規律不是人創造能力的枷鎖，而是它的依據。人在尊重客觀規律的前提下，可以充分調動自己的主觀能動性，使萬物爲自己所用，這也是人區別於萬物的特徵之一。人的這種主觀能動性其實也即是權謀，可運用於險惡的政治鬥爭和軍事鬥爭中，也可運用於變幻莫測的商界，成爲人們化險爲夷的利器。

民苦則不仁，勞則詐生，安平則教，危則謀，極則反，滿則損。故君子弗滿弗極也。

——劉向《說苑・談叢》

釋文 老百姓生活困苦時就做不到仁厚，過於操勞時就會生詐騙之心，安居樂業時道德風尚就好，危險時就會想要謀取生路，受到極端的管制時就會反抗，過於寬縱時就會對國家有損害。因此好的管理者不應該處事太極端，也不能太寬縱。

點評 這裡以百姓的生活爲例，闡述了作爲領導者應採取溫和適中的處事態度的道理。無論是在管理還是其他方面，極端的嚴厲和極端的寬縱都只是有害而無益，是事業成功的大礙。

兵不厭詐。

——《後漢書・虞詡傳》

釋文 用兵作戰要儘可能多地採用詐僞迷惑敵人的方法。

點評 這裡啓示了在企業管理和市場營銷競爭中運用計謀的必要性。

集思廣益。

——《三國志・董和傳》

釋文 集中各方面的意見，然後作出決定，可以收到更大、更好的效果。

點評 我們今天用「集思廣益」的意義比過去更加深遠，已不僅只向少數幾個謀士求計問謀，而是指向廣大群眾作調查研究，虛心聽取群眾的意見。

兼聽則明，偏信則暗。

——《資治通鑒・唐太宗貞觀元年》

釋文 聽取多方面的意見，就能瞭解事情的真實情況，單聽信一方的話，事情就弄不清楚。

點評 這句名言，對各級領導管理人員很具啓發，是企業領導者進行決策時的一條重要原則。

制國有常，利民為本；從政有經，令行為上。明德先論於賤，而從政先信於貴。

——趙武靈王，見《資治通鑒・周赧王八年》

釋文 治理國家有規律可循，其中有利於人民是根本；進行政治活動有綱要，政令能夠施行最重要。表現恩德先對地位低下的人講，而開展政治活動則先要在地位高貴的人那裡獲取信任。

點評 趙武靈王推行「胡服騎射」的改革，穿短裝，學騎馬射箭，使軍事力量迅速增強，這在歷史上是很有名的。在著手改革之時，趙王的叔父公子成等貴族表示反對。趙武靈王派人向公子成轉達了上述話語，後又登門親自勸說。結果公子成帶頭穿上胡服，改

革的政令也迅速得到了推行。上述名言及「胡服騎射」改革的成功，揭示了管理過程中的一個重要策略，即一項管理措施的推行應先在具有關鍵地位或關鍵崗位上的人們中取得共識，並由他們來帶頭實行。顯然，這是維護管理者權威的有效手段。

凡主將之道，知理而後可以舉兵，知勢而後可以加兵，知節而後可以用兵。知理則不屈，知勢則不沮，知節則不窮。見小利不動，見小患不避。小利小患，不足以辱吾技也。夫然後有以支大利大患。

——蘇洵《嘉祐集・心術》

釋文

擔任主將的方法：懂得道理然後可以發動軍隊、弄清形勢然後可以擴大兵力、知道節制然後可以用兵打仗。懂得道理就會不屈不撓、弄清形勢就不會灰心失望、知道節制就不會走投無路。見小利不動心，見小害不躲避。小利小害，並不至於辱沒我的技能。這樣才可以支配大利大患。

點評

蘇洵所說的主將之道也正是主要管理者之道。這裡的「理」可以引申爲客觀規律。懂得經濟管理、經濟發展的客觀規律，然後可以建立事業；瞭解形勢，然後可以擴大事業；懂得節制，事業就會欣欣向榮。不貪小利、不避小害，然後才能獲得巨大利益。經營管理的方法，不就在其中嗎？

兵有長短，敵我一也。……吾之所短，吾抗而暴之，使之疑而卻。吾之所長，吾陰而養之，使之狎而墮其中。此用長短之術也。

——蘇洵《嘉祐集・心術》

釋文

軍隊都有長處短處，在這方面敵我是一樣的。……我的短處，我挑出來故意公開給敵人，使敵人疑惑而退卻。我的長處，我在暗中培養發展，讓敵人輕敵而墮落在我的圈套中。這是如何利用長處短處的策略。

點評

蘇洵在這裡提出的長短之術，用在商戰中也是別有色彩的。但把短處故意暴露卻要謹慎對待，必須輔之以特殊的保密措施。

未亂易治也，既亂易治也。有亂之萌，無亂之形，是謂將亂。將亂難治，不可以有亂急，亦不可以無亂弛。

——蘇洵《嘉祐集・張益州畫像記》

釋文

沒有亂容易治理，已經亂了也容易治理，有亂的萌芽，但還沒有亂的形態，稱爲將亂。將亂難以治理，既不可因爲有亂的萌芽而急躁，也不可因爲還沒有亂的形態而放鬆。

點評

蘇洵提出了對付「將亂」的方法。「將亂」其實是管理系統的一種狀態。對付「亂」可以大刀闊斧，對付「治」可以循規蹈矩，而對付亂與治之間的狀態，則既不可急躁也不可放鬆，需要綜合運用各種妥善的手段。因此說「將亂難治」。

君與知之者謀之，而與不知者敗之。使此知秦國之政也，則君一舉而亡國矣。

——《戰國策・秦策二》

釋文

君王和懂行的人謀劃，卻又和不懂行的人共同敗壞它。由此可知秦國的國政了，君王如用此法治國，一舉就可以使國家覆滅的了。

點評

秦武王臉上患疾，名醫扁鵲爲他治療。王左右的人認爲疾在耳前眼下，弄不好會耳不聰、目不明，秦武王猶豫了。扁鵲知道後非常氣憤，說了上面這番話。他認爲治病同治國一樣，必須與「知之者」商量。「知之者」即「內行」，若在位者起用不懂的人來參與國家治理，怎麼會不失敗呢？

將治大者不治細，成大功者不成小。

——《列子・楊朱》

釋文

打算治理大事的人不治理小事，成就大功的人不成就小功。

點評

楊朱見魏惠王，自稱治理天下易如反掌。魏惠王認爲楊朱連菜田都種不好，竟說要治理天下，簡直無法理解。楊朱便對他講了這一番道理。作爲領導者，如果不用心於全局性、戰略性的考慮，而是事無巨細，事必躬親，是當不好領導者的。領導者可以想下屬所想，但如果成天糾纏於細枝末葉，而忽視了自身的職責，那就十分危險。對小事，領導者要進得去，出得來，才能治理大事，成就大功。這既是領導者所應具備的素質、能力，也可說是現代管理的一項原則。

以斧劗毛，以刃抵木，皆失其宜矣。

——《淮南子・主術訓》

釋文

用斧頭剪毛髮，用小刀砍樹，是非常不適宜的。

點評

古人很明智，殺雞絕不用牛刀。每一物都有其特性，如果不能很好按照它的特性去使用它，那一定是「物不盡其用」的。人也是如此。長腿的跑步，短腿的舉重，高矮胖瘦均能在一定的行業中發揮其所長。否則就會濫用人才，一無所獲。

急轡數策者，非千里之御也。

——《淮南子・繆稱訓》

釋文

把馬的將繩收得緊緊的，又頻繁地鞭打，這不是要行千里路的馭馬方法。

點評

馭馬的方法有好幾種，無論如何，「急轡數策者」只能屬於下策。且不說千里馬往往有自己的特性，不願被主人如此轄制，就是一般的馬，也不願受束縛太多。

夫以江之湮塞，宜從其湮塞者而治之；不此之務而別求他道，所以治之愈力而失之愈遠也。

——歸有光《震川文集・水利論》

釋文

如果江河壅塞不通，就應從壅塞處進行治理；如不用力於此，而另外開挖新的排水通道，那麼治理得越是用力，離治理目標將越是遙遠。

點評

這是明代著名學者歸有光論及太湖治水時提出的一個主張。他認爲，治水首先要瞭解產生水患的原因，如果水澇是由於排水壅塞不通而引起，那麼就應對此河道進行疏浚溝通，使之能完全承當起排水重任，這樣水害就可解除。如果另外開挖新的排水通道，而對主幹河道不進行根本治理，那麼結果往往會適得其反。

讀父書者不可與言兵，守陳案者不可與言律，好剿襲者不可與言文；善琴弈者不視譜，善相馬者不按圖，善治民者不泥法；無他，親歷諸身而已。

——魏源《默觚下・治篇五》

釋文

只會讀父輩們的書的人不可以和他談論兵家之事，沿襲陳規陋習的人不可以和他談法律，墨守陳規的人不可以和他談論文學；擅長彈琴下棋的人不看棋譜琴譜，擅長相馬的人不會按圖索驥，善於治理民眾的人不拘泥於禮法。沒有別的，他們都有親身經歷。

點評

書本上的知識畢竟是死的，實際運用的時候必須有所變通。而一個人豐富的閱歷會對此大有幫助。

顧經國之略，有全體，有偏端，有本有末，如病方亟，不得不治標，非謂培補修養之方即在是也；如水大至，不得不繕防，非謂浚川澮經田疇之策可不講也。

——李鴻章《李文忠公全書・奏稿・置辦外國鐵廠機器折》

釋文 管理國家的方略，有宏觀的（總體的）、有微觀的（個體的）、有主要的、有次要的，如果得了急病，就得抑制病情，但這種藥方並不就是滋補保養的妙法；如果暴發洪水，就得全力修補堤防，可這不等於說修渠培壟的方法就可以不要了。

點評 這是李鴻章在十九世紀六〇年代報批皇上創辦近代軍用工業時所講的一段話。他以國家事務有主有次、有大有小，管理方法也有急有緩、有輕有重的形象比喻，意指創辦軍用工業爲應急所需，並非要捨卻祖宗成法。這是徵得皇上御批較具說服力的措辭，從中也反映了李鴻章論說方面的機智和一定的管理意識。

時止則止，時行則行，動靜不失其時，其道光明。

——《周易・艮》

釋文 應當停止的時候停止，應當行動的時候行動。動和靜都不偏離合適的時機，道路就會越來越光明。

點評 這段名言的意思非常清楚，無非是要不失時機。管理過程中，對時機的判斷顯然極爲重要。原文言簡意賅，可當作管理者的座右銘。

往者不可諫，來者猶可追。

——《論語・微子》

釋文 過去的事已沒必要再說，未來的事卻仍可以追上。

點評 楚國的狂人接輿唱歌經過孔子的座車，以上是歌詞中的兩句。從積極方面理解，這兩句歌詞對於管理、對於人生，都是有價值的。不管已經過去的是成功還是失敗，未來仍需要繼續追求。

財不足則反之時，食不足則反之用。

——《墨子・七患》

釋文 財貨不充足，就要反過來看看是否抓住了生財的時節，食物不充足就要反過來察看使用上是否浪費。

點評 抓住時節生產，注意合理使用，這是墨子和其他許多古人所反覆強調的理財手段，雖然淺顯，卻也實用。文中的「時」也可理解爲「時機」，從而使這段話另有可吸取的內容。

當斷不斷，反受其亂。

——《黃老帛書・稱》

釋文 應當作出決定的時候猶豫不決，結果反而會受到損害。

點評 這是常被引用的一句名言，這段話是對管理思想中的時效觀念的很好表述。

雖有智慧，不如乘勢；雖有鎡基，不如待時。

——《孟子・公孫丑上》

釋文 雖然有智慧，但在舉辦事業時卻不如憑藉合適的勢頭；雖然有鋤頭，耕種卻不如等待適宜的時節。

點評 經營管理活動中，一定的形勢和發展勢頭及合適的時機等比智慧和工具更爲重要。真正的智慧在於抓緊時機，看清發展趨勢，而當條件不具備時，則不如等待時機的出現。

時移而治不易者亂，能治眾而禁不變者削。故聖人之治民也，法與時移，而禁與能變。

——《韓非子・心度》

釋文 時代變化了而統治手段不變的，國家就會發生動亂；民眾的智力提高了而所有的管理方法不變，國家就會受到損害。所以聖明的國家統治者治理民眾的原則是：法律隨著時代的發展而變化，禁令根據民眾的智力提高而加以改變。

點評 古用名教，今用刑罰，並無高下之分，關鍵看它是否適合時宜，是否能達到治理的目標。

用兵之害，猶豫最大；三軍之災，生於狐疑。

——《吳子・治兵》

釋文

用兵中的危害，猶豫不決是最大的；三軍的災難，產生於狐疑不定。

點評

這是專講果斷決策的。管理與用兵類似，猶豫不決，喪失時機，是最大的危害。只有在充分掌握所需訊息的基礎上，果斷及時地作出決策，才能保證管理的最佳效果。

善戰者，見利不失，遇時不疑。失利後時，反受其殃。

——《六韜・龍韜・軍勢》

釋文

善於作戰的，見到有利的機會立即抓住，遇到合適的時機從不猶疑。失去有利的機會，落後於適當的時機，結果只能受到危害。

點評

這段話強調了善戰者必須抓住有利時機。時機一失，後果就會是十分有害的。此類論述，中國古代兵書中甚多，對於經營管理者來說，可借鑒的作用是明顯的。

見善而怠，時至而疑，知非而處，此三者，道之所止也。

——《六韜・文韜・明傳》

釋文

見好事卻懈怠，時機到時卻疑惑，知道錯誤還任其下去，有這三點，任何方法都無濟於事。

點評

商業經營，有此三點，實爲導致失敗的根源。對此，無疑應當反其道而行之：見善而作，時至而起，知非而棄。不過，這只是一般原則，具體行動還涉及到一系列的判斷。

涓涓不塞，將爲江河。熒熒不救，炎炎若何？兩葉不去，將用斧柯。

——《六韜・文韜・守土》

釋文

涓涓細流不加以堵住，就會形成滾滾江河。星星點點的小火不救，燒成熊熊大火時該怎麼辦？兩棵葉子的小苗不除去，將來就只能用斧頭來砍伐了。

點評

整句是防微杜漸的意思。顯然，在管理中出現的任何不良現象，有必要在萌芽時即將其除去。

日中必彗，操刀必割，執斧必伐。日中不彗，是謂失時；操刀不割，失利之期；執斧不伐，賊人將來。

——《六韜・文韜・守土》

釋文

太陽當頭時應當曝晒物品，刀舉起了就應該割切，斧頭舉起來了就應該砍伐。太陽當頭時不晒，這叫失去時機；刀舉起了不割，就失去了最佳的機會；拿著斧頭不砍，敵人就會乘機進攻。

點評

這一段話，無非是反覆地講述抓住時機的重要性。對於已經準備好的行動，突然放棄或不及時進行，這也是一種「失時」。現代管理中的時機、時效觀念，在此表現得十分明白。

凡生理所當爲者，須及時爲之，如機之發、鷹之搏，頃刻不可遲也。若有因循，今日姑待明日，則廢事損業，不覺不知，而家道日耗矣。

——葉夢得《石林治生家訓要略》

釋文

凡是生產經營中應當做的，必須及時去做，這就像箭的發射、鷹的搏擊一樣，分分秒秒也不可耽擱。如果拖延，今日不做等待明日，那就會弄壞事情、損害事業，在不知不覺中，家業會逐日衰落。

點評

本段強調了生產經營中要抓緊時機，不可拖延，拖延就意味著損失。可見，古人在經營管理中也非常注意時效。

今者宜乘歐戰告終之機，利用其戰時工業之大規模，以發展我中國之實業，誠有如反掌之易也。

——孫中山《建國方略》

釋文

當今應該藉歐戰（第一次世界大戰）結束的機會，利用列強戰爭時期在華投資的大規模工業設施，來發展中國的經濟，這實在是易如反掌。

點評

孫中山先生認爲利用戰爭成果來發展經濟，表現了他的機遇感。事實上，更重要的是一次戰爭期間才給中國經濟發展帶來了機遇，因爲列強無暇顧及中國經濟。對一個國家，應注意抓住世界上一些有利形勢，乘機發展；對一個企業而言，應抓住國內或本行業的有利時機，乘風破浪，這樣鐵樹上開花，指日可待。目前的中國，就應該抓住和平國際環境這一機遇，全力發展經濟。

人言善亦勿聽，人言惡亦勿聽，持而待之，空然勿兩之，淑然自清。無以旁言爲事成，察而徵之，無聽辯，萬物歸之，美惡乃自見。

——《管子・白心》

釋文

人們說好不輕易聽信，人們說不好，也不輕易聽信。保留他們的意見，虛心觀察等待，事情最終會清楚明瞭。不要把道聽途說的當成事實，要觀察、考證；不要聽信詭辯，把各種各樣的事實現象加以歸納，好、壞就自然會顯示出來。

點評

這裡對領導者提出的要求是要有主見、有觀察力和歸納力。各種各樣的表面現象會給領導者作出正確的判斷帶來一定的困難。每個人對同樣的事物都會有自己的意見、看法，這些看法和意見對領導者又將是一種困擾，因此有主見、虛心、有耐心，有觀察力和歸納力對正確的判斷來說尤爲重要。

明君賢將，所以動而勝人，成功出於眾者，先知也。

——《孫子兵法・用間》

釋文

英明的國君、賢能的將帥，他們之所以一出兵就能戰勝敵人，成就的功業超出眾人，其原因就在於事先瞭解到瞭敵情。

點評

要在作戰中克敵制勝，必須事先瞭解敵情，知道對方的優勢及弱處各是什麼，然後主動地選擇一個恰當的時機、恰當的地點，投入恰當的兵力打一個漂亮的勝仗。

目貴明，耳貴聰，心貴智。以天下之目視，則無不見也；以天下之耳聽，則無不聞也；以天下之心慮，則無不知也。

——《六韜・文韜・大禮》

釋文

眼睛重要的在於明察、耳朵重要的在於聽清、頭腦重要的在於智慧。用天下所有人的眼睛去看，就不會有什麼看不到的；用天下所有人的耳朵去聽，就沒有什麼聽不到的；用天下所有人的頭腦去思考，就不會有什麼不知道的。

點評

這段話中既包含了對訊息的重視，又強調了集思廣益的重要性。所謂「以天下之目視」、「以天下之耳聽」，無非是指要溝通訊息渠道，讓普天下的重要訊息儘可能多地到達管理者那裡。但僅此還不夠。要作出最佳決策，還應當動員更多的人來共同謀劃。

天子聽政，使公卿列士正諫，好學博聞獻詩，矇箴師誦，庶人傳語，近臣盡規，親戚補察，而後王斟酌焉，是以下無遺善，上無過舉。

——《呂氏春秋．達鬱》

釋文

帝王聽取政見，必須讓下屬直言勸諫，讓學者獻上諷諫詩歌，讓瞎子吟誦箴言，讓瞽師諷誦，讓平民把意見轉達上來，讓身邊的人把規勸的話講出來，讓親戚補充其意見，然後由帝王自己考慮取捨。這樣才能使下面沒有被遺漏的善言，上面沒有錯誤的舉措。

點評

這說明統治者要使自己免犯錯誤，且不被人蒙蔽，就必須廣開言路的重要性，所謂「兼聽則明，偏聽則暗」，就是這一道理。

田中之潦，流入於海；附耳之言，聞於千里也。

——《淮南子．說林訓》

釋文

儘管是田溝裡的積水，也會流入江海；即使與親密者耳語，也會傳到外面去。

點評

「若要人不知，除非己莫為」。流言或秘密總是傳播得很快。一位明智的領導者應該對這點有很清楚的認識。這樣，他不但能不做流言的傳播者，更能阻止流言的傳播，從而避免內部的混亂、民心的不安。從另一方面考慮，流言的高效傳播性也能阻止他自己做出不良行為。

山林不讓椒桂以成其崇，君子不辭負薪之言以廣其名。故多見者博，多聞者知，距諫者塞，專己者孤。故謀及下者無失策，舉及眾者無頓功。

——《鹽鐵論・刺議》

釋文

山林不排斥椒、桂一類樹木的生長才成為高大密林，管理者不拒絕「卑賤者」的意見以便名聲遠揚。因此，見得多的人知識淵博，聽得多的人有智慧，拒絕別人勸說的人耳目閉塞，只相信自己的人必然孤立。所以，遇事能與下屬商量的人不會失策，能發揮大家作用的人不會不成功。

點評

小樹是密林的組成部分，基層幹部是國家管理層的組成部分，有權參與管理。

君之所以明者，兼聽也；其所以暗者，偏信也。……人君兼聽納下，則貴臣不得壅蔽，而下情必得上通也。

——魏徵，見吳兢《貞觀政要・君道》

釋文

國家統治者之所以被稱為「明君」是因為善於聽取多方面的意見；而之所以被稱為「昏君」，是因為只相信一面之詞。國家最高統治者應該聽取多方面的情況反映，採納來自下層的合理意見。這樣，居於高位的官員就無法蒙騙他，而下層的情況就能如實通達到他那裡。

點評

所謂「兼聽則明，偏信則暗」，作為唐太宗的輔國名臣，魏徵深知保持訊息渠道暢通和儘可能多地獲取有用訊息的重要性。管理在某種程度上就是對訊息的獲取、組織和處理。

同一御敵，而知其形與不知其形，利害相百焉，同一款敵，而知其情與不知其情，利害相百焉。古之馭外夷者，諏以敵形，形同幾席；諏以敵情，情同寢饋。

——魏源《海國圖志敘》

釋文

同樣與敵作戰，對敵人形勢瞭解與否會使結果有很大的不同。同樣和敵人談判，對敵方情況的瞭解與否，其結果也會大不相同。古來能制服外敵者，對敵人形勢的瞭解就如同在几席之間。對敵國情況的明瞭，就像睡覺吃飯一樣清楚。

點評

這段話的中心思想，是說在決策之前對訊息的掌握是至關重要的。對訊息掌握的程度決定著決策的正確，決定著行動結果對目標的實現程度。胸中有數，才能指揮得當。否則，就可能導致失敗。

洋商自上海販運至外國，其數萬里消息通於頃刻；華商自內地販運至上海，則數百里消息反遲於彼族，以至商賈日困。

——《盛宣懷檔案資料・鄭觀應等呈請左宗棠架設長江浙江電纜稟》

釋文

外國商人在上海和外國之間進行販運，儘管有數萬里的距離，然而其訊息交流可在頃刻之間完成；中國商人在內地和上海之間進行販運，僅數百里的距離，其訊息的交流反而遲於外國商人，因此他們的處境日益困難。

點評

以鄭觀應為代表的這些人的這段論述，藉由比較的方式，證明了訊息在商業發展中的作用。他們的思想和建議在當時都是進步的。在二十世紀九〇年代，任何發展問題都可以說是一個訊息的問題，人們已經跨入了訊息時代，為求發展，發展通訊事業已成為時代的要求。

凡有商務、工務應辦之事，可者，隨時稟報商務大臣；或商務大臣不公，有徇私自利之心，准各省商務局紳董稟呈軍機處轉奏，庶下情上達，不至為一人壅蔽也。

——鄭觀應《盛世危言・商戰》

釋文

凡有貿易、機器製造應該辦理的事，可行的，就隨時上報商務大臣；或者商務大臣有徇私謀利的事，准許地方有關負責人呈報軍機處轉奏，這才能夠保證消息暢通，管理有效。

點評

授予某系統、某部門主管人員一定的職責權限，並建立暢通的監督機制，這是進行有效管理的重要保證。鄭觀應的上述主張，就是要改變中國近代政府管理中的官場作風，疏通訊息渠道，這對加強監督管理、提高辦事效率是針對性很強的。

當事者須隨時經心探聽各埠生意之盛衰，客貨之多寡……更須與各商聯絡，聲氣相通。

——鄭觀應《盛世危言後編・稟北洋通商大臣李傅相條陳輪船招商局利弊》

釋文

負責招商的當事人必須無時無刻注意探聽各碼頭生意興衰的狀況，客人、貨物的多少……更重要的是必須與各商人聯繫，保持訊息相通。

點評

本段所表現的是一種典型的訊息觀點。在招商工作中，只有占有豐富的有效的訊息，才能使招攬工作準確及時，加快資金周轉，提高資本利用效率。很多行業經營的成敗，便是對訊息占有的成敗，可見訊息在經營中的地位。

凡外洋務礦務商務，首重信息靈通轉運便捷，故能操縱自如獨擅其利。

——經元善《居易初集・上盛杏孫觀察利國礦條陳》

釋文

所有西方人的礦務和商務經營中，首先非常重視消息的靈通與及時，和交通運輸的方便迅速，所以能夠操縱自如從而獨自享受利益。

點評

經元善提出，在經濟發展中，發展交通和訊息這兩方面是非常重要的。在中國近代，有幾位企業家注意到了訊息在經濟發展中的重要作用，經元善便是其中一位，這在當時不僅具有進步意義，而且深中時弊，對當時中國，是一個嚴峻問題，對我們現在，也仍是一個現實而緊迫的問題，進行交通與通訊事業的建設不容忽視，更是刻不容緩。

今通商既開，外國環逼，既已彼我對立，則如兩軍相當，不能諜其軍法兵謀，無以爲用兵應敵。小敵而不知情則震而張皇，大敵而不知情則輕而致敗，必然之理也。

——康有為《上清帝第四書》

釋文

現在既然已經開放通商，外國從各方面試圖打入，那麼對方與我相互對立，就像兩軍對陣。如果不能獲取對方的商戰方法和謀略，那就無法調動力量來迎擊敵人。對小的敵人如無情報，就會驚慌失措，對大敵如不知情，那就會被輕而易舉地擊敗，這是必然的結果。

點評

康有爲在這裡雖未用「商戰」之詞，但卻在實際上論述了商業競爭如同戰爭。康有爲強調的是情報信息。沒有情報信息，遇到小的競爭對手也會驚慌，遇到大的競爭對手就必然失敗。現代商業競爭中，訊息情報爭奪之激烈，早已爲人們所熟知。康有爲如此急切地提出商戰情報問題，確有獨到之處，對現代管理也不無借鑒之處。

日中必彗，操刀必割，時不可失。

——陳虬《治平通議・變法十三》

釋文

太陽當頭時，把該晒的拿出去晒；舉起了刀就應當機立斷，不能猶豫不決以致失去機會。

點評

以上說的就是平常所說「機不可失，時不再來」的道理，主要涉及管理者的風格和素質。貽誤了時機，就會使本來正確的決策，也由於不合時宜而變成是錯誤的。

設議院以通下情……。人皆來自四方，故疾苦無不上聞；政皆出於一堂，故德意無不下達；事皆本於眾議，故權奸無所容其私；動皆溢於眾聽，故中飽無所容其弊。

——康有為《上清帝第四書》

釋文

設立議會以便溝通上下的情況。……議員都來自全國各地，因此各種疾苦全都可以報告上來；大政方針都在同一堂內制定，因此道德意圖全都可以傳達下去；國家大事都立足於議員們的討論，因此奸猾的人就無法在其中謀取私利；行動都廣爲議員所瞭解，因此貪污取利就無法進行。

點評

康有爲這段話的主旨是宣傳議會制的優點，但同時又道出了管理過程中的溝通原理。下情上達，上情下達，上下溝通，管理系統就易於控制，其結構才會穩定。這無論對於國家政治系統還是對於企業的管理系統都是適用的。藉由這種溝通，還可以產生監督作用，保證系統目標的一致。

當今科學昌明之世，凡造作事物者，必先求知而後乃敢以事於行。所以然者，蓋欲免錯誤而防費時失事，以冀收事半功倍之效也。

——孫中山《建國方略》

釋文

在當今科學興旺發達之際，凡是要辦事造物，必定先要謀求瞭解而後才敢動手行事。之所以如此，是想避免錯誤，而且防止浪費時間而誤事，以希望收到事半功倍的效果。

點評

凡事先求知是孫中山先生「知難行易」理論的一個重要方面。孫中山認爲依靠科學，將要做的事爭取做到知，即了然於胸，這會收到事半功倍之效，這種觀點是正確的，也具有積極意義。國家特別是企業要謀求發展，必須加強科學研究以達到知，同時，對市場狀況也要做到知，這樣才能穩操勝券。

修己

五事：一曰貌，二曰言，三曰視，四曰聽，五曰思。貌曰恭，言曰從，視曰明，聽曰聰，思曰睿。恭作肅，從作乂，明作哲，聰作謀，睿作聖。

——《尚書・洪範》

釋文

注意五方面的事：一是態度；二是語言；三是看；四是聽；五是思考。態度要恭敬，說話要合理，看事情要明晰，聽取意見要聰敏，思考問題要通達。態度恭敬內心就會嚴肅，說話合理就有利於治理，看事明晰就會充滿智慧，聽取意見聰敏就能有謀略方法，思考問題通達就能進入最高境界。

點評

《洪範》五事可謂言簡意賅。貌、言、視、聽、思這五個方面，是管理者必須注意的。

其中，貌、言主要是對外交際，兼及個人內心修養；視、聽涉及訊息的獲取及其準確性；思則是對訊息的判斷、綜合從而作出預測和決策，同時也指導對外交際。因此，這「五事」是貫穿一致的整體。

君子體仁足以長人，嘉會足以合禮，利物足以和義，貞固足以幹事。

——《周易・文言》

釋文　君子實踐仁德，能領導人群；贊許交往，能合乎禮節；有利於人，能協和義理；堅持正道，能主辦正事。

點評　翻開《周易》，人們見到的第一卦就是「乾」。乾卦的形象最爲豐滿，是一切變化之端。其意義在於代表四種德性：偉大、通達、祥和、潔淨。由孔子所作的評論（相傳如此），將這四種德性歸於「君子」的標準中。這似乎太過完美。但有志於成爲管理者的人，應明白這是幾千年來的傳統。

德薄而位尊，知小而謀大，力少而任重，鮮不及矣。

——《周易・繫辭下》

釋文　道德卑下而地位尊崇，智慧不足而計畫太大，力量單薄而責任沉重，這樣的人，很少不失敗的。

點評

這幾條可謂經驗之談，管理者應慎重對待。

古之欲明明德於天下者，先治其國；欲治其國者，先齊其家；欲齊其家者，先修其身；欲修其身者，先正其心；欲正其心者，先誠其意；欲誠其意者，先致其知；致知在格物。物格而後知至，知至而後意誠，意誠而後心正，心正而後身修，身修而後家齊，家齊而後國治，國治而後天下平。自天子以至於庶人，壹是皆以修身爲本。其本亂而末治者，否矣。其所厚者薄，而其所薄者厚，未之有也。此謂知本，此謂知之至也。

——《禮記・大學》

釋文

古代想在全天下發揚光大高尚道德的人，先要把他的國家治理好；要治理好國家，先要管理好家庭；要管理好家庭，先要搞好自身修養；要搞好自身修養，先要端正思想原則；要端正思想原則，先要意念真誠；要意念真誠，先要獲取知識；獲取知識的途徑則是研究事物。研究事物就能獲取知識，有了知識就能意念真誠，意念真誠了思想才會端正，思想端正了自身修養就能提高，自身修養提高了就能管好家庭，家庭管好了才能治理好國家，國家治理好了全世界才能統一於高尚的道德之下。從國家統治者到普通老百姓，全都一樣要以個人修養作爲根本。自身修養低下而想治理好國家是不可能的。這就像待人厚而回報卻薄，或者待人薄而回報卻厚一樣，是不會有的。這就

是所謂懂得根本道理，是知識中最高的。

點評

本段強調的是個人修養，認爲個人修養是任何管理行爲的基礎或根本。儒家的管理四部曲是：修身、齊家、治國、平天下，其中修身是第一位的。但要搞好自身修養，則還有另外的四部曲：格物、致知、誠意、正心。有趣的是，《大學》認爲先要學習，然後才會有自身修養的誠意。高明的管理者能否從中領略到什麼呢？

敖不可長，欲不可從，志不可滿，樂不可極。

——《禮記・曲禮上》

釋文

驕傲不能讓其滋長，欲望不可以放縱，思想不可以自滿，娛樂不可以過分。

點評

這是管理者自我修養的一個較好的座右銘。

故君子力事日強，愿欲日逾，設壯日盛。君子之道也：貧則見廉，富則見義，生則見愛，死則見哀；四行者不可虛假，反之身者也。

——《墨子・修身》

釋文

所以君子勤勞於事，就會一天比一天強勁，志向一天比一天遠大，莊敬的品行一天比一天完善。君子之道應包括如下方面：貧窮時表現出廉潔，富足時表現出仁義，對生者表現出慈愛，對死者表示出哀痛。這四種品行不是可以裝出來的，而是必須自身具備的。

點評

這裡墨子強調的是君子修身的品行。墨子認爲只有君子才能勝任君王，所以這裡講的君子的修身，實質上講的是爲政者的道德品質修養。在這段話裡，墨子認爲，只有具備這些良好的品德修養，才會使得自己的志向日益遠大，力量日益強大。此處既點明了修身對於治國平天下的功利效應，也指出了修身所產生的必然結果。

然則何以知命之爲暴人之道？昔上世之窮民，貪於飲食，惰於從事，是以衣食之財不足，而飢寒凍餒之憂至；不知曰我罷不肖，從事不疾，必曰我命固且窮。昔上世暴王，不忍其耳目之淫，心塗之辟，不順其親戚，遂以亡失國家，傾覆社稷；不曰我罷不肖，爲政不善，必曰吾命固失之。

——《墨子・非命上》

釋文

然而怎麼知道「命定論」是欺騙人的道理呢？古時前代的窮人，對飲食很貪婪，而懶於勞動，因此衣食財物不足，而飢寒凍餓的憂慮就來了。不知道該說：「我疲憊無力，勞動不努力。」卻偏要說：「我命裡本來就要貧窮。」古時前代的暴君，不能忍住耳目的貪欲，心裡的邪僻，不聽從他的雙親，以至於國家滅亡，社稷杜絕。不知道該說：「我疲憊無力，管理不善。」卻偏要說：「我命裡本來就要亡國。」

點評

墨子堅持批判命定的謬論，認爲這種論調使人疏於治事，懶於勞作，容易放縱自己，走向墮落的一面，因此它是暴君、壞人爲自己尋找借口的依據。上面這段話裡墨子列舉了怠懶的窮人和凶殘的暴君的作爲和言行，論證了命定論是「暴人之道」。這對於統治者的自身修養和思想方法，具有警辟而勸誡的作用。

仕而優則學，學而優則仕。

——《論語・子張》

釋文

做官而有閒空就去學習，學習而成績優秀就去做官。

點評

這是卜商所說的一段話。這裡的「優」實際上有「悠閒」和「優秀」兩種解釋。如果理解爲做官做得好了，就再去學習，意思上可能更深一層。總之，做管理工作與學習是相當密切的關係的。

君子食無求飽，居無求安，敏於事而愼於言，就有道而正焉，可謂好學也已。

——《論語・學而》

釋文

高尚而有道德的人吃飯不求過於奢侈，居住不求過分安逸，做事勤勉，說話謹慎，接近道德高尚的人向他請教，這就是所謂的好學。

點評　這是孔子對做人行事道理的又一個宣言。孔子十分重視道德修養，將道德修養方面的學習也稱爲好學。這裡提出的有道德的人的主要要求包括：生活上不追求物質享受；工作上勤奮踏實，不夸夸其談；注意學習他人的好品德去修正自己的行爲。這些要求至今仍有重要的借鑒作用。

君子不重則不威，學則不固；主忠信，無友不如己者；過則勿憚改。

——《論語・學而》

釋文　君子不自重就沒有威信，學習就不能鞏固下來；要尊重別人，待人以忠誠和信任，不要同不如自己的人交朋友；有了過錯就不要怕改過。

點評　這一段講的是個人修養和待人處世應當遵循的原則。從內容上看，與美國心理學家馬斯洛「需求層次論」中的第三層次，即尊重需要有些不謀而合。馬斯洛的「尊重需要」也包括兩個方面：一是自我尊重；二是尊重別人。一個人，特別是管理者，首先應當自尊，樹立信心，建立自己的人格；同時也要尊重別人，看到朋友的長處，彌補自己的不足。此外，一旦有過錯，就要勇於改正，這樣才能成爲真正有學問、有威信的管理者。

放於利而行，多怨。

——《論語・里仁》

基於個人利害而爲人行事，必然多招致怨恨。

點評

孔子思想的核心是「仁」，當然，爲人處世做事也以仁作爲準則。他主張「君子之於天下也，……義之與比。」義是仁的用，這就是說，君子該做什麼，該如何做，均以義爲原則。而那種完全基於利害關係而行事，雖有可能得益於一時，但最終必將以眾人怨恨而告終。聯想到管理，利潤雖是企業追求的主要目標，但如因此而全然不顧社區關係和社會責任，僅追求一家之私利，最終也必然無法立足於世。

益者三樂，損者三樂。樂節禮樂，樂道人之善，樂多賢友，益矣；樂驕樂，樂佚游，樂宴樂，損矣。

——《論語・季氏》

釋文

三種樂趣對人是有益的，三種樂趣對人是有害的。樂於得到禮樂的調節，循道而行，樂於講別人的優點，樂於多結交賢達的朋友，對人是有益的；耽於驕奢淫逸的生活，耽於游蕩無度之中，耽於宴飲作樂，則是有害於人的。

這是一段關於品行和人生觀的論述，表達了孔子在這方面的觀點。人生如何才算快樂？孔子告誡說，以禮樂調節，多講別人好處、廣交好朋友爲樂，則對人有益；而以耽溺於驕橫奢華的生活、荒唐無稽的游蕩和酒食征逐之中爲樂，則有害於人。孔子兩千多年前的告誡，至今仍有價值。對於管理者，特別是身居高位的人如不務正業，整天沉溺於紙醉金迷的生活中，不僅有害於社會，最終也有害於自己。

夫子溫、良、恭、儉、讓以得之。

——《論語・學而》

釋文 孔夫子以溫和、善良、恭敬、節儉、謙讓的風度取得他所需的一切。

點評 這是孔子得意門生子貢回答其年輕的師弟子禽時說的話。子禽問子貢：「老師每到一個國家總要打聽別國的政治，他是想做官，還是想給人家提供一點有益的意見？」子貢並沒有正面回答，而是說了上面一段話，然後又說：「因此，即使老師是爲了求官做，也恐怕同一般人求官、求功名不一樣吧！」在中國，溫、良、恭、儉、讓一直被看作個人修養的最高要求，也是一個高尚的人能夠達到的境界。

學而時習之，不亦說乎！有朋自遠方來，不亦樂乎！人不知而不慍，不亦君子乎！

——《論語・學而》

釋文 學習並時時溫習、思考和體驗，不也很愉快嗎！有朋友自遠方來相聚，不也很快樂嗎！

不被人瞭解而不怨恨，不是高尚正直的人嗎？

點評

這一段主要是說學習應持有的態度，研究問題的方法，並告誡人們要謙虛謹慎。學問不僅來自認真學習和經常溫習，也來自於在實際中隨時思考和體驗，這就是「時習之」。有朋友遠道而來，大家各抒己見，相互切磋，必然在學問方面對自己有所裨益，這當然是件快樂的事。可見做學問並非只局限於閉門造車和獨自內省，相互交流也是很重要的。滿腹經綸，長期不為人知，但仍不怨天尤人，這種謙虛的品德當然是值得稱道的。但市場行銷中有句大家熟悉的話：「有了好產品而不做廣告，等於在黑暗中向情人送秋波。」這就要不得了。可見，在商品經濟條件下，推銷和傳播是十分重要的，當然也包括自我推銷。

質勝文則野，文勝質則史。文質彬彬，然後君子。

——《論語・雍也》

釋文

質樸超過了文飾就顯得粗野，文飾超過了質樸就近於浮華。文飾與質樸配合協調，那才算是君子。

點評

孔丘在這裡提出了人的自然本性與社會角色的協調問題，也是人擺脫純樸而提高文化修養的問題，但文化修養仍需要純樸敦厚的自然本性作為基礎。文飾過分給人的感覺只是華而不實。

政者，正也。子帥以正，孰敢不正？

——《論語・顏淵》

釋文 什麼是政治？那就是正直、正氣、公正。你領導人以正作表率，誰還敢不正呢？

點評 「正」的含義很豐富，釋文中僅略舉幾種。享有管理權力的如果能正直無私、正氣凜然，整個組織就會有同樣的組織精神。這段話既談到了管理者的個人修養，同時也涉及到了組織文化、組織精神的確立，別有一種深意。

其身正，不令而行。其身不正，雖令不從。

——《論語・子路》

釋文 領導人品行端正，不用命令就能管理好。領導人品行不端正，即使使用命令也不能讓群眾都聽從。

點評 這是強調管理者自身修養的一段話。管理者的自身修養與管理的好壞有著直接的聯繫。但「不令而行」，則略有誇張了。

不患人之不己知，患不知人也。

——《論語・學而》

釋文 不要擔心別人不瞭解自己，擔心的是自己不瞭解別人。

點評 人是社會的人，渴求同類的認同和感情、思想的交流乃人的社會性使然。但實際上人們是如何相互瞭解的呢？抱著理解別人的心態與人交往也許同時就實現了別人對自己的理解吧！人性是相通的。當人們同處一個組織中，管理者的工作之一是使其相互溝通、和諧相處。既然人性相通，你何不啓發人們從別人身上去感覺自我，認識自我，最終達到對集體成員的認同呢？

子欲善，而民善矣！君子之德風，小人之德草。草上之風必偃。

——《論語・顏淵》

釋文 你追求「善」，人民群眾就會向善。領導人的人品道德像風，普通群眾的人品道德像草。草遇到風必然隨風而倒。

點評 領導者、管理者的道德行為對被領導者、被管理者有很大影響。所謂「以身作則」，常是管理行為中的一著高招。

好仁不好學，其蔽也愚。好知不好學，其蔽也蕩。好信不好學，其蔽也賊。好直不好學，其蔽也絞。好勇不好學，其蔽也亂。好剛不好學，其蔽也狂。

——《論語・陽貨》

釋文

偏愛仁義而不愛學習，弊病在於愚蠢。偏愛耍弄聰明而不愛學習，弊病在於無所適從。偏愛信用而不愛學習，弊病在於害自己。偏愛直爽而不愛學習，弊病在於急躁。偏愛勇敢而不愛學習，弊病在於搞亂事情。偏愛剛強而不愛學習，弊病在於狂妄。

點評

孔子所謂「學」，其實有研究學問之意。「學」是個人修養的根本。否則，任何好品德也都會走向反面。

老吾老，以及人之老；幼吾幼，以及人之幼，天下可運於掌。

——《孟子・梁惠王上》

釋文

尊重自己家的老人，以及別的老人；愛護自己的孩子，以及別人的孩子，這樣，普天下就可以把握在手心裡。

點評

孟子此處講的似是做人的道德，但孟子認爲，能做到這些，就能管理天下。這似乎就是所謂德治。中國古代管理思想常有些在管理程序之外的創見。本段也可理解爲藉由對人的關心而達到成功管理的舉措，它顯然是有效的。

富貴不能淫，貧賤不能移，威武不能屈。

——《孟子・滕文公下》

釋文

不受富貴誘惑，不因貧賤而改變志向，不對強力屈服。

點評

這是頗具影響力的名言。孟子稱具此三者並行天下大道的人爲大丈夫。管理者及一般人如能做到這點，在修養上也屬上乘了。

得道者多助，失道者寡助。寡助之至，親戚畔之；多助之至，天下順之。以天下之所順，攻親戚之所畔。故君子有不戰，戰必勝矣。

——《孟子・公孫丑下》

釋文

掌握道義的人會獲得更多的幫助，丟失道義的人獲得的幫助少。幫助少到極點時，連親戚都會背叛他；幫助多到極點時，普天下都會順和他。用天下順和的人去攻親戚都叛變的人，因此，君子要麼不戰，戰則必勝。

點評

「道」的解釋很多，這裡主要指道德、正義。即使在激烈的商戰中，基本的職業道德，仍然應當遵守。這裡也有一個小利與大利的關係問題。遵守道德準備表現出較高的道德修養，可能會暫時地失去某些商業利益。但從長遠來看，由於商業信譽的確立，經營利潤的未來增長是極爲可觀的。

人必自侮，然後人侮之；家必自毀，而後人毀之；國必自伐，而後人伐之。太甲曰：天作孽，猶可違；自作孽，不可活，此之謂也。

——《孟子・離婁上》

釋文

一個人，必定是自己先看低自己，然後別人才會跟著欺侮他；必定是有毀壞自己家的行爲，然後別人才出來毀壞他；同樣道理，一國必定先出現自取討伐的原因，然後才會有別的國家來討伐。《尚書・太甲》上講：天降的災難還可以逃開，自己造成的罪孽，就不可能逃脫了。

點評

管理者一旦管理失效，千萬不要急著埋怨手下，先要想想自己有些什麼過失，以防「自作孽，不可活」。

先義而後利者榮，先利而後義者辱。榮者常通，辱者常窮。通者常制人，窮者常制於人。是榮辱之大分也。

——《荀子・榮辱》

釋文

正義在先而私利在後的人是光榮的；私利在先而正義在後的人是恥辱的。光榮的人辦事常能達到目的；恥辱的人辦事常達不到目的。經常很順利地辦事的人就能管理別人；辦事常很不順利的人就常受別人管理。這就是光榮和恥辱的最大分別。

點評

人們獲得榮譽和恥辱的途徑不同，因而產生的結果也就截然不同。在追利求富的過程中，只有把正義放在首位，才能達到致富光榮的目的。

君子居必擇鄉，游必就士，所以防邪僻而近中正也。

——《荀子・勸學》

釋文

君子定居時一定要選擇好地方，外出交遊一定要和有道德、有學問的人結伴，這樣就能夠防止自己受邪惡乖僻之人的影響，而逐漸接近「禮」、「仁」之道。

點評

古人說，近朱者赤，近墨者黑。這段話再次強調了在自我修養中交友的重要性。讀書要讀名著，聽音樂要聽名典，交朋友要交那些成功的人士、正直的人士。成功的管理者依靠個人的努力是遠遠不夠的。他需要有一些能對他事業給予有益幫助的朋友。正像人們常說的那樣，一個成功管理者要永遠追求卓越，要成爲一個「成功團體中的明星」。

莫若好同之，援賢博施，除怨而無妨害人。能耐任之，則慎行此道也；能而不耐任，且恐失寵，則莫若早同之，推賢讓能，而安隨其後。

——《荀子．仲尼》

釋文

最好是善於跟人合作，推舉賢人，廣施恩惠，消除怨恨而又不妨害別人。有能力能夠勝任，就謹慎地使用上述方法。如果自己的能力不能夠勝任，又擔心會失寵，最好及早地與人合作，推舉賢人，讓位給有才能的人，自己心甘情願地跟隨在他的後面。

點評

荀子再次指出了如何妥善保住高的職位，掌握重要的權力，同時又能避免後患的方法。首先，管理者要能正確認識到自己的能力，以及自己所能承擔的責任，對於力所不能及的職責，要能夠婉拒和回避。在和其他管理人員的關係處理上，要留有回旋餘地，避免極端傾向。同時，應積極推薦具有較大潛力的新秀，能夠推薦成功的新人，也從一個側面反映出此管理者具備的卓越素質。

君子易知而難狎，易懼而難脅，畏患而不避義死，欲利而不為所非，交親而不比，言辯而不辭。蕩蕩乎！其有以殊於世也。

——《荀子・不苟》

釋文

君子容易交往卻不容易褻瀆，小心警惕但絕不屈服於脅迫，懼怕災禍卻不逃避為正義而死，想得到利益但不做不應該做的事，與人相交親近卻不結黨營私，言語雄辯卻不混亂，胸襟開闊，不同於一般世俗之人。

點評

荀子認為，君子的一言一行都要符合禮義規範。君子具備「真誠」、「守仁」、「行義」的美德。荀子這種思想在當今現代社會也有其重要的現實意義，從某種廣泛的意義上而言，一個成功的管理者在自身道德、情操方面必須是一個高尚的人，要具有偉大的人格，這種人格力量能幫助管理者樹立威信，能帶動下屬自願地為共同事業而奮鬥，它遠遠勝於空洞的說教和一味的物質誘惑。

君子，小人之反也。君子大心則敬天而道，小心則畏義而節；知則明通而類，愚則端慤而法；見由則恭而止，見閉則敬而齊；喜則和而治，憂則靜而理；通則文而明，窮則約而詳。

——《荀子・不苟》

釋文

君子與小人相反，君子志向遠大就敬重天並遵循天道，沒有遠大志向就敬畏禮義並節制其行為，用智思慮就精明通達並觸類旁通，即使智慮愚鈍也能誠實忠厚並遵禮守法；當他被重用時，能處事謙恭而不輕舉妄動；不被重用時，也能肅敬莊重；高興時和顏悅色地整飭，憂鬱時靜靜地守理；地位顯達時用明白而有文采的話說明道理，處境窮困時就用簡約含蓄的話闡述道理。

點評

君子在不同情況下，都能恪守自己的做人原則，上面這段話使我們看到了一個君子高尚的形象。小人卻又是如何呢？志向遠大就傲慢且凶暴，沒有抱負就奸邪傾軋；智慮所及就是盜竊欺詐，智慮愚鈍更是胡作非為，狠毒陷害別人；被重用時對上逢迎巴結，對下就傲慢無禮，不被重用時就滿心怨恨做壞事；高興時就輕浮不莊重，憂鬱時就垂頭喪氣，膽小害怕；地位顯達時就驕傲偏激，處境窮困時就自暴自棄志趣卑下。管理的一項重要職能就是協調，在處理與周圍人際關係的過程中，管理者應認真對照這兩段話，每個人都要懂得這樣一個道理：無論是顯達還是困窘，君子都能進步，小人都會墮落。

自知者不怨人，知命者不怨天。怨人者窮，怨天者無志。失之己，反之人，豈不迂乎哉！

——《荀子・榮辱》

釋文

有自知之明的人不埋怨別人，認識命運的人不埋怨上天。埋怨別人的人沒有前途，埋怨上天的人沒有志氣。自己有了過失，卻在別人身上找原因，難道不是不通情理嗎？

點評

人貴有自知之明，難也在自知之明，貴在自勝自強，難也在自勝自強。人不僅能認識和掌握自己的命運，而且還能征服與改造自然。

木受繩則直，金就礪則利，君子博學而日參省乎己，則知明而行無過矣。

——《荀子・勸學》

釋文

木材經過整治就能變直，金屬經過磨礪就可變得鋒利。君子如果具有淵博的學問，且能時常反省、考察自己的言行，他就會越來越聰明，並在行動上不犯錯誤。

點評

以上言論其主旨在於強調學習對人的重要意義。對於管理者而言，良好的自我修養十分重要。良好的學習基礎和合理的知識結構是一個成功管理者的必要條件。根據科學技術的發展、市場激烈競爭的要求，不斷地學習、完善自己，是十分重要的。

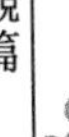

快快而亡者，怒也；察察而殘者，忮也；博而窮者，訾也；清之而俞濁者，口也；豢之而俞瘠者，交也；辯而不說者，爭也；直立而不見知者，勝也；廉而不見貴者，劌也；勇而不見憚者，貪也；信而不見敬者，好剸行也。此小人之所務，而君子之所不爲也。

——《荀子・榮辱》

釋文

求一時的痛快而導致死亡的，是一時的憤怒所致；精明而遭人殘害，是因爲自己剛愎自用，不聽從他人所致；知識淵博而處境窮困，是由於詆毀別人的緣故；想要得到好名聲結果名聲更壞，是由於言過其實言行不一造成的；用酒肉交朋友結果其交情更淡薄，是因爲結交朋友的原則不對；善辯而不能說服別人，是因爲好與人爭論的緣故；行爲正直而得不到別人的稱讚，是由於好勝造成的；品行端正而得不到別人尊重，是由於傷害了別人的情感所造成的；勇敢而不爲人所畏懼，是由於自己好貪自私的結果；守信用而不被人尊敬，是由於自己獨斷專行造成的。這些都是小人的所作所爲，君子是不會這樣的。

點評

以上論述反映了荀子的榮辱觀。荀子認爲人人都喜愛榮耀而憎惡恥辱。但是只是遵循禮法、重視師教、力行仁義道德的人，才能夠獲得尊貴、榮耀；否則，必將得到卑賤、恥辱。管理者要避免傷害別人的兩大禍患——傲慢和輕佻。所以，說人好話，比給人布帛更使人感到溫暖；用惡語傷人，比用矛戟刺別人更厲害。管理者既要維護自己的榮譽，又要尊重與自己交往的人的感情。廉恥之心，人皆有之，在這個方面，是人人平等的。

君子寬而不僈，廉而不劌，辯而不爭，察而不激，寡立而不勝，堅強而不暴，柔從而不流，恭敬謹慎而容，夫是之謂至文。

——《荀子・不苟》

釋文

君子心胸寬廣卻不怠慢他人，有原則卻不傷害他人，善於雄辯卻不與人爭吵，明察事理而不偏激，品行正直卻不盛氣凌人，堅定剛強卻不凶暴，柔順溫和卻不隨波逐流，恭敬謹慎並能寬容大度，這樣就叫做德行完備。

點評

這段話具體描述了荀子心目中的君子所應具備的性情，特別是在與人交往時應表現的素質。「嚴以律己，寬以待人」、「得理讓人」、「退一步海闊天空」，這些影響中華民族幾千年的格言都和荀子的思想一脈相承。

公生明，偏生暗，端慤生通，詐僞生塞，誠信生神，夸誕生惑。此六生者，君子愼之，而禹、桀所以分也。

——《荀子・不苟》

釋文

公正產生明察，偏見產生暗昧，誠實忠厚產生通達，欺詐虛僞產生障礙，真誠可信產生神明，虛誇妄誕產生惑亂。這六種情況產生的結果，君子必須謹慎地對待，這就是禹之所以成爲聖王，桀之所以成爲暴君的原因。

點評

擁有權力和威勢的高高在上的人，能否公正地看待、評價事物，能否以坦誠與別人溝通，能否以忠實贏得別人信任，是區分成功與失敗的分水嶺。這在行政管理中尤爲重要。

智術之士，必遠見而明察，不明察，不能燭私；能法之士，必強毅而勁直，不勁直，不能矯奸。

——《韓非子・孤憤》

釋文

通曉管理策略的人，必定有遠見卓識並明察秋毫，不明察秋毫，就無法發現壞人的秘密；能以法制管理國家的人，必定堅定果斷，執法剛直，執法不剛直，就不能矯正奸邪行爲。

點評

如果說，懂得管理策略稱爲智的話，那麼能用法制管理國家就應該稱爲勇，智勇雙全，勝敵不難，有勇無智則不能有遠見，有智無勇則無法矯奸。智勇雙全的人正是我們在實踐中所需要的管理人才。

羿之道，非射也；造父之術，非馭也；奚仲之巧，非斫削也。召遠者使無為焉，親近者言無事焉，唯夜行者獨有也。

——《管子・形勢》

釋文

后羿射箭的功夫，不在射箭動作的表面；造父駕車的技術，不在駕車動作的表面；奚仲的巧妙，也不在木材的砍削上。招徠遠方的人，單靠使者是沒有用的；親撫近處的人，光說空話也無濟於事。只有行德而不張揚的道德高尚的人，才能夠獨有的。

點評

本段指出了作為領導者的自身修養和道德的重要性。要成為一位真正有號召力的領導，只憑表面的一套是不夠的，只有真正功德善行，才是為領導者的關鍵。

昔者先聖王成其身而天下成，治其身而天下治。故善響者不於響於聲，善影者不於影於形，為天下者不於天下於身。

——《呂氏春秋・先己》

釋文

古代聖明的國家管理者，首先完成自身的修養，然後管理好國家，自身治理好了，國家才能管理好。所以，要使迴響的聲音好，不在於回聲，而在於改善產生回聲的聲音；要使影子好，不在於影子，而在於改善產生影子的形體；管理國家的，不只致力於國家，首先應完善自身的修養。

點評

凡事要從本質著手，才能達到目的，國家管理者的根本在於加強自身的修養，否則已

不正則不能正人。

庖人調和而弗敢食，故可以為庖。若使庖人調和而食之，則不可以為庖矣。王伯之君亦然，誅暴而不私，以封天下之賢者，故可以為王伯；若使王伯之君誅暴而私之，則亦不可以為王伯矣。

——《呂氏春秋・去私》

釋文

廚師調和五味卻不敢偷吃，才可以當廚師。如果讓廚師做飯卻偷嘴，就不可以用他做廚師了。稱王稱霸的君王也是這個道理。誅殺殘暴之人而不徇私情，而分封天下的賢明之人，那就可以為王為霸；如果為王為霸的君王本應誅殺暴虐之人卻徇私不殺，就不可以為王為霸了。

點評

《去私》篇反映了「損人自利就是眾害之源」的思想。客觀存在的事物總是按照一定的規律存在、運動。管理者的工作也是有一定規律可循的，不可因一己之私去破壞它，違背它。最突出的一點就表現在選拔、任用人才上，舉薦人才不因是仇人而埋沒他，也不要因他是親戚朋友而回避他。

忠臣亦然，苟便於主利於國，無敢辭違，殺身出生以徇之。國有士若此，則可謂有人矣。若此人者固難得，其患雖得之有不智。

——《呂氏春秋・忠廉》

釋文　所謂忠誠的臣子，就是這樣的人：只要有利於國家的事，決不會推辭不幹，即使是犧牲生命也在所不惜。一個國家如果有這樣的人才，就可以稱得上有人了。像這樣的人才固然很難得到，但國家之患在於即使得到這種人才又不知道。

點評　管理國家之本在於得到人才，但得賢必須知賢、用賢。得而知其長，知而充分信用之，這樣才算是真正得人了。

知慮不躁達於變，身行寬惠達於禮，威嚴不足以易於位，重利不足以變其心，恭於教而不快，和於下而不危。

——《戰國策・趙策二》

釋文　有智謀不急躁而通曉事物的變化，自身行為寬厚仁慈明白禮儀，威嚴不能改變他按照職位行使權力，重利不能改變他的心意，對於教化恭敬而不放縱，對屬下和藹而不虛僞。

點評　趙武靈王看重周紹的人品才學，要立他為王子的輔佐之官，周紹自覺難以勝任，提出以上作為合格的「王子之傅」所應具備的六條標準。從上述六條標準來看，重在通事理，明禮儀，恭謹教化，寬厚待人；強調機智而不急不躁，在位而不濫施權威，重利而不消磨意志。可見其核心是「仁德」，這往往是古代君子的修身標準，也常用來勸誡統治者注重自身的品德陶冶。

夫貴不與富期，而富至；富不與粱肉期，而粱肉至；粱肉不與驕奢期，而驕奢至；驕奢不與死亡期，而死亡至。累世以前，坐此者多矣。

——《戰國策・趙策三》

釋文

尊貴的人不跟財富相約，而財富自然到來；財富不跟精美的食物相約，而精美的食物自然到來，精美的食物不跟驕傲奢侈相約，而驕傲奢侈自然到來；驕傲奢侈不跟死亡相約，而死亡自然到來。數世以前，犯這種毛病的人很多。

點評

這是趙平原君對平陽君所說的話，引用了魏公子牟勸誡應侯的言辭。在這段話裡，公子牟用通俗形象的語言揭示了尊貴、財富、美食、驕奢、死亡之間蘊藏的一種自然的內在聯繫。處位尊貴，自然財富豐富，於是容易滋生貪圖享樂的念頭，容易產生驕傲奢侈的作風，結果往往身敗名裂。由此也從反面說明，在位者要注重自身的思想道德修養，警惕沉溺於享樂之中以遭致禍患。公子牟指出「累世以前，坐此者多矣」，可見要做到這一點並不容易。

大器其猶規矩準繩乎？先自治而後治人，之謂大器。

——揚雄《揚子法言・先知篇》

釋文

最好的管理方法難道還是規矩準繩一類的東西嗎？先管好自己，然後再去管別人，這才是最好的管理方法。

點評

孔子認爲管仲治理齊國的成就與方法是「小器」。揚雄接孔子的話解釋「大器」是「先自治而後治人」。這自然是他的一孔之見。但管理者應當使自己的品德行爲處於較高的境界，這樣，管理會變得更加有效。

善治外者，物未必治，而身交苦；善治內者，物未必亂，而性交逸。

——《列子・楊朱》

釋文

善於治理外物的，外物未必能夠治理好，而自己的身心卻跟著受苦；善於治理內心的，外物未必混亂，而自己的性情卻能獲得安逸。

點評

此言與道家「無爲而治」的思想頗爲類似。其實，「治內」與「治外」就是統一的。外物確有其不以人的意志爲轉移的客觀規律，而人則有其認識外物的能力。將治內與治外相對立，試圖否定人的能力，可能會獲得一些因屢遭挫折而心灰意冷者的認同。但現代管理則要求充分重視人的主觀能動性的發揮。《楊朱》所言將人視爲社會、自然界中的一個孤立的存在物，與現代管理思想是迥異其趣的。依其說而聽之，「性交逸」也無從談起，最終只能形成一種孤僻的人格。但此處強調對管理者個人心理、思想、道德、內在情操等方面的治理，則是具有普遍意義的。

安徐而靜，柔節先定，善與而不爭，虛心平志，待物以正。

——《六韜・文韜・大禮》

釋文

安詳、徐緩，以達到寧靜的境界，先要定下柔順的節律。善於幫助他人而不願與人爭鋒，以謙和之心表達自己的志向，對待事物要公正。

點評

中國古代的名人諸葛亮曾經這樣教育他的兒子，「非淡泊無以明志，非寧靜無以致遠」，充分表現了這位中國古代最成功的戰略家的待人接物的準則。中國傳統文化講究為人要淡泊、寧靜，接物要有耐心，要避免欲速則不達。在中國從事管理工作，要充分認識幾千年文化傳統對社會的深刻影響，對己要安徐而靜，待人要善與而不爭。如果一味地心急氣短，不僅不能達到一貫為人推崇的「不戰而屈人之兵」的境界，而且更可能適得其反。

仁之法在愛人不在愛我，義之法在正我不在正人。

——董仲舒《春秋繁露・仁義法》

仁德的原則在於愛別人不在於愛自己，行義的原則在於使自己正而不在於使別人正。

「仁」、「義」二字之所以備受推崇，原因非常簡單：它們充分表現了一般大眾對領導者的希望和要求。愛人甚於愛己，正人先必正己，如此才能樹立威信，如此才能贏得尊敬，如此才能深受民眾愛戴。而一位民心所向的領導者，又怎能不指揮若定，揮斥方遒，勝券在握呢？嚴於律己，寬於待人者，仁義也。

吾治生產，猶伊尹、呂尚之謀，孫、吳用兵，商鞅行法是也。是故其智不足與權變，勇不足以決斷，仁不能以取予，強不能有所守，雖欲學吾術，終不告之矣。

——《史記‧貨殖列傳》

釋文

我處理生產經營，就像伊尹、呂尙那樣謀劃，像孫武、吳起那樣指揮、行動，像商鞅那樣執行規章。因此，對於那些缺乏智慧不能隨機應變的人，那些沒有勇敢不能決斷的人，那些仁德不夠難以付出讓人獲益的人，那些不夠堅強而難以堅持的人，雖然想學我的本領，也絕不會傳授給他。

這是前秦時期著名的經營管理專家、大商人白圭的言論。這段話講到了對高級經營管理者的基本要求。經營管理需要預測、決策、計畫，需要指揮、控制、協調，需要嚴格的內部管理制度及其嚴格執行。因此，高級管理者應該智、勇、仁、強，才能適應這項任務。白圭的說法，確有發人深思之處。

君無覆軍殺將之功，而封以東武城。趙國豪傑之士，多在君之右，而君爲國相者以親故。夫君封以東武城不讓無功，佩趙國相印不辭無能，一解國患，欲求益地，是親戚受封，而國人計功也。爲君計者，不如勿受便。

——《戰國策・趙策三》

釋文

您沒有殺敵斬將的功勞，而趙王把東武城封給您。趙國的英雄豪傑，才能都在您之上，然而您卻因爲是趙王親屬的緣故做了相國。您接受東武城封地沒有功勞不謙讓，佩戴趙國相印沒有才能不推辭，一旦爲國家解除患難，就想要追加封地，這是以親戚的身分無功受封，而且以國人的身分計功受賞，我替您考慮，不如不接受合適。

點評

秦國攻趙，平原君派人向魏國求救，魏信陵君發兵而秦軍退。趙孝成王認爲平原君有功要給他增加封地，平原君的門客公孫龍勸平原君不要接受加封，說了上面這番話。這段話涉及到君王如何處理王室成員和一般臣子的功賞問題，公孫龍的看法顯然是合理的。作爲王室成員，由於與君王的特殊關係，往往是位在尊貴而無所建勳，是真正的無功受祿，因此若有機會爲國家排難解憂，理所當然。要是王室成員都「親戚受封，而國人計功」，這屬於獎賞不明，不但不利於他們自身地位的穩固，也不利於調動一般文武大臣的積極性，這確實值得統治者引以爲戒。

能薄飲食，忍嗜欲，節衣服，與用事僮僕同苦樂，趨時若猛獸摯鳥之發。

——《史記．貨殖列傳》

釋文

管理者應能食用簡單的飯菜，克制自己的嗜好欲望，穿著簡樸的衣服，並且能夠與僕役同甘共苦，而在經營活動中，又能夠像猛獸、猛禽捕食一樣，抓住時機，勇猛果斷。

點評

以上說的是指白圭的行爲特點，也可作爲一般管理者的素質要求，創大業者尤其需要如此，但不要把這一要求與適當的社交活動對立起來。

大足以容眾，德足以懷遠。

——《淮南子．泰族訓》

釋文

胸懷寬廣足以容納萬物；施行德政，足以使偏遠地方的人都來親附。

點評

林則徐曾用一副對聯作爲他的座右銘：「海納百川有容乃大，壁立千仞無欲則剛。」作爲一位英明而有見識的大臣，林則徐顯然已經明白了仁政治國的主導思想。俗話說「將心比心」，又說「好心有好報」，也就是指「德足以懷遠」。最愚蠢的君王才會藉由苛政來壓制人民，也只有最愚蠢的管理人員才會死摳條款，明智者避之猶恐不及。

心欲小而志欲大，智欲員而行欲方，能欲多而事欲鮮。

——《淮南子・主術訓》

釋文

辦事要謹慎小心，但志向要遠大；考慮問題要靈活周到，但行爲要秉公端正；才能要多，工作卻不必要攬得太多。

點評

鴻鵠自然有一般燕雀所無法理解的遠大志向、無法表現的大家風範，以及無法擁有的各種才能。可是，鴻鵠所擁有的並不意味著它因此就能在世界上比燕雀活得順當、快樂，因爲還有很多細節問題需要它認真考慮。這裡所言的既是修身的原則，又是處事的方法。

於善也，無小而不舉；其於過也，無微而不改。

——《淮南子・主術訓》

釋文

只要別人有長處，即使很小也要加以舉用；對於自己的過錯，即使微不足道也要糾正。

點評

老百姓都希望領導能「嚴於律己，寬以待人」，但在實際生活中，又實在有些矛盾，哪一位能甘願自己住茅屋而看他人住高樓；又有哪一位能眼睜睜地看著自己的親戚朋友蹲監獄而不心急如焚——雖然他們的確犯了錯誤。明智的領導者在這種時候一定會堅持原則，棄人情而不顧。

博學切問，所以廣知；高行微言，所以修身；恭儉博約，所以自守；深計遠慮，所以不窮。

——《素書・求人之志》

釋文

多方面學習，切實求教，所以能知識廣博；行爲高尙，言語精深，所以能有良好修養；恭敬、節儉、通達、約束，所以能自己保持操守；作深遠的計畫、思考，所以不至於走投無路。

點評

這段話是對管理者的個人要求。管理者的成就與其知識、行爲、語言、謀慮等關係極大。高明的管理者不僅深謀遠慮，而且謙虛、好學、行爲高尙、內涵豐富。所有這一切都可以從這段名言得到啓發。

釋己而教人者逆；正己而化人者順。逆者難從，順者易行。難從則亂，易行則理。如此理身理家理國，可也。

——《素書・安禮》

釋文

放縱自己而卻要教育別人，這是違背事物本性的；先端正自己而後再感化別人，則順應了事物發展。違背事物本性的行爲難以使人服從，順應事物變化的行爲則容易開展。難以使人服從就會亂，事情容易開展就能得到治理。像這樣來治理自身、治理家庭、

治理國家，當然是可行的。

點評

這段話強調了管理者律己的重要性。正己然後教人，管理就易於開展。反之，麻煩就大了。

至於運徙勢去，猶不覺悟者，豈非富貴生不仁，沉溺致愚疾邪？存亡以之迭代，政亂從此周復，天道常然之大數也。

——仲長統《昌言・理亂》

釋文

至於那些直到天命改易，權勢消亡，仍然不覺悟的君王，難道不是富貴的環境讓他們養成不仁之心，沉迷不悟導致他們產生愚病嗎？國家的存與亡，因此相互交替出現，政治的治亂，由此周而復始，這是天命常常所呈現的規律啊！

點評

在《理亂》篇裡，仲長統集中論述了新王朝建立，後繼君王享樂，天下由治及亂，最終消亡的過程；指出了國家興亡，王朝更迭，周而復始的歷史演變規律；強調後繼君王腐敗而不能持守是導致失政亡國的根本原因，可說是見解精闢，寓意深刻。「創業與守成孰難？」這是後世封建統治者為維護其統治，從歷代王朝更迭中總結出來的一個帶有普遍意義的問題。歷史證明，難就難在後繼君王生來養尊處優，不知創業之艱難，不懂勤勉為政之重要，一味貪圖享受，導致失政亡國。於此可見，治國安民的前提取決於爲政者的思想道德修養，所以在中國古代管理思想體系中，爲政之德占有重要位置。

立德之本，莫尚乎正心。心正而後身正；身正而後左右正；左右正而後朝廷正；朝廷正而後國家正。

——傅玄《傅子・正心》

釋文

建立德治的根本點，沒有能高過端正思想的。思想端正了而後才能行爲端正；行爲端正了而後左右大臣才能正直；主要大臣正直無私，朝廷才會正氣抬頭；朝廷正氣抬頭，整個國家也就走上了正規。

點評

這裡強調的是控制先從自身思想做起，顯然與管理者個人修養有關。這段話中也隱含著目標控制的原理。只不過這裡所述的目標是「正」，而「正」的主要內涵是正直、正義。

高而能下，滿而能虛，富而能儉，貴而能卑，智而能愚，勇而能怯，辯而能訥，博而能淺，明而能暗，是謂損而不極。能行此道，唯至德者及之。

——劉向《説苑・敬慎》

釋文

身居高位卻能夠到群眾中去，多才多藝卻仍能保持謙虛的態度，生活富裕卻仍能節儉，身處顯貴卻能像卑微的人一樣生活，聰明卻能像愚笨的人一樣處世，勇敢但卻能像膽

小的人那樣行事，善於辭辯而不輕易出言，見識廣博而不捨棄淺顯的道理，英明但有時能糊塗一下，這就是所謂的退一步而不退到盡頭。能做到這點的，只有道德操行至善至美的人。

點評

本段講述的是適當退讓的重要性。作者極力強調條件優越的人應該能自動有所謙退，甚至認爲只有道德完滿的人才能做到這點。這對於管理人員來說是必不可少的品質，只有自覺地時時有所退讓，才能避免極端處事，而極端的態度，正是管理中的大忌。

學問不倦，所以治己也；教誨不厭，所以治人也；所以貴虛無者，得以應變而合時也。

——劉向《說苑・談叢》

釋文

不倦的學習、提問用來提高個人的修養；不厭的教導用來幫助別人提高修養；以虛無爲貴，才能根據時代的要求應變自如。

點評

以上說的是如何不斷提高修養，如何能適應不斷變化的客觀環境的問題，作者提出的可行方法就是保持謙虛，不斷學習。由此及彼可以認爲，管理者如要不斷提高自身各方面的素質，也必須保持謙虛，這樣才能隨時學習、借鑒別人別處的優點，以最積極的態度來迎接外界的變化，從而立於不敗之地。

雖有其才而無其志，亦不能興其功也。志者學之師也，才者學之徒也。學者不患才之不贍，而患志之不立。是以爲之者億兆，而成之者無幾。故君子必立其志。

——徐幹《中論・治學》

釋文

雖然有才能但沒有遠大的志向，是不能成就事業的。遠大的志向是學習的動力，而才能則是學習的成果。有志成功之士，不擔憂才能不出眾，而應擔憂沒有樹立遠大的志向。這正是真正的原因，爲什麼許許多多的人在追求成果，而成功者卻寥寥無幾。所以想成就事業的人一定要首先樹立遠大志向。

點評

要成就一番事業，首先要樹立遠大的理想，其次要勤奮不懈地學習。要想成爲一位成功的管理者，首先要樹立使自己的企業成爲明星企業的志向，再進行周密的計畫，付之實施。《治學》一文強調指出了立志的重要性。從中，每一位管理者或有志從事管理工作的人士，都應反思一下自己的目標何在。一個人的理想越遠大，他所取得的成就就會越大。

以銅爲鏡，可以正衣冠；以古爲鏡，可以知興替；以人爲鏡，可以明得失。朕常保此三鏡，以防己過。

——李世民，見吳兢《貞觀政要・任賢》

釋文

用銅做鏡子，可以對鏡整理衣帽；以歷史作爲鏡子，可以知國家興亡、社會變化；以別人作爲鏡子，可以瞭解自己行爲的得失。我經常保存、使用這三面鏡子，以防止自己出現過失。

點評

這是唐太宗在魏徵死後說的話，認爲自己失去了一面鏡子，爲此還流了眼淚。這三面鏡子對於高層管理者尤爲重要。當然，未必要像唐太宗那樣只把某個人當作鏡子。

嗜欲喜怒之情，賢愚皆同。賢者能節之，不使過度；愚者縱之，多至失所。

——魏徵，見吳兢《貞觀政要・論慎終》

釋文

嗜欲喜怒的情感，賢明的人和愚昧的人都是一樣的。賢明的人能夠節制感情，不讓它超過限度，愚昧的人放縱感情，大多到了失去控制的程度。

點評

這是貞觀十六年魏徵應答唐太宗時所說的一段話。從普遍的人性看，每個人都有自己的欲望，都有喜怒哀樂的情感，但是不同修養的人對於這些欲望與情感的處理方式是不同的。作爲一名優秀的領導人員，必須有意識地控制這些欲望與情感，保持清醒的頭腦，在任何情況下都能冷靜地作出正確的決策。

己雖有能，不自矜大，仍就不能之人，求訪能事。己之才藝雖多，猶以爲少，仍就寡少

之人，更求所益。己之雖有，其狀若無；己之雖實，其容若虛。

——孔穎達，見吳兢《貞觀政要・論謙讓》

釋文 自己雖然有才能，不自誇自大，仍然去向沒有才能的人請教他所懂得的事情。自己雖然多才多藝，還是覺得不足，仍然去向知識少的人請教，進一步求得補益。自己雖然有才能，那樣子像沒有才能一樣；自己雖然知識豐富，那態度像沒有知識一樣。

點評 這是孔穎達應對唐太宗問《論語》時所說的一段話。領導者不僅應該不斷地加強自己在知識、道德方面的修養，而且應該做到虛懷若谷，不恥下問。如果領導者依仗所處的地位，炫耀自己的聰明，必然會導致掩飾過失，拒絕意見，從而使上下的溝通隔絕。

見善思齊，足以揚名不朽；聞惡能改，庶得免乎大過。從善則有譽，改過則無咎。興亡是繫，可不勉歟？

——魏徵，見吳兢《貞觀政要・教戒太子諸王》

釋文 見到賢能的人，就希望自己也能達到那樣的修養，則能夠揚名不朽；知道錯失能改，則能夠避免大的過失。接受別人的好意見就會得到讚譽，能改過就沒有災禍。這關係到國家興亡，能不自勉嗎？

點評 這是魏徵《自古諸侯五善惡錄》序中的一段話，闡述了改過從善的重要性。作爲一名

領導者，應該做到「見善思齊」、「聞惡能改」，避免剛愎自用、一意孤行，以至犯下不可彌補的過錯。

古人云：「君猶器也，人猶水也，方圓在於器，不在於水」。故堯、舜率天下以仁，而人從之，桀、紂率天下以暴，而人從之。下之所行，皆從上之所好。

——李世民，見吳兢《貞觀政要・慎所好》

釋文

古人說：「國君好比是容器，百姓好比是水；水的形狀決定於裝它的容器，不決定於水本身。」所以堯、舜以仁義統治天下，民風隨之淳厚；桀、紂以暴虐統治天下，民風隨之澆薄。臣下做的，都是隨著皇上的喜好。

點評

這是唐太宗對侍臣們所說的一段話，闡述了領導者的表率作用。領導者以其權威性與表率性往往會對下屬造成巨大的影響，下屬的好惡常爲他的好惡所左右。領導者積極的表率作用會引起正面效應，相反則會帶來消極的後果。

傲不可長，欲不可縱，樂不可極，志不可滿。四者，前王所以致福，通賢以爲深誡。

——魏徵，見吳兢《貞觀政要・慎終》

釋文

驕傲不可滋長，私欲不可放縱，娛樂不可極度，志向不可自滿。這四點，前代帝王用來求得福運，通達事理的賢人用作深切的警戒。

點評

這是魏徵勸戒唐太宗的奏章裡的一段話。領導者在取得一定成就之後，最大的敵人就是驕傲自滿思想的滋生。這樣的思想滋生後，往往會忽視面對的激烈競爭，阻隔上下級之間的意見交流，從而導致事業的失敗。

流水清濁，在其源也。君者政源，人庶猶水。君自為詐，欲臣下行直，是猶源濁而望水清，理不可得。

——李世民，見吳兢《貞觀政要·誠信》

釋文

流水的清和濁，是決定於它的水源。國君是國家政令的發出者，好比源頭，百姓好比流水。國君自身搞詐騙，想要臣下辦事正直，就像水源渾濁而希望流水清澈一樣，按常理是不可能的。

點評

這是唐太宗對大臣封德彝所說的一段話。有人進言要唐太宗「佯怒」以試群臣，太宗認爲國君不能做這種欺詐之事而予以斥退。領導者的一言一行都對下屬起著表率作用，猶如水源與水流，源濁則不可望流清。要下屬正直行事，則領導人必須作出正直的表率。

一忍可以支百勇，一靜可以制百動。

——蘇洵《嘉祐集·心術》

釋文

忍耐可以支配勇敢，寧靜可以制約躁動。

點評

這是很有管理辯證法的。在關鍵時刻的一時忍耐勝過魯莽的勇敢，同樣，關鍵時刻的寧靜和冷靜可以制止躁動，甚至戰勝敵人的行動。當然，兩者都有個度。忍和勇、動和靜的辯證內涵遠超過這裡所解釋的，請高明的管理者自我體會吧！

爲將之道，當先治心。泰山崩於前而色不變，麋鹿興於左而目不瞬，然後可以制利害，可以待敵。

——蘇洵《嘉祐集・心術》

釋文

擔當將領的原則，首先要管好自己的心理狀態。泰山在面前崩塌而能做到臉色不變，麋鹿在左邊跑過而能做到眼睛不眨。到了這種程度，才可以控制利害關係，正確對付敵人了。

點評

以上言論，不僅是對將領的要求，也是對高級管理者的要求。管理者在各種突發事變面前，要做到鎮定自如。有了這種氣概，才有可能正確判斷形勢，判斷各種利害關係，從而作出正確的決策。

天下有大勇者，卒然臨之而不驚，無故加之而不怒，此其所挾持者甚大，而其志甚遠也。

——蘇軾《東坡七集・留侯論》

釋文 天下有大勇的人，遇到突然事變而不驚嚇，無緣無故地受到污辱打擊而不被激怒。這是因爲他的理想、抱負特別遠大。

點評 這是蘇東坡被廣爲引用的名言之一。管理者要處變不驚，才能完成重大的決策、控制任務。而這種素質則來源於管理者宏大的理想與抱負。無抱負的管理者決不是好的管理者。

古之立大事者，不惟有超世之才，亦必有堅忍不拔之志。……方其功之未成也，蓋亦有潰冒衝突可畏之患。惟能前知其當然，事至不懼，而徐爲之圖，是以得至於成功。

——蘇軾《東坡七集・晁錯論》

釋文 古代建立大事業的人，不但有超越世人的才華，而且也一定有堅忍不拔的意志。……當他還未成功時，也會有各種錯誤、失敗、衝突等等可怕的災患。只要能預見這是應當、必然如此的，就能發生重大事件而不害怕，並且不急不躁地逐步按照已定目標行動，所以能達到成功。

點評 這段話主要是指意志方面的修養，但也包含了某些方法，即「知其當然，事至不懼，而徐爲之圖」。預見，處變不驚，逐步按計畫行事，這與目標管理的方法庶幾相近。

世之君子，欲求非常之功，則無務爲自全之計。

——蘇軾《東坡七集・晁錯論》

釋文

世間的君子，如果要建立非同尋常的功業，就不要再作自我保全的打算。

點評

蘇東坡認爲晁錯的殺身之禍來自於他自己在重大行動時退守一旁，以避危險，結果受敵人離間而被殺。顯然，在重大經營管理行動中，管理者必須勇往直前，甘冒風險。儘管計畫周密，管理者仍會遭到風險。而困難的場合則更需要管理者隨時要有勇氣。必須拋棄一切私念，這始終是成功者應有的修養。

夫善治者，己居厚而民勸矣，讒頑者無可逞矣；己居約而民裕矣；貪冒者不得黷矣。以忠厚養前代之子孫，以寬大養士人之正氣，以節制養百姓之生理，非求之彼也。

——王夫之《宋論・太祖》

釋文

善於治理國家的，自身處淳樸敦厚而老百姓則也能受到影響，那些奸詐之徒就無機可乘；自己保持儉樸清廉而老百姓則富裕了，那些貪污冒功之徒就沒有貪污聚斂的可能。以忠厚來對待前代有功之人的子孫，以寬大來養士人的正氣，以節制來養百姓的生活，不是求助於他人。

點評

孔子云：「其身正，不令而行；其身不正，雖令勿從。」善治理國家者必先自身正直，此所謂廟堂有正氣，然後能整肅綱紀，奸邪之徒無隙可乘矣。此外以忠厚來對待前代功臣之子孫，以寬大胸懷來對待士人們的議論以扶植堂堂的正氣，以節儉的風俗感化百姓，這些道理不必從其他方面去尋求，而要「求諸己」。

君子之為治也，無三代以上之心則必俗，不知三代以下之情勢則必迂。

——魏源《默觚下・治篇五》

釋文 君子治理國家，不瞭解前輩的思想精髓則必會平庸，不能預見將來則一定迂腐。

點評 居於執政之位者，目光所及若只有眼前之物必定難以駕馭局面。所謂「人無遠慮，必有近憂」。

人有恒言曰「才情」，才生於情，未有無情而有才者也。……無情於民物而能才濟民物，自古至今未之有也。

——魏源《默觚下・治篇一》

釋文 人們常說「才情」，才氣生自於情感，不可能有無情而有才氣的事。……對民眾沒有感情卻能以才氣接濟民眾，自古以來從未有過。

點評 只有設身處地地為民眾著想，瞭解他們的疾苦，才會行之有效地幫助他們。

辦事業未有決心，空談終成畫餅。

——朱志堯，見《朱志堯事跡》

釋文

想辦大事業而沒有堅強意志和決心，只知道夸夸其談，最後將只會得到筆畫之餅，一無所用。

點評

朱志堯注重人的素質修養，認爲要成就一番事業，必須有堅定的意志和決心，而不是只會紙上空談，只有這樣才有克服困難的可能，成就事業的資本。這對我們企業家、企業管理人員來說，特別是對市場經濟下的公司、企業的領導人員，都是一劑良藥。

實業家果需何種資格乎，以余所見，勤儉也，正直也，和易也，安分也，進取也，常識也，經驗也，節嗜欲也，培精力也，殆無一可以或缺。

——陸費逵《實業家之修養》

釋文

實業家需要有什麼樣的素質呢？以我所見，應是勤儉節約，公正耿直，平易近人，安於本分，進取心強，富於常識，經驗豐富，而且還能節制嗜欲，培養精力，大概沒有一樣可以缺少的。

點評

陸費逵非常重視實業家素質和修養，對一個合格的實業家，他從思想到行動，從心理到身體，從品行到能力等多方面提出了要求。一個企業的成敗，是由多種因素決定的。實業家作爲企業之主，其一言一行，都有舉一髮而動千斤的作用，因此一個合格成熟的實業家也是企業成敗的一個關鍵因素。企業家修養問題也應該成爲研究企業發展的一個重要課題。

人患無志，患不能以強毅之力行其志耳。成就之大小，雖亦視乎材能境遇，及其它種種關係，然果能以強毅之力行其志，無論成就大小，斷不能毫無所成。

——張謇《張季子九錄．教育錄．北京商業學校演説》

釋文

人最怕沒有志氣，怕不能以強大的毅力來實現他的志向。成就的大小，雖要看才能的大小、機遇的好壞以及其他各種關係，但如果真的能以堅忍不拔的毅力來實現其志向，那麼無論成就大小如何，斷然不可能會一無所成的。

點評

這是張謇在向青年學生演講時講的一段話。他這裡主要是強調一個人素質、修養問題。是否具有堅韌的毅力也是一個判斷人才的標準。對於企業管理人員，特別是上層決策人員，其是否具有這種素質關係到企業特別是在逆境中企業的命運，對於企業任用人才也具有指導意義或參考作用。

是故政治之隆污，繫乎人心之振靡。吾心信其可行，則移山塡海之難，終有成功之日；吾心信其不可行，則反掌折枝之易，亦無收效之期也。

——孫中山《建國方略》

釋文

所以政治的興隆與否，在於人心的振奮與否。我心中堅信這件事可以進行，那麼即使有移山塡海的困難，最終也有成功之日；我心中堅信這件事不可實行，那麼即使如反掌折枝一樣容易，也很難有收效之日。

點評

孫中山先生在回憶民國幾年來，民國建設事業未成，他本人計畫未竟時，認爲之所以如此，是因爲國民有心理障礙，因此計畫「破此心理之大敵，而出國人之思想於迷津」。信心是一件事成功的前提，馳騁於商場上的人必須有克服困難的信心，有必勝的信心。

人際關係

知幾，其神乎。君子上交不諂，下交不瀆，其知幾乎。幾者，動之微，吉凶之先見者也。君子見幾而作，不俟終日。

——《周易・繫辭下》

釋文

能預知細微的事理，真是神了。君子與地位高的人交往而不諂媚，與地位低的人交往而不褻瀆，可說是預知細微的事理。所謂細微的事理，是變化中的微小徵兆，是對吉凶的預見。君子發現了細微的跡象就立即行動，決不會等一天過去。

點評

能與地位高、下的人都平等相處，這樣的人心境寬厚平和，因而能洞察事物的微小變化。變化也是機會，需要及時把握。因此，高明的管理者既能平和待人，又能把握機遇。這樣的管理藝術，「其神乎」？

將叛者，其辭慚；中心疑者，其辭枝；吉人之辭寡；躁人之辭多；誣善之人，其辭游；失其守者，其辭屈。

——《周易・繫辭下》

釋文

將要叛變的人，言辭一定顯出羞慚；內心有疑惑的人，言辭一定躲躲閃閃；吉祥的人話少；浮躁的人話多，誣陷好人的人，言辭一定油滑；失去信仰操守的人，言辭一定歪曲道理。

點評

本段論述各種人物與其言談之間的關係。作爲管理者，位居群眾之上，判定虛實是非時易於偏離正道，這裡所述各類人的言談特徵有助於管理者識人，用人。

求逞於人，不可；與人同欲，盡濟。

——公孫僑，見《左傳・昭公四年》

釋文

想要在別人那裡炫耀自己是沒有好處的；和別人有共同的追求，就會得到別人的全力幫助。

點評

本句所闡述的是作爲一個領導者的忌與欲。領導者雖然身居高位，但不應該在群眾面前炫耀，而應該和群眾同榮辱、共追求，這樣群眾就會擁護領導者，並盡全力協助領導者處理好工作。這裡涉及到管理中的心理學問題，要準確掌握群眾的心理以順應之，是管理工作成敗的關鍵之一。

德者本也，財者末也。外本內末，爭民施奪。是故財聚則民散，財散則民聚。

——《禮記・大學》

釋文

道德是根本，而財貨只是細枝末節。輕視根本而看重細枝末節，民眾就會相互爭奪。因此聚斂財貨就會導致民眾離散，分散財貨民眾就會團聚。

點評

儒家管理思想重德。但「德」又非常抽象。有時候「德」似乎應看作是管理目標。在這種情況下，「散財」就只是一種聚集人才的手段了。

言悖而出者，亦悖而入；貨悖而入者，亦悖而出。

——《禮記・大學》

釋文

語言違背常理而亂說的，也會嘗到同類語言的滋味；財貨違背常理而聚斂而來的，也會違背常理而消散。

點評

以上論述是告誡君王不要違背民心發令聚財。此段話的一般含義也可用於經營之道。在人際交往中亂說話的人，難免受人指責。而用不正當手段發橫財的人，也很難保全他的財產。此段話可為不正當經營者戒。

兼者，聖王之道也，王公大人之所以安也，萬民衣食之所以足也，故君子莫若審兼而務行之。爲人君必惠，爲人臣必忠；爲人父必慈，爲人子必孝；爲人兄必友，爲人弟必悌。

——《墨子・兼愛下》

釋文

兼愛是聖王的大道，王公大人因此得到安穩，萬民衣食因此得到滿足。所以君子最好審察兼愛的道理而努力實踐它。做人君的必須仁惠，做人臣的必定忠誠；做人父的必須慈愛，做人子的必定孝順；做人兄的必須愛其弟，做人弟的必定敬其兄。

點評

兼愛是墨家學派最有代表性的理論之一。所謂兼愛，其本質是要求人們愛人如己，彼此不要存在血緣與等級差別的觀念。墨子認爲不相愛是當時社會混亂的根本原因，只有透過「兼相愛，交相利」才能達到社會安定的狀態。上面這段話是《兼愛》篇的結語，較具體地闡述了兼愛的內涵，並最後總結說：「此聖王之道，而萬民之大利也。」可見，墨子的兼愛主張是一種典型的政治道德。

丘也聞有國有家者，不患寡而患不均，不患貧而患不安。蓋均無貧，和無寡，安無傾。

——《論語・季氏》

釋文

據我所知一個國家、一戶人家，不怕東西少而怕分配不均衡，不怕貧窮而怕不安定。

因爲分配均衡就不存在貧窮問題，上下和諧就不存在東西少的問題，內部安定就不會有大危險。

點評 這是孔子政治思想的基本原則，爲歷來許多學者和政治家所贊同。這裡的「均」不應解爲「平均」，後者與孔子等級制社會的政治理想矛盾。保證分配均衡，維持內部安定，似是所有管理系統都應遵奉的一般原則。如果只是平均分配，那就難免製造出缺乏創造活力的「大鍋飯」。

出門如見大賓，使民如承大祭。己所不欲，勿施於人。

——《論語・顏淵》

釋文 出門到外面去，就像要會見重要客人一樣；管理民眾的事就像承辦莊重的祭典一樣。自己所不願做的事，不要強迫別人去做。

點評 這段名言粗淺地看來，是關於禮儀和調節人際關係的。見大賓、承大祭，因而要恭敬莊重，服飾外表自然需精心挑選打扮。更重要的是內在的心情和精神，需要對別人的尊重和理解。在調節人際關係上的這種內在精神，孔子也稱之爲「仁」。

學而時習之，不亦説乎！有朋自遠方來，不亦樂乎！人不知而不慍，不亦君子乎！

——《論語・學而》

釋文

學了東西而常常溫習，不也很愉快嗎！有朋友從遠方來，不也很高興嗎！別人不瞭解自己而不煩惱，不也就是君子了嗎！

點評

把求學、交友都看成是很快樂的事，有這樣的修養，管理者才能步步上進。自然還有妥善處理兩者關係的問題。至於因爲未受人賞識而煩惱，則大可不必。盡其心，盡其力，在現有的崗位上發揮才幹，總是可以爭取到自己的機會的。

益者三友，損者三友。友直、友諒、友多聞，益矣；友便辟、友善柔、友便佞，損矣。

——《論語・季氏》

釋文

交三種朋友有益，交三種朋友有害。與講真話的人、個性寬厚的人、博學多聞的人相交是有益的；與個性怪僻的人、軟弱依賴性強的人、逢迎拍馬的人相交是有害的。

點評

管理者需要廣交朋友，建立廣泛的聯繫。但交友之道也是很有講究的。經營、生意中的朋友畢竟與孔夫子所說的「友」稍有不同，朋友也可分爲不同層次的。孔子此話，對交友也可作個參考吧！

君子和而不同，小人同而不和。

——《論語・子路》

釋文 君子能與人關係融洽，但仍有自己的獨立思想；小人容易附和別人，但在利害關頭則要發生爭鬥。

點評 這是討論人際關係的。「君子」的做法當然是比較可取的，尤其在涉及經濟談判一類活動時，「不同」意味著保持清醒的頭腦。不過，在經濟活動中，利益總是應該維護的。

君子易事而難說也！說之不以道，不說也。及其使人也，器之。小人難事而易說也！說之雖不以道，說也。及其使人也，求備焉。

——《論語・子路》

釋文 「君子」容易共事卻難同他說話。如果不能說合乎正道的事，那就不如不說。當他用人的時候，則是量才而用。「小人」難以共事卻容易迎合。即使說的不合正道，也照樣可以說。而他用人的時候，卻總是求全責備。

點評 管理者實際上也都是被管理者。如何與上下級相處，這段話提出了對不同的人有不同的方法。另一方面，量才用人是人才管理的優選方法。世上哪有那麼多德才兼備的人呢?文中「器」字意爲區別器具的不同用途，即量才而用。

可與言而不與之言，失人。不可與言而與之言，失言。知者不失人，亦不失言。

——《論語・衛靈公》

釋文

可以對某個人講的話而不講，那就失去了一個朋友。不可以對某個人講的話卻講了，那就是說話冒失。聰明的人既不失去朋友，說話也不會出紕漏。

點評

這裡說的既要區分不同的人說話，也要注意話本身的可說與不可說，但兩者實際上都是指語言要有分寸感。在人際交往中、在處理公共關係事務中、在談判中，掌握語言的分寸往往是成功的關鍵。

以德分人謂之聖，以財分人謂之賢。以賢臨人，未有得人者也；以賢下人，未有不得人者也。

——《莊子・徐無鬼》

釋文

以德傳授人的稱爲聖，以財物分給人的稱爲賢。用分給人財物來凌駕於人之上的，並沒有能得人心的；分給人財物而又虛心待人的，沒有不得人心的。

點評

這是待人之道。既要使人得利，又不能凌駕於人之上，這兩者的結合，才能深得人心。以爲給人利益了，就可以爲所欲爲地待人，這不是好的管理者。

說大人，則藐之，勿視其巍巍然。

——《孟子·盡心下》

釋文 對大人物進行游說，首先要藐視他，不要看他的樣子巍然就膽怯。

點評 孟子此語久被引用，用來增強知識分子的自信，以便在君王、諸侯之類大人物面前宣傳自己的主張。現代語言可以稱此爲「推銷」。顯然，在各類營銷活動、商業談判中，提高自己的自信程度，在戰略上藐視自己的談判對手，也是極爲重要的。

上不失天時，下不失地利，中得人和，則百事不廢。

——《荀子·王霸》

釋文 上天的時序變化、自然規律不能違背，土地上的各種利益努力去獲得，在天地之間則要求人際關係和睦、協調，這樣，做任何事都不會失敗。

點評 荀子用此話形容一種政令完美、官吏百姓各司其職的良好的社會情況。實際上，中國古代的管理思想都強調「人和」，即人際關係的和睦、協調，人群的上下一心等。

持寵、處位、終身不厭之術：主尊貴之，則恭敬而僔；主信愛之，則謹愼而嗛；主專任之，則拘守而詳；主安近之，則愼比而不邪；主疏遠之，則全一而不倍；主損絀之，則恐懼而不怨。

——《荀子·仲尼》

釋文

維持尊寵，安居官職，一輩子不讓人家厭棄的方法是：君王尊重你，你就要恭敬而謙讓；君王信任喜愛你，你就要謹慎謙虛；君王把一件事全權委託給你去辦，你就要小心供職，熟悉各方面的情況；君王親近你，你就要小心地順從而不諂媚；君王疏遠你，你就要保持一心一意忠於君王而不背叛君王；君王貶損罷免你，你就應該恐懼而埋怨。

點評

從管理的幾大職能和管理者的主要工作內容來看，協調人際關係十分重要，要協調與下屬的關係，又要協調與上級的關係，這段話集中闡述了如何與上級維持較好的關係，荀子建議的方法是：地位高貴而不自高自大，得到信任時不做令人懷疑的事，擔負重任而不獨斷專行，得到獎賞時，就應當認爲自己的功績遠遠比不上所受的獎賞，必須行辭讓之禮後才接受。由以上可以看出，中國古代的做人哲學已經精闢地揭示了何爲做官之道。這值得所有管理者借鑒。

凡說之難：以至高遇至卑，以至治接至亂。未可直至也，遠舉則病繆，近世則病傭。善者於是閑也，亦必遠舉而不繆，近世而不傭，與時遷徙，與世偃仰，緩急、嬴絀，府然若渠匽、檃栝之於己也，曲得所謂焉，然而不折傷。

——《荀子．非相》

釋文

凡是勸說的難處在於：用最高的道理勸說最卑劣的人，用最好的治世之道勸說人來改變極端混亂的狀況。這不是直截了當說出來就能達到目的的，必須旁徵博引。但是列舉遠古的事容易荒謬無根據，列舉近時的事又容易庸俗化。善於談論的人在這種情況下，必定能夠列舉遠古的事例卻不荒謬無根據，列舉近時的事例而不庸俗化，能夠隨著時代的變遷而變遷，順著社會的變化而變化。不論是從容地說還是急切地說，是多說還是少說，都能像堤壩控制著水流、檃栝矯正彎木那樣控制自己，各個方面都說得委婉恰當，但是又不損傷其原則。

點評

在管理實踐中，怎樣推銷、宣傳自己的觀點，使別人能接受，成爲最後的決策，這是一個具有很強藝術性的問題。爲達到良好的談話效果，要學會用委婉的語氣多從側面去說服，先輔陳，再逐步接近問題的根本所在。說服別人的話雖然不討人喜歡，但沒有人不重視的。這就叫做能夠使自己重視也能得到別人的重視。

非我而當者，吾師也；是我而當者，吾友也；諂諛我者，吾賊也。故君子隆師而親友，以致惡其賊。

——《荀子・修身》

釋文

批評我的人，如果他批評得正確，就是我的老師；肯定我的人，如果他肯定得恰當，就是我的朋友；奉承我的人，是害我的人。所以，君子應當尊重老師，親近朋友，而

厭惡那些阿諛奉承之徒。

點評

這段話主要集中闡述管理者如何處理好人際關係，善於正確聽取意見和對待讚美之詞。成功的管理者周圍必然有崇拜者和批評者共存。出於各自的目的，他們會以各種方式對管理者施加影響，從而獲取自己想得到的利益。作爲周圍人群中最具號召力和影響力的人物，成功的管理者要清醒判斷各種關係，評價其目的及可能的影響，去營造一個有利於自己開展工作的環境。

寧過於君子，而毋失於小人。過於君子，其爲怨淺；失於小人，其爲禍深。

——《管子・立政》

釋文

寧可得罪君子，而不要得罪小人。得罪了君子，造成的禍患並不可怕，而得罪了小人，引起的禍患就厲害了。

點評

本段看似談爲人處世如何通暢之路，實際上也是管理者應該時刻銘記在心的。管理者免不了與形形色色的人打交道，如何處理好人際關係因此成爲管理成敗的關鍵。對不同的人應採取不同的態度，這是領導者應該記住的處理問題的方式。否則，將會造成很深的隱患。

得人之道，莫如利之；利之之道，莫如教之以政。

——《管子．五輔》

釋文 得人心的辦法，最好的莫過於給人利益；對於群眾來說，最大的利益莫過於政治修明所帶來的實際利益。

點評 這裡討論的是管理中一個最重要的問題，即人的問題。人是管理中不可缺少的因素，離開了人管理就成爲一句空話，因此是否能夠得人心，是否能夠獲得群眾的支持就成爲事情成敗的關鍵。然而得人心並不那麼容易。雖然有很多方法，但最好的還是給人利益，最好的利益又莫過於管理清明所帶來的實際好處。因爲對於群眾來說，如果有一個環境使他們能安心工作，發揮自己所長，從自己的勞動中獲得收益，他們就樂意爲這個環境工作。這樣，領導者就得民心了。因此，領導者必須做到有效、公正地管理好一個團體，才能使被領導者心甘情願爲他工作，從而取得全局的成功。

帝者與師處，王者與友處，霸者與臣處，亡國與役處。詘指而事之，北面而受學，則百己者至。先趨而後息，先問而後嘿，則什己者至。人趨己趨，則若己者至。馮幾据杖，眄視指使，則廝役之人至。若恣睢奮擊，籍叱咄，則徒隸之人至矣。此古服道致士之法也。

——《戰國策．燕策一》

釋文

稱帝的人與老師相處，稱王的人與朋友相處，稱霸的人與大臣相處，亡國的人只有和僕役相處。屈節侍奉有才能的人，面向北方接受教導，這樣那些才能超過自己百倍的人就會來了。早些學習晚些休息，先去討教而後默想，那麼那些才能超過自己十倍的人就會來了。別人去求教，自己也去求教，那麼那些才能與自己相仿的人就會來了。如果靠著几案拄著手杖，傲氣十足地指手畫腳，那麼招來的只是隨從僕役。如果舉止放縱捽捽打打，蹦跳呼喚，那麼招來的只能是奴隸。這是古人服侍有道德的人和招攬有才能的人的原則。

點評

燕昭王收復殘破的燕國之後，決心禮賢下士，雪恥報仇。他向郭隗先生請教求賢之道，郭隗說了上面這段話。在這段話裡，郭隗強調求賢要出自真心，並落實到行動上，只要真心求賢，賢士一定會聚集而來的。在下文裡，郭隗還講述了古代君王用五百金購千里馬之骨，而獲得千里馬的故事，告誡燕昭王要向天下表明求賢之心跡。燕昭王聽從郭隗的建議，確實禮賢下士，爲郭隗修築宮殿，尊爲師長。果然天下賢士紛至沓來，燕昭王任用這些賢才，奮鬥二十八年，終於擊敗了齊國。

勿妄而許，勿逆而拒。許之則失守，拒之則閉塞。高山仰止，不可及也；深淵度之，不可測也。神明之德，正靜其極。

——《六韜・文韜・大禮》

釋文

不要任意許諾，也不要簡單地拒斥。任意許諾就失去了應遵守的尺度，簡單地拒斥就把自己與外界隔絕。高山只能仰頭觀看，但卻無法攀上；深淵儘管想要度量，但卻深不可測。神聖光明的德行，其最高妙的是端正寧靜。

點評

由待人接物到修養形象，姜太公的轉折似乎快了點。實際上，這段名言的關鍵是管理者應當端正寧靜，使自己的形象高尚，雖然要做到不可及和不可測，則非聖人不可。但管理者確實不可任意許諾，也不可簡單地拒斥，需要有一點神秘和模糊。不過，此項藝術做起來是頗有難度的。

有諸己不非諸人，無諸己不求諸人。

——《淮南子・主術訓》

釋文

自己聰明，不要輕視不如自己的人；自己沒有獨見之明，也不要責求於別人。

點評

外國人說：「不要去做令人厭惡的事。」中國人說：「己所不欲，勿施於人。」這裡的「有諸己不非諸人，無諸己不求諸人」講的也是同一個意思，雖則角度各有所不同。話雖簡單，卻點出了一個做人的最基本的道理。朋友之間理應如此，上下級之間也應如此。這是對他人的一個最起碼的尊重。

凡百亂之源，皆出嫌疑。

——董仲舒《春秋繁露・度制》

釋文

嫌疑、猜度是百亂之源。

點評

應該說，人的本性中存有或多或少的「嫌疑」成分，因此，沒有人能完全拋棄「嫌疑」之心。更何況，有一定依據的、適度的「嫌疑」在特定的情況下有利無弊。然而，過度的、毫無根據、無中生有的「嫌疑」是萬萬不可有的。它不僅會導致人與人之間關係不和，尤爲甚者，它將使一個集體、一個單位甚至一個國家出現混亂局面。因此，管理者不僅要在用人的時候做到「用人不疑，疑人不用」，而且要時刻警惕防範組織內部中的「嫌疑」。

兩心不可得一人，一心可得百人。

——《淮南子・繆稱訓》

釋文

對人不誠心，虛情假意，連一個朋友也得不到；對人虛心真誠，就可以得到很多朋友。

點評

有些部門裡領導和群眾之間總是磨擦不斷，而也有一些部門裡，領導和群眾之間的關係非常融洽，簡直就像一家人一樣。前者除了這個領導本身比較威嚴之外，很有可能就是群屬之間無信任感，而後者，正是做到了「周公吐哺，天下歸心」。

談說之術，齊莊以立之，端誠以處之，堅強以持之，譬稱以諭之，分別以明之，歡欣憤滿以送之，寶之珍之，貴之神之。如是則說常無不行矣。

——孫卿，見劉向《說苑·善說》

釋文

談判游說的方法是：整齊端莊來建立自身形象，正直誠懇地與人相處，把持自己的觀點要堅決強硬，常用譬喻來說服對方，分門別類把事情講清楚，以歡欣、憤懣的明確表情來送別對方，送些禮品給對方，尊重對方，抬高對方的地位，稱讚對方的才能。如果這樣，談判游說就能常常得到成功。

點評

這幾乎是一整套談判理論，其中談到了自身形象、態度、堅持觀點，用比喻、講邏輯、顯露表情、送禮、稱讚等等談判的基本手法。如果細細體會，等於讀了一本《談判術》之類的書。這段話值得經營管理者常常觀摩揣測。

不諫則危君，固諫則危身。與其危君，寧危身。危身而終不用，則諫亦無功矣。智者度君權時，調其緩急而處其宜，上不敢危君，下不以危身，故在國而國不危，在身而身不殆。

——劉向《說苑·正諫》

釋文

不進諫就會危及君王的統治，執意進諫就會危及自身的安全。與其讓君王的統治受到

威脅，不如讓自身的安全受到威脅。自身安全受到威脅，而所進之言卻不被採用，那麼即使是進諫也沒有功勞。聰明人猜度君王心理，權衡時機，根據情況在最適宜時進諫，對上不敢使君王的權利受到威脅，對下不使自身安全受損，這樣國家利益和個人安全都不受損害。

點評

這段話主要論述被領導者、被管理人員如何才是明智而有效的提意見的方式。由於受到自身地位的限制，被領導者往往會在提意見時遇到困難，既要保證全局事業的成功，又不能危及自身安全，這就需要根據具體情況，選擇最適合的時機，取得雙方滿意的效果。

大凡君子與君子，以同道爲朋；小人與小人，以同利爲朋。此自然之理也。……小人所好者，利祿也；所貪者，貨財也。當其同利之時，暫相黨引以爲朋者，僞也。……君子則不然，所守者道義，所行者忠信，所惜者名節。以之修身，則同道而相益；以之事國，則同心而共濟。始終如一，此君子之朋也。故爲人君者，但當退小人之僞朋，用君子之眞朋，則天下治矣。

——歐陽修《歐陽文忠集·朋黨論》

釋文

一般而言，君子與君子，以奉行相同的道德結爲朋友；小人與小人，以獲取共同的利益結交。這是自然的規律。……小人所喜歡的，是利益收入；所貪的，是貨物財產。

當他們有共同利益時，就相互勾結成爲朋友，但這朋友是假的。……君子就不一樣，他們所遵守的是道義，所奉行的是忠信，所珍惜的是名節。按照這些來修養自身，那就會因相同的道德而相互幫助，獲得提高；按照這些來爲國服務，就會同心協力共度難關。始終如一，這是君子的結交。因此，當君王的人，應當斥退小人的假結交，而用君子的真朋友，這樣，天下就能治理好。

點評

歐陽修認爲人總要結交朋友，但朋友卻有真有假。君王利用君子間的朋友關係，可以治理好國家。注意歐陽修這裡討論的實際上是「朋黨」，相當於非正式組織。君子的非正式組織是可以利用的，並且能對管理起到推動作用，完全產生於利害關係的小人的非正式組織則正好相反。這樣的認識雖然未免過於簡單化，但也仍有值得借鑒之處。

博弈之交不日，飲食之交不月，勢利之交不年，意氣聲名之交不世，惟道義之交萬古如一堂也，四海如一室也。

——魏源《默觚下・治篇八》

釋文

一起下棋的朋友一日就散，酒肉朋友的交情長不過一月，以權勢和利益作交易的關係維持不了一年，憑著意氣和名聲而建立的交情也不可能一生一世。只有靠道義維繫的友情才會經年不變，超越時空的界限。

點評

每個人活在世上都有一個社交圈。這個圈子裡的朋友可謂各色各異，有點頭之交，有酒肉朋友，有心腹朋友……雖然我們不求每個朋友都保持永恒的友誼，但至少我們都需要幾個這樣的朋友。

君子有不受任者五，不遇其時不受；不得其主不受；用違其才不受；任屬不專不受；權臣持之、嬖倖市之不受。

——唐甄《潛書・受任》

釋文

君子在五種情況下不接受委任：時機不利；沒有明君；才能不得施展；責任歸屬不明；權臣當朝、奸佞得寵。

點評

這段文字談論的是知識分子如何挑選自己工作的環境。從另一個角度看，要想留住人才則必須為其提供一個適合他發展的環境。

寧失信於天下而決不失信於同人，寧受虧於一身而決不能虧及同事。

——陳熾《續富國策・商書・糾集公司說》

釋文

寧可對天下其他人不守信用，也不能對與自己共事的人不守信用；寧可自己一人吃虧，也不能讓與自己共事的人吃虧。

點評 這是陳熾在講到當公司制度不能廣泛推行，時常流於失敗的原因時所講的一段話。他認為公司的失敗應從公司經營本身去尋求原因，特別是要從公司主要負責人身上去尋找。作為主持公司事務的人，必須對與公司利益有關的人講信用，切實維護他們的利益，不能欺騙他們。這樣，公司才有可能立於不敗之地。

上苛則下不聽，下不聽而強以刑罰，則為上者眾謀矣。為上者眾謀之，雖欲毋危，不可得也。

——《管子・法法》

釋文 上面的要求太苛刻，下面就不會聽從，如果用刑罰強加管束，下面就會聯合起來謀算上面的。一旦出現這種情形，想要擺脫危險就不可能了。

點評 本段指出領導者對被領導者應採取適當的態度而不應過於嚴厲，否則後果不堪設想。領導者對下級總有一定的要求，但這種要求要根據實際情況而定，如果脫離實際只會危及領導者自己。

禮之用，和為貴。

——《論語・學而》

釋文 禮的效用中最重要的是調節人際關係使達到人和。

點評

孔子強調「禮」的作用是達到人和，而且認爲，即使知道要人和，但沒有「禮」加以節制，也是不行的。企業文化是否正有此作用呢？

馭民如父母之愛子，如兄之愛弟。見其飢寒則爲之憂，見其勞苦則爲之悲，賞罰如加諸身，賦斂如取於己。此愛民之道也。

——《六韜・文韜・國務》

釋文

管理人民要像父母愛護子女、兄長愛護弟妹一樣，見到他們挨餓受凍就感到憂慮；見到他們辛勞困苦就感到悲傷；獎勵或處罰他們就像獎勵或處罰自己一樣慎重；向他們收取各種賦稅就像從自己身上收取一樣。這就是愛護人民的基本原則。

點評

中國傳統管理思想中歷來包括了「愛民如子」的說法。這種說法未必始倡於姜太公，而且統治者要對被統治者愛護如對子女，實在也頗爲困難。但這對於調整管理者與被管理者的關係而言，卻也不無意義。管理者至少應在觀念上把被管理者的利益看得與自己一致。

天有時，地有財，能與人共之者，仁也。仁之所在，天下歸之。免人之死，解人之難，救人之患，濟人之急者，德也。德之所在，天下歸之。與人同憂同樂、同好同惡者，義也。義之所在，天下赴之。凡人惡死而樂生，好德而歸利，能生利者，道也。道之所在，天下歸之。

釋文

天有時機，地有財富，能和人分享的，就是仁。仁所在的地方，普天下的人都會歸順。把人從死亡、災禍中解救出來，幫助人度過急難，這就是德。德所在的地方，普天下都會歸順。與人同憂同樂、同好同惡的，是義。義所在的地方，普天下的人都會奔赴那兒。一般人都厭惡死亡而喜愛生存，喜好美德而歸附利益，能產生利益的，是道。道所在地方，普天下都會歸順。

點評

姜太公講的是君王吸引各方人士歸附的方法，對於管理者不無意義。管理者應能與被管理人員共同分享利益，對於急難應該解救，同時應該善於使經營實體不斷創造出新的利益，這樣才會吸引全體人員共同努力。此處「同憂同樂、同好同惡」，文字很好理解，內容卻豐富得很。不必很牽強，就可以理解爲管理者與被管理者在精神、感情上的一致，甚至理解爲「群體感情」亦無不可。

仁人在上，則農以力盡田，賈以察盡財，百工以巧盡機器，士大夫以上至於公侯，莫不以仁厚知能盡官職。

——《荀子・榮辱》

釋文

仁德的人在上，那麼農民以他們的勞力盡力種好田，商人以他們的明察盡力於理財，各業手工業者以他們的技巧盡力於製造各種器物，各級官吏無不以仁厚之心、聰明才智盡心職守。

點評

管理者要發展國民經濟，使國家管理走上正軌，首先必須按照分工、分職的管理原則把上下組織起來，並且使人人在其位盡其力。這樣的管理者，才稱得上愛護人、懂得如何用人的管理者。

君臣不和，五穀不為。

——《淮南子・本經訓》

釋文

君臣不同心合作，國家就不安定，農民也不安心種田了，五穀又怎能得以生長？君王和臣子的關係猶如唇齒，唇亡齒寒。一位明智的君王首要的一件事就是調整好君臣關係，使每一位臣子都能竭其能，盡其職。要做到這一點，對於君王來說，就必須誠心對待臣子，真心與他們合作，才能換得忠心耿耿。而上下級內部關係協調了，決策自然會更果斷、有效，其最終結果則是人民因政策英明、穩定而得利，國泰民安。

人富溢則不可以賞勸，貧餒則不可以威禁，法令不行，人之不理，皆由貧富之不齊也。

——劉秩，見《舊唐書・食貨志》

釋文 人富裕得驕滿而聽不進別人的勸告，也不在乎別人的獎勵，人在挨餓受窮時，則法令對他也起不了作用。法令行不通，人不能管理好，都是由於貧富不均引起的。

點評 人暴富則易驕橫，往往置國家法令於不顧，以爲有錢能使鬼推磨；人窮極無聊，則會不顧法令缺少廉恥。此兩極分化之惡果，是管理國家、管理人民之大敵。故善治國者需限制暴富，扶助窮苦者，此乃使國家政權穩定的重要舉措，不可或缺。窮富問題的實質是國家之治亂問題。

兵之心，欲其一，不欲其分。家無内顧之憂，則其前也有力。

——任啓運《清芬樓遺稿・經筵講義》

釋文 士兵的心思要專一，不能分散。如果家中沒有後顧之憂，那麼他在前進中將會充滿力量。

點評 戰爭取勝靠士氣，而士氣的振作首先離不開解除他們的後顧之憂。否則，未行而先顧家，則士氣早已渙散，還談何勝利？任啓運就注意到了這一點，因此，他提議要對士

兵的家屬予以適當照顧，這是合乎情理的。

然其事必自通力合作始。通力合作者，同事相助也。十手而牽一罍，十足而舉一碓，使不如是，事之不舉者眾矣，烏致有餘而為易乎？

——嚴復《原富・按語》

釋文

辦事必然要從通力合作開始。通力合作就是針對同一事情而不分彼此，共同相互幫助。十隻手才能拉動一口罍，十隻腳才能踩動一副碓，如果不是這樣，不能辦成的事就太多了，怎麼還會達到有剩餘後相互交換呢？

點評

嚴復在強調分工給社會帶來進步及財富的同時，也強調企業成員間的相互協作關係，即企業成員為了企業的共同目標而共同努力。嚴復強調的分工協作，是一種統籌全局的組織行動管理方式，它要求充分發揮整體效應和功能，以及每一個人的智慧和才幹。嚴復的這一思想無疑是正確的。

茍非上下一心，內外一心，局中局外一心，未有不半途而廢者矣。

——李鴻章《李文忠公全書・奏稿・籌議海防折》

釋文

如果不能朝野一心、內外一心、局中局外一心，那就勢必會要半途而廢的。

點評

一旦確定了近期工作目標，那麼就應該動員全體成員爲實現目標而一致努力。在外敵入侵的近代中國，李鴻章奉旨籌議海防，他提出了創辦民用工礦企業等一系列具體主張，並指出要全國一心爲實現目標而努力，表現出了較強的目標管理意識。

中國管理思想　　MBA 系列 4

主　編／袁闖
出版者／生智文化事業有限公司
發行人／林新倫
總編輯／孟　樊
執行編輯／范維君　黃美雯
登記證／局版北市業字第677號
地　址／台北市文山區溪洲街67號地下樓
電　話／886-2-23660309　886-2-23660313
傳　眞／886-2-23660310

印　刷／科樂印刷事業股份有限公司
法律顧問／北辰著作權事務所　蕭雄淋律師
初版一刷／2000年6月
ISBN／957-818-137-X
定　價／新台幣 500元

南區總經銷／昱泓圖書有限公司
地　址／嘉義市通化四街45號
電　話／886-5-2311949　886-5-2311572
傳　眞／886-5-2311002

郵政劃撥／14534976
帳　戶／揚智文化事業股份有限公司
E-mail／tn605547@ms6.tisnet.net.tw
網　址／http://www.ycrc.com.tw

國家圖書館出版品預行編目資料

中國管理思想＝Thoughts of Chinese Management／
馬京蘇等著. -- 初版. -- 台北市：生智，2000
〔民 89〕
面； 公分. --（MBA 系列；4）

ISBN 957-818-137-X（平裝）

1. 管理科學 — 哲學，原理 — 中國

494.01　　89006043

訂購辦法：

＊.請向全省各大書局選購。

＊.可利用郵政劃撥、現金袋、匯票訂講：
　郵政帳號：14534976
　戶名：揚智文化事業股份有限公司
　地址：台北市新生南路三段 88 號 5 樓之六

＊.大批購者請聯洽本公司業務部：
　TEL：02-23660309
　FAX：02-23660310

＊.可利用網路資詢服務：http://www.ycrc.com.tw

＊.郵購圖書服務：

❑.請將書名、著者、數量及郵購者姓名、住址，詳細正楷書寫，以免誤寄。

❑.依書的定價銷售，每次訂購（不論本數）另加掛號郵資 NT.60 元整。

解構索羅斯

The Stock Market Maneuver
股市操盤聖經

混沌管理
CHAOS MANAGEMENT

ENJOY系列

D6001	葡萄酒購買指南	ISBN 957-8637-65-9 (98/10)	周凡生/著	NT:300B/平
D6002	再窮也要去旅行	ISBN 957-818-064-0 (99/11)	黃惠鈴、陳介祜/著	NT:160B/平
D6003	在小酒館裡漫延的聲音	ISBN 957-818-13450 (00/07)	李　茶/著	NT:160B/平
D6004	喝一杯，幸福無限		曾麗錦/譯	
D6005	巴黎瘋瘋瘋		張寧靜/著	

葡萄酒購買指南

周凡生／著

台灣購買葡萄酒的第一本書
生智Enjoy系列鄭重推薦
好喝、又便宜的紅酒完全選購
答案盡在本書裡......

【購買新台幣2000元以下葡萄酒的介紹書】
【總共蒐集了300多瓶2000元以下的酒的資料】

「一位葡萄酒痴個人經驗，主觀但生動的陳述，值得推薦。」

——知名葡萄酒專家　劉鉅堂

「這是一本奇妙的酒書。作者在滲有濃郁但有趣『僑味』的文字中，顯露出對葡萄酒的博學與雜學功力，值得所有葡萄酒的入門客與門外漢細細一讀。」

——《稀世珍釀》作者，中央研究院教授　陳新民

李憲章TOURISM

D8001 情色之旅	ISBN:957-8637-74-8 (98/11) 李憲章/著	NT:180B/平
D8002 旅遊塗鴉本	ISBN:957-818-018-7 (99/08) 李憲章/著	NT:320B/平
D8003 日本精緻之旅	ISBN:957-818-030-6 (99/09) 李憲章/著	NT:320B/平
D8004 旅遊攝影	李憲章/著	

情色之旅

李憲章／著

深度旅遊，就是更廣泛、深入的去瞭解一個國家、城市，或者住在那裡的人……。比較起來，特殊的情色場所或許更能夠讓你瞭解某些人、某些事、某些當地的風俗習慣、價值標準呢！

這是本別出心裁的書，描繪的雖然是情色活動現場，但真正想傳達的，在層次上卻是已經超越現場的另一種意涵。

它可能是回憶過往，讓你知道「過去曾經是這樣」。可能是在說明「真的有這種地方」以及「這類事情」。可能讓你看見某些情色從業人員的工作面、生活面，包括心情、想法、職業樣態，與必須用心學習的專門技藝。也可能是對台灣情色消費者的讚美或批評。

總之，不會—也不應該是赤裸裸的色情。